右江电厂标准化系列丛书

右江水力发电厂运行管理培训教材

主编◎梁 锋 李 冲

河海大学出版社
·南京·

图书在版编目(CIP)数据

右江水力发电厂运行管理培训教材 / 梁锋，李冲主编. -- 南京：河海大学出版社，2023.12
(右江电厂标准化系列丛书)
ISBN 978-7-5630-8833-1

Ⅰ.①右… Ⅱ.①梁… ②李… Ⅲ.①水力发电站－电力系统运行－管理－广西－技术培训－教材 Ⅳ.①TV737

中国国家版本馆 CIP 数据核字(2023)第 257003 号

书　　名	右江水力发电厂运行管理培训教材
书　　号	ISBN 978-7-5630-8833-1
责任编辑	龚　俊
特约编辑	梁顺弟　许金凤
特约校对	丁寿萍　卞月眉
封面设计	徐娟娟
出版发行	河海大学出版社
地　　址	南京市西康路1号(邮编:210098)
电　　话	(025)83737852(总编室)　(025)83722833(营销部) (025)83787763(编辑室)
经　　销	江苏省新华发行集团有限公司
排　　版	南京布克文化发展有限公司
印　　刷	广东虎彩云印刷有限公司
开　　本	718毫米×1000毫米　1/16
印　　张	18.75
字　　数	327千字
版　　次	2023年12月第1版
印　　次	2023年12月第1次印刷
定　　价	80.00元

丛书编委会

主任委员：肖卫国　袁文传
副主任委员：马建新　汤进为　王　伟
编委委员：梁　锋　刘　春　黄承泉　李　颖　韩永刚
　　　　　吕油库　邓志坚　李　冲　黄　鸿　赵松鹏
　　　　　秦志辉　杨　珺　何志慧　胡万玲　李　喆
　　　　　陈　奕　吴晓华
丛书主审：郑　源

本册主编：梁　锋　李　冲
副 主 编：王　伟　马建新　吕油库
编写人员：胡万玲　卢寅伟　张兴华　崔海军　刘　凯
　　　　　李兴文　李　健　吴晓华　张铭一　洪　辉
　　　　　隋成果　韦仁能　覃举宋　罗祖建　唐　力
　　　　　李　莹　祝秀平　覃　就　杨安东　蒋业宁
　　　　　廖贤江　林　琪　颜　卓　周振波　梁文滔
　　　　　兰黄家　罗羽健　游媛媛　黄振强　唐浩东
　　　　　陈　晨　李嘉麒　陆开裕　方贵年　黄　钰
　　　　　李修瑾　梁安焕　陈震卿　王一娟　刘尚霖
　　　　　王翊轩　张忠幸

前言

水电是低碳发电的支柱,为全球提供近六分之一的发电量,近年来,我国水电行业发展迅速,装机规模和自动化、信息化水平显著提升,稳居全球装机规模首位,在国家能源安全战略中占据重要的地位。提升水电站工程管理水平,构建更加科学、规范、先进、高效的现代化管理体系,达到高质量发展是当前水电站管理工作的重中之重。

右江水力发电厂(以下简称电厂)是百色水利枢纽电站的管理部门,厂房内安装4台单机容量为135 MW的水轮发电机组,总装机容量540 MW,设计多年平均发电量16.9亿 kW·h。投产以来,电厂充分利用安全性能高、调节能力强、水库库容大等特点,在广西电网乃至南方电网中承担着重要的调峰、调频和事故备用等任务,在郁江流域发挥了调控性龙头水电站作用。

为贯彻新发展理念,实现高质量发展,电厂持续开展设备系统性升级改造工作,设备的可靠性、自动化和智能化水平不断提升,各类设备运行状况优良,主设备完好率、主设备消缺率、开停机成功率等重要指标长期保持100%,平均等效可用系数达93%以上,达到行业领先水平。结合多年实践,在全面总结基础上,电厂编写了标准化管理系列丛书,包括安全管理、生产技术、检修维护和技术培训等方面,旨在实现管理过程中复杂问题简单化,简单问题程序化,程序问题固定化,达到全面提升管理水平。

本册为员工运行管理培训教材,围绕右江水力发电厂运行工作,主要介绍了发电机及励磁、水轮机及调速器、配电系统、继保及通信、计算机监控及视频监视系统、辅机系统、金属结构和消防等八个方面的内容。其中,第1章、第3章由梁锋编撰,第2章、第6章由李冲撰写,第4章由马建新撰写,第5章由王伟撰写,第7章、第8章由吕油库撰写,其他同志参与编写,全书由梁锋统稿。

由于时间较紧,加上编者经验不足、水平有限,不妥之处在所难免,希望广大读者批评指正。

编 者

2023 年 9 月

目录

第1章 发电机及励磁系统 ········· 001
  1.1 发电机 ················· 001
    1.1.1 发电机基本知识 ········· 001
    1.1.2 发电机及其辅助设备规范 ··· 009
    1.1.3 运行方式 ············· 014
    1.1.4 运行操作 ············· 017
    1.1.5 发电机故障处理 ········· 019
  1.2 励磁系统 ··············· 024
    1.2.1 励磁基本知识 ··········· 024
    1.2.2 系统概述 ············· 025
    1.2.3 设备规范 ············· 026
    1.2.4 运行定额 ············· 027
    1.2.5 基本要求 ············· 028
    1.2.6 运行方式 ············· 030
    1.2.7 运行操作 ············· 031
    1.2.8 励磁系统故障处理 ········ 033

第2章 水轮机及调速器 ············ 042
  2.1 水轮机 ················· 042
    2.1.1 系统概述 ············· 042
    2.1.2 设备规范 ············· 045

2.1.3　运行方式 …………………………………………………… 048
　　　2.1.4　机组水机保护 ………………………………………………… 048
　　　2.1.5　运行操作 …………………………………………………… 050
　　　2.1.6　常见故障及处理 ……………………………………………… 051
　2.2　调速器系统 ……………………………………………………… 054
　　　2.2.1　系统概述 …………………………………………………… 054
　　　2.2.2　设备规范及运行定额 ………………………………………… 059
　　　2.2.3　运行方式 …………………………………………………… 064
　　　2.2.4　运行操作 …………………………………………………… 065
　　　2.2.5　常见故障及处理 ……………………………………………… 070

第3章　配电系统 ………………………………………………………… 073
　3.1　主变压器系统 …………………………………………………… 073
　　　3.1.1　基本知识 …………………………………………………… 073
　　　3.1.2　概述 ………………………………………………………… 076
　　　3.1.3　主变压器及辅助设备规范 …………………………………… 077
　　　3.1.4　运行定(限)额及注意事项 …………………………………… 079
　　　3.1.5　变压器运行方式 ……………………………………………… 081
　　　3.1.6　变压器运行操作 ……………………………………………… 083
　　　3.1.7　变压器异常运行及事故处理 ………………………………… 086
　　　3.1.8　保护的配置 ………………………………………………… 091
　3.2　220 kV/110 kV 系统设备 ……………………………………… 094
　　　3.2.1　GIS基础知识 ………………………………………………… 094
　　　3.2.2　系统组成 …………………………………………………… 095
　　　3.2.3　设备规范 …………………………………………………… 096
　　　3.2.4　运行方式 …………………………………………………… 104
　　　3.2.5　运行操作 …………………………………………………… 109
　　　3.2.6　异常运行及事故处理 ………………………………………… 112
　　　3.2.7　保护的配置 ………………………………………………… 114
　3.3　13.8 kV 系统设备 ……………………………………………… 116
　　　3.3.1　系统概述 …………………………………………………… 116
　　　3.3.2　13.8 kV 母线设备规范 ……………………………………… 116
　　　3.3.3　运行方式 …………………………………………………… 121
　　　3.3.4　机组出口断路器运行状态 …………………………………… 121

- 3.3.5 母线干燥装置 ……………………………………………… 121
- 3.3.6 运行操作 ………………………………………………… 122
- 3.3.7 常见故障及处理 …………………………………………… 123

3.4 厂用电系统 ……………………………………………………… 124
- 3.4.1 系统概述 ………………………………………………… 124
- 3.4.2 设备规范 ………………………………………………… 126
- 3.4.3 运行方式 ………………………………………………… 132
- 3.4.4 运行操作 ………………………………………………… 136
- 3.4.5 故障及事故处理 …………………………………………… 139
- 3.4.6 10 kV 五防闭锁要求 ……………………………………… 142

3.5 直流系统及交流不停电电源 …………………………………… 143
- 3.5.1 概述 ……………………………………………………… 143
- 3.5.2 设备规范 ………………………………………………… 144
- 3.5.3 运行方式 ………………………………………………… 146
- 3.5.4 故障及事故处理 …………………………………………… 148

第4章 继保及通信系统 …………………………………………… 150

4.1 继电保护 ………………………………………………………… 150
- 4.1.1 系统概述 ………………………………………………… 150
- 4.1.2 运行规范 ………………………………………………… 150
- 4.1.3 运行操作 ………………………………………………… 151
- 4.1.4 故障处理 ………………………………………………… 157
- 4.1.5 保护配置情况 …………………………………………… 157
- 4.1.6 继电保护信息系统子站 ………………………………… 163

4.2 同期装置 ………………………………………………………… 165
- 4.2.1 系统概述 ………………………………………………… 165
- 4.2.2 基本要求 ………………………………………………… 168
- 4.2.3 运行方式 ………………………………………………… 168
- 4.2.4 运行操作 ………………………………………………… 168
- 4.2.5 同期装置日常巡检内容 ………………………………… 169
- 4.2.6 故障及事故处理 ………………………………………… 170

4.3 安全稳定装置运行规程 ………………………………………… 172
- 4.3.1 系统概述 ………………………………………………… 172
- 4.3.2 装置功能及配置 ………………………………………… 172

  4.3.3 调度运行管理关系及协调 …………………………………… 173
  4.3.4 安全稳定装置运行的一般注意事项 …………………………… 173
  4.3.5 调度术语说明 …………………………………………………… 175
  4.3.6 安稳装置的投退要求及操作方法 ……………………………… 175
 4.4 通信系统 ……………………………………………………………… 176
  4.4.1 系统概述 ………………………………………………………… 176
  4.4.2 系统结构 ………………………………………………………… 179
  4.4.3 相关设备主要技术参数 ………………………………………… 180
  4.4.4 运行方式 ………………………………………………………… 182
  4.4.5 运行操作 ………………………………………………………… 183
  4.4.6 巡检与维护 ……………………………………………………… 184
  4.4.7 故障及事故处理 ………………………………………………… 184

第5章 计算机监控视频监视系统 …………………………………………… 186
 5.1 计算机监控系统 ……………………………………………………… 186
  5.1.1 基础知识 ………………………………………………………… 186
  5.1.2 计算机监控系统构成 …………………………………………… 187
  5.1.3 水电厂开停机流程 ……………………………………………… 196
  5.1.4 运行方式 ………………………………………………………… 196
  5.1.5 运行操作 ………………………………………………………… 203
  5.1.6 异常运行及故障处理 …………………………………………… 206
 5.2 视频监视系统 ………………………………………………………… 208
  5.2.1 设备规范 ………………………………………………………… 208
  5.2.2 运行操作 ………………………………………………………… 211
  5.2.3 常见故障及处理 ………………………………………………… 212

第6章 辅机系统 …………………………………………………………………… 213
 6.1 技术供水系统 ………………………………………………………… 213
  6.1.1 系统概述 ………………………………………………………… 213
  6.1.2 设备规范及运行参数 …………………………………………… 214
  6.1.3 运行方式 ………………………………………………………… 214
  6.1.4 运行操作 ………………………………………………………… 216
  6.1.5 常见故障及处理 ………………………………………………… 217
 6.2 排水系统 ……………………………………………………………… 219
  6.2.1 系统概述 ………………………………………………………… 219

        6.2.2 排水系统运行定额及设备规范 …………………… 220
        6.2.3 运行方式 …………………………………………… 222
        6.2.4 运行操作及注意事项 ……………………………… 224
        6.2.5 常见事故及处理 …………………………………… 226
    6.3 压缩空气系统 ……………………………………………… 227
        6.3.1 系统概述 …………………………………………… 227
        6.3.2 设备规范及运行参数 ……………………………… 228
        6.3.3 运行方式 …………………………………………… 229
        6.3.4 运行操作 …………………………………………… 232
        6.3.5 常见故障及处理 …………………………………… 234
    6.4 通风空调系统 ……………………………………………… 235
        6.4.1 系统概述 …………………………………………… 235
        6.4.2 设备规范及运行定额 ……………………………… 236
        6.4.3 运行方式 …………………………………………… 239
        6.4.4 运行操作 …………………………………………… 241
        6.4.5 常见事故及处理 …………………………………… 242

第7章 金属结构设备 ……………………………………………… 243
    7.1 主坝闸门及附属设备 ……………………………………… 243
        7.1.1 系统概述 …………………………………………… 243
        7.1.2 相关设备主要技术参数 …………………………… 244
        7.1.3 基本要求 …………………………………………… 249
        7.1.4 运行方式 …………………………………………… 250
        7.1.5 运行操作 …………………………………………… 252
        7.1.6 巡检与维护 ………………………………………… 254
        7.1.7 故障及事故处理 …………………………………… 255
        7.1.8 开度与流量关系 …………………………………… 256
    7.2 进水塔快速闸门 …………………………………………… 260
        7.2.1 系统概述 …………………………………………… 260
        7.2.2 相关设备主要技术参数 …………………………… 261
        7.2.3 基本要求 …………………………………………… 263
        7.2.4 运行方式 …………………………………………… 264
        7.2.5 运行操作 …………………………………………… 265
        7.2.6 巡检与维护 ………………………………………… 266

7.2.7　故障及事故处理 …………………………………………… 267

第8章　消防系统 …………………………………………………… 268

8.1　系统概述 ……………………………………………………… 268

8.2　设备规范运行定额 …………………………………………… 269

8.2.1　消防控制柜 …………………………………………… 269

8.2.2　消防广播系统 ………………………………………… 269

8.2.3　消防电话系统 ………………………………………… 270

8.2.4　集中火灾报警控制器 ………………………………… 270

8.2.5　区域火灾报警控制器 ………………………………… 270

8.2.6　消火栓箱 ……………………………………………… 271

8.3　运行方式 ……………………………………………………… 271

8.3.1　防火分区及防火措施 ………………………………… 271

8.3.2　消防供水 ……………………………………………… 272

8.3.3　水喷雾灭火系统 ……………………………………… 273

8.3.4　消防水泵正常运行方式 ……………………………… 273

8.4　运行操作 ……………………………………………………… 274

8.4.1　水喷雾灭火系统 ……………………………………… 274

8.4.2　集中报警控制器操作 ………………………………… 274

8.4.3　消防广播操作方法 …………………………………… 275

8.4.4　手提式干粉灭火器操作方法 ………………………… 275

8.4.5　手提式CO_2灭火器的操作方法 …………………… 275

8.4.6　室内消火栓操作方法（至少两人操作） …………… 275

8.5　常见事故及处理 ……………………………………………… 276

8.5.1　紧急疏散步骤 ………………………………………… 276

8.5.2　注意事项 ……………………………………………… 276

附件A　励磁系统原理图 ……………………………………………… 277

附件B　调速器液压系统图 …………………………………………… 279

附件C　供配电系统图 ………………………………………………… 281

附件D　辅机系统原理图 ……………………………………………… 284

附件E　快速门系统原理图 …………………………………………… 288

第1章
发电机及励磁系统

1.1 发电机

1.1.1 发电机基本知识

1.1.1.1 定义

发电机是将其他形式的能源转换成电能的机械设备,最早产生于第二次工业革命时期,由德国工程师西门子于1866年制成,它由水轮机、汽轮机、柴油机或其他动力机械驱动,将水流、气流、燃料燃烧或原子核裂变产生的能量转化为机械能传给发电机,再由发电机转换为电能。

发电机的形式很多,但其工作原理都基于电磁感应定律和电磁力定律。因此,其构造的一般原则是:用适当的导磁和导电材料构成互相进行电磁感应的磁路和电路,以产生电磁功率,达到能量转换的目的。

1.1.1.2 发电机的基本参数

水轮发电机的基本参数,通常有额定电流、额定电压、额定容量、额定功率因数、额定转速、飞逸转速等。

1. 额定电流

额定电流是指一台水轮发电机正常运行时定子最大工作电流,其单位是安(A)。

2. 额定电压

额定电压是指一台水轮发电机安全工作时定子最高三相线电压,其单位为伏(V)。它与水轮发电机的类型、容量、输变电设备、绝缘等级以及有色金属材料的消耗量等因素有关。所以,额定电压是一个综合参数,其设计值应符合国家规定的标准。

3. 额定容量

额定容量是指一台水轮发电机安全运行时定子最大允许输出视在功率。由于发电机发出的是三相交流电,所以分为视在功率、有功功率、无功功率。

4. 额定功率因数

额定功率因数是额定有功功率与额定视在功率的比值,其大小与电力系统的负荷及电力系统的稳定程度等因素有关。

5. 额定转速

由于绝大多数的水轮发电机均与水轮机同轴运行,所以水轮发电机的额定转速即是水轮发电机组的主轴及其旋转部分的每分钟旋转次数,单位为转/分钟(r/min)。它的选取取决于同轴运行的水轮机最优转速及发电机转子的磁极对数,并应符合国家规定的标准。

6. 飞逸转速

水轮发电机的飞逸转速即是该台机组的飞逸转速。当一台水轮发电机组在最高水头下,带满负荷又突然甩去满负荷,又逢调速器失灵,导叶位于最大开度下,机组可能达到的最高转速,称为机组的飞逸转速。

1.1.1.3 水轮发电机结构

水轮发电机是水电厂的主要动力设备之一,它是由水轮机带动,将机械能转换为电能的一种装置。主要由定子、转子、电刷、机座及轴承等部件构成。其中定子由机座、定子铁芯、绕组以及固定这些部分的其他结构件组成;转子由转子铁芯、转子磁极(有磁轭、磁极绕组)、滑环(又称铜环、集电环)及转轴等部件组成。

我厂水轮发电机为立轴普通伞式密闭自循环空气冷却三相凸极同步发电机。其主要部件及其附属部件包括:定子、转子、上导轴承、上机架、推力轴承、下导轴承、下机架、三段轴、空气冷却器、制动系统、水喷雾灭火系统、照明系统、盖板、埋入基础、管路、电缆等辅助设备,以及定子机座、上机架、下机架的基础板、紧固螺栓等部件。其剖面图详见图1-1。

1. 转子

我厂转子由转子铁芯(有磁轭、磁极绕组)、滑环(又称集电环)、转轴、转轴支架等部件组成;有18对磁极,绝缘等级为F级;每个磁极上有阻尼绕组;转子滑环正负极各有32个碳刷。安装在主厂房123.45高程母线层风洞内,位于上导轴承下方,推力轴承上方,转轴上端以螺栓与上端轴相连,转轴下端

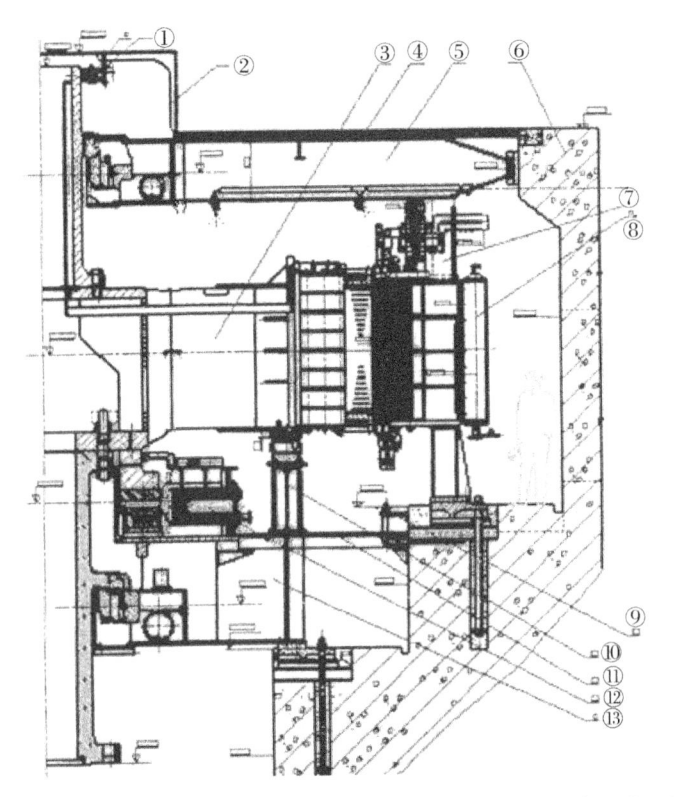

① 转子滑环及碳刷　② 顶罩　③ 转子(支架)　④ 上机架盖板　⑤ 上机架　⑥ 上机架基础
⑦ 定子　⑧ 空冷器　⑨ 定子机座　⑩ 风闸　⑪ 下机架盖板　⑫ 推力冷却器　⑬ 下机架

图 1-1　右江水力发电厂发电机剖面图

以联轴螺栓与发电机大轴相连。其发电机转子结构示意图详见图 1-2、大修时转子照片详见图 1-3。

(1) 磁极

磁极是提供励磁磁场的磁感应部件,由磁极铁芯、线圈、阻尼绕组等组成。磁极铁芯由 2 mm 厚的磁极钢板叠压而成,通过 T 尾挂装在磁轭上对应的 T 形槽中;磁极线圈为铜排焊接,整体热压成型;阻尼绕组包括纵向的阻尼条、横向的阻尼环,阻尼环之间采用防松动柔性连接,便于分接和拆卸,并能防止因振动和热位移而引起的故障。

(2) 磁轭

磁轭是发电机磁路的组成部分,是形成飞轮力矩的主要部件,也可通过它固定磁极。磁轭在组装过程中形成有径向通风沟和通风间隙,冲片上下端设上下压板,下压板下面设置有便于拆卸的制动环。

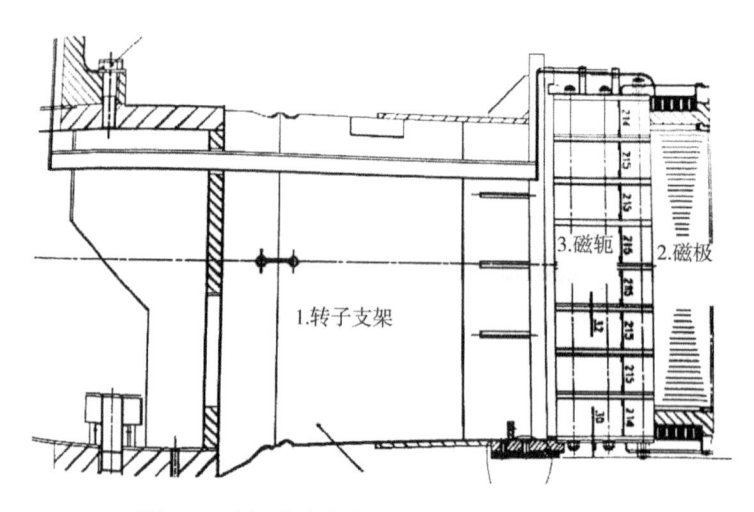

图 1-2 右江水力发电厂发电机转子结构示意图

图 1-3 右江水力发电厂发电机大修时转子照片

2. 定子

我厂水轮发电机定子主要由机座、铁芯、三相绕组及固定这些部分的其他结构件组成。铁芯固定在机座上，三相绕组嵌装在铁芯的齿槽内。机座、铁芯和三相绕组统一体称为发电机定子，也称为电枢，是产生电能的主体部分。

（1）机座

定子机座即定子外壳，是由钢板制成的壁、环、力筋、合缝板等零件焊接组装而成。主要作用是承受定子自重、上机架及机架其他部件的重力、电磁扭矩和不平衡磁拉力、绕组短路时的切向剪力。机座应有足够的刚度，同时还应能适应铁芯的热变形。

（2）铁芯

定子铁芯是水轮发电机磁路的主要通道，由于存在交变磁通，才在绕组中感应交变电流，亦称为磁电交换元件。我厂定子铁芯由扇形冲片、通风槽片、定位筋、齿压板、拉紧螺杆、固定片等零部件组成。铁芯是由硅钢片叠装而成，在叠装一定高度时，分层压紧，并用高强度螺栓压紧，再采用双鸽鸡尾定位筋焊接于定子机座上。

（3）绕组

我厂三相绕组由绝缘导线绕制而成，均匀地分布于铁芯内圆齿槽中。当交变磁场切割绕组时，便在绕组中产生交变电动势和交变电流，从而完成水能—机械能—电能最终转换。定子绕组固定好坏，关系机组安全运行和绕组寿命，如固定不牢在电磁力和机械振动力的作用下，容易造成绝缘损坏、匝间短路等故障。因此槽部线棒应用槽楔压紧，端部再用端箍结构进行固定。我厂定子绕组采用双层条式波绕组，"Y"形连接，绝缘等级为F级，定子槽数为432槽。

其发电机定子结构示意图详见图1-4、大修时定子照片详见图1-5。

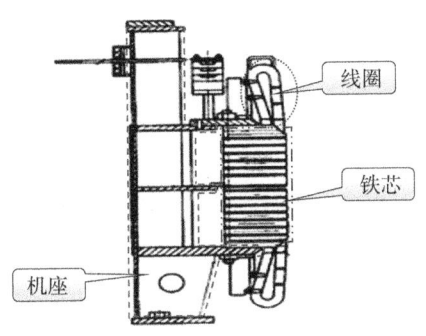

图1-4 右江水力发电厂发电机定子结构示意图

图 1-5　右江水力发电厂发电机大修时定子照片

3. 水轮发电机的主要附属部件

(1) 机架

机架是立轴水轮发电机安置推力轴承、导轴承、制动器及水轮机受油器的支撑部件,是水轮发电机较为重要的结构件。机架由中心体和支臂组成,一般采用钢板焊接结构,中心体为圆盘形式,支臂大多为工字梁形式。

机架按其所处的位置分为上、下机架,按承载性质分为负荷机架和非负荷机架。负荷机架要承受机组转动部分的全部重量、水轮机轴向水推力、机架和轴承的自重、导轴承传递的径向力及作用在机架上的其他负荷;非负荷机架主要用来安置导轴承,要承受的径向力有转子径向机械不平衡力和因定子、转子气隙不均匀而产生的单边磁拉力,要承受的轴向负荷有导轴承及油槽自重、机械制动传递的力和上盖板重量。我厂是伞式水轮发电机,下机架为负荷机架,上机架为非负荷机架。

(2) 推力轴承

推力轴承主要由轴承座、支撑、轴瓦、镜板、推力头、油槽及冷却装置等部件组成,主要作用是承受立轴水轮发电机组转动部分的全部重量及水推力等负荷,并将这些负荷传递给机架,其总负荷约为 940 t。推力轴承采用油浸式内循环冷却系统,采用分块瓦弹性油箱支撑的自调均载结构,共 12 块弹性金属塑料瓦。发电机大修时推力轴承照片详见图 1-6。

图 1-6　右江水力发电厂发电机大修时推力轴承照片

推力轴承采用油浸式内循环冷却系统，油槽内盛有透平油，油既能起到润滑作用，又能作为热交换介质，机组运行时，推力瓦与镜板互相摩擦所产生的热量被油吸收，再经过以水为介质的油冷却器冷却，将其热量由水带走。

（3）导轴承

发电机导轴承由导轴承瓦、滑转子、油箱、油冷却器等部件组成，是承受发电机组转动部分的径向不平衡力和电磁不平衡力，并约束轴线径向位移和防止轴的摆动，使机组轴线在规定的数值范围内旋转的结构。我厂上、下导轴承均采用 12 块扇形巴氏合金瓦，导轴承为油浸式自循环结构。其上导轴承照片详见图 1-7。

（4）机械制动

我厂机组制动采用的是机械制动方式，机械制动（亦称风闸）兼作顶起发电机转子和水轮机转动部分的千斤顶，机械制动安装在机械制动支架上，而机械制动支架安装在下机架上，每台机组共 12 个（6 组）机械制动，具有弹簧复位功能。制动气压为 0.6～0.7 MPa，机械制动用作高压顶起装置时油压约为 8 MPa。其机械制动照片详见图 1-8。

图 1-7　右江水力发电厂发电机大修时上导轴承照片

① 风闸闸瓦　② 集尘盒　③ 复位弹簧　④ 风闸气缸　⑤ 风闸支架　⑥ 锁锭螺母

图 1-8　右江水力发电厂发电机大修时机械制动照片

(5) 空气冷却器

我厂水轮发电机冷却方式为双路径向无风扇端部回风空气冷却方式,在定子外壁均匀对称安装8个穿片式空气冷却器,利用空冷器中的水流,带走机组运行时定子、转子产生的热量。其空气冷却器照片详见图1-9。

图1-9 右江水力发电厂发电机大修时空气冷却器照片

1.1.2 发电机及其辅助设备规范

1.1.2.1 系统概述

发电机为立轴普通伞式密闭自循环空气冷却三相凸极同步发电机。额定功率为135 MW。

发电机主要部件及其附属部件包括:定子、转子、上导轴承、上机架、推力轴承、下导轴承、下机架、三段轴、空气冷却器、制动系统、加热除湿系统(停止使用)、粉尘吸尘装置(停止使用)、水喷雾灭火系统、照明系统、盖板、埋入基础、管路、电缆等辅助设备,以及定子机座、上机架、下机架用的基础板、基础螺栓等部件。

上导轴承位于上机架中心体,在转子上方;推力轴承位于转子下方,下机架中心体上方;下导轴承位于下机架中心体油槽内。主轴上端轴与发电机转子中心体连接,主轴下端轴与水轮机主轴连接。

通风系统采用双路径向无风扇端部回风空气冷却系统。

发电机定子绕组为双层条式波绕组，Y型接线，F级绝缘，定子槽数为432槽。发电机转子由磁极、磁轭、转子支架及转轴等组成，有18对磁极，F级绝缘；每个磁极上有阻尼绕组；转子滑环正负极各有32个碳刷。发电机导轴承由导轴承瓦、滑转子、油箱、油冷却器等部件组成。上、下导轴承均采用12块扇形巴氏合金瓦；导轴承为油浸式自循环结构。推力轴承总负荷约为940 t。推力轴承采用油浸式内循环冷却系统，采用分块瓦弹性油箱支撑的自调均载结构。共12块弹性金属塑料瓦。

机组制动采用机械制动方式。制动器兼作顶起发电机转子和水轮机转动部分的千斤顶，制动器安装在制动器支架上，而制动器支架安装在下机架上，每台机组共12个制动器，具有弹簧复位功能。制动气压为0.6～0.7 MPa。制动器用作高压顶起装置时油压约为8 MPa。

大轴接地是由发电机下端轴通过碳刷接地。机组设有一套振动、摆度在线监测装置。

在风洞内定子机座外壁均匀对称布置8个穿片式空气冷却器。

机组消防系统采用水喷雾灭火方式，由烟雾、温度传感器、喷头、灭火操作柜等组成，用于发电机着火时灭火，可手动/自动投入（目前只能手动投入）。

♯2、♯4发电机装有静电除油雾装置，安装于母线层上游侧风洞外。电源取自机组直流分屏17QA。其启停时间节点与执行开机、停机流程时，机组技术供水电动阀启停时间节点相同。

1.1.2.2 主设备规范

1. 发电机基本参数

表1.1

名称	内容	名称	内容
型号	SF135-36/9200	型式	立轴伞式
额定容量	159 MVA/135 MW	额定电压	13.8 kV
额定电流	6 645 A	额定频率	50 Hz
额定功率因素	0.85	相数	3
额定转速	166.7 r/min	飞逸转速	341.9 r/min
额定转子电压	290 V	额定转子负载电流	1 474 A
额定转子空载电流（设定值/实际值）	828.3 A/797 A	定子绕组接线方式	三相星形并联支路
定子线圈槽数	432	定子绝缘等级	F

续表

名称	内容	名称	内容
转子磁极数	36	转子绝缘等级	F
滑环数	2	转子总重量	350 t
定子总重量	220 t	中性点接地方式	经过接地变压器接地
转动惯量	16 000 t·m²	生产厂家	哈尔滨电机厂

2. 上导、下导、推力油槽油面整定值

表 1.2

名称	正常油位(mm)	过高油位(mm)	过低油位(mm)
上导油槽	0	+30(跳机信号解除)	−30(跳机信号解除)
推力油槽	0	+30(跳机信号解除)	−30(跳机信号解除)
下导油槽	0	+30(跳机信号解除)	−30(跳机信号解除)

3. 发电机各部温度整定值

表 1.3

名称	报警温度(℃)	停机温度(℃)
上导轴承瓦温	70	75
上导油槽油温	50	55
推力轴承瓦温	55	60
推力油槽油温	50	55
下导轴承瓦温	70	75
下导油槽油温	50	55
空气冷却器(冷风)	45	50
空气冷却器(热风)	70	80
定子铁芯	115	125
定子绕组	115	125
定子齿压板	115	125

注：
(1) 取消了各导轴承油温及油位过高、过低保护跳机出口；
(2) 取消了发电机空冷器冷风、热风温度过高保护跳机出口。

4. 发电机上导、下导、推力轴承的瓦温、油温高跳机逻辑

发电机测温屏上单个上导瓦、下导瓦、推力瓦温控器数值达到跳机值(75℃)，延时 13 s 出口跳机。但瓦温升高报警信号出现后 2 s 内,瓦温过高跳机信号出现,即认为温控器故障,相对应的瓦温过高跳机信号不作为跳机出口条件。

5. 发电机各部冷却水流量整定值

表 1.4

名称	报警流量(m^3/h)	停机流量(m^3/h)	说明
上导冷却水	12	见备注	报警值根据实际运行情况有所改动。具体见定值修改单。
空气冷却器冷却水	420	见备注	
推力冷却水	300	见备注	
下导冷却水	12	见备注	

注：
(1)"上导冷却水流量过低"+"测温屏上导瓦温或油温高报警"=延时 10 s 事故停机。
(2)"空气冷却器冷却水流量过低"+"测温屏冷风或热风温度高报警"=延时 10 s 事故停机。
(3)"推力冷却水流量过低"+"测温屏推力瓦温或油温高报警"=延时 10 s 事故停机。
(4)"下导冷却水流量过低"+"测温屏下导瓦温或油温高报警"=延时 10 s 事故停机。

6. 发电机轴电流整定值

表 1.5

机组	报警(A)	报警(A)	延时(s)
#1 机	0.5	2.0	10
#2 机	0.8	2.0	10
#3 机	0.5	1.0	9
#4 机	0.5	2.5	10

注：目前四台机组轴电流跳机线已解除。

1.1.2.3 辅助设备运行规范

1. 机械制动及高压顶起装置

表 1.6

机械制动	制动瓦数	12 块	额定操作气压	0.78 MPa
转子顶起装置	转子最大提升高度	15 mm	额定操作油压	7.8 MPa

2. 加热器(已停用)

表 1.7

加热器	电压	380 V	组数	8 组
	功率	2 kW	启动温度	10℃

3. 静电除油雾装置

表 1.8

静电除油雾装置	电压	230 V	频率	50～60 Hz
	功率	200 W	型号	222 AF

1.1.2.4　发电机摆度、振动值

表 1.9

名称	一级报警（μm）	二级报警（μm）
上机架 X 方向	90	110
上机架 Y 方向	90	110
上导轴承 X 方向	400	500
上导轴承 Y 方向	400	500
定子机架 X 方向	90	110
定子机架 Y 方向	90	110
下机架 X 方向	90	110
下机架 Y 方向	90	110
下导轴承 X 方向	400	500
下导轴承 Y 方向	500	600

1.1.2.5　发电机中性点刀闸

表 1.10

名称	内容	名称	内容
型号	GW9-10/400	型式	户内、单相
额定电压	$13.8/\sqrt{3}$ kV	最高工作电压（有效值）	12 kV
额定电流	400 A	雷电冲击耐压（1.2/50 us 全波耐压）（峰值）	相对地：75 kV 断口间：85 kV

1.1.2.6　中性点接地变压器

表 1.11

名称	内容	名称	内容
型号	DKD-20/13.8	型式	单相干式，壳式铁芯，非包封绝缘

续表

名称	内容	名称	内容
额定容量	20 kVA	短路阻抗	4.3%
标称电压	13.8/0.23/0.173 kV	标称电流	1.45/87 A
绝缘水平	LI75AC38/AC3	绝缘等级	H级（NoMeX 绝缘材料）

1.1.3 运行方式

1.1.3.1 额定情况下的运行方式

发电机正常运行时，应按第四条设备技术参数运行，不得超过。

发电机频率应按照南方电网《系统频率管理规定》执行，系统额定频率为50 Hz，正常运行频率偏差不得超过±0.2 Hz，最大频率偏差不超过±0.5 Hz。

机组辅助设备正常按机组控制程序指令启停，特殊情况下可采用手动方式启停。

机组正常并列方式采用自动准同期方式，自动准同期装置不能投入运行时，经厂部同意后方可采用手动准同期并列。

发电机运行电压允许变动范围在额定电压 13.8 kV 的±5%以内，最高不超过 14.49 kV，最低不低于 13.11 kV。

发电机空气冷却器有一组退出运行，发电机能在额定负荷下连续运行；有两组冷却器退出运行，发电机能在额定负荷下运行 30 分钟。

发电机正常停机时，当机组转速降至额定转速的 20%时，机械制动自动投入；当机组转速降至 0.5%ne 后，延时 180 s 机械制动自动退出。

发电机组保护包括：发电机横差保护、不完全差动Ⅰ保护、95%定子接地保护、100%定子接地保护、转子接地保护（保护柜后部上方保险）、发电机相间后备保护、定子过负荷保护、负序过负荷保护、失磁保护（保护柜后部上方保险）、过电压保护、励磁后备保护、失步保护、过励磁保护、逆功率保护、频率保护、大轴接地保护（保护柜后部柜内空开）、水力机械保护、火灾保护（已取消）、励磁变温度过高（已取消）等。

1.1.3.2 异常情况下的运行方式

发电机电压允许变动范围为额定值的±5%，在允许电压变动范围内，功率为额定值时，其额定容量不变。

进相运行时各台机组进相深度（Mvar）不得超过下表数值（试验结果）：目前我厂操作员站最大可设 −30 Mvar。

表 1.12

负荷	进相深度上限值(Mvar)			
	#1 机组	#2 机组	#3 机组	#4 机组
100%(138 MW)	−31	−45.9	−20.9	−22.9
75%(103.5 MW)	−46	−48	−36.8	−37.7
50%(69 MW)	−52.5	−51	−52.6	−52.6
25%(34.5 MW)	−55	−55	−66	−65.6
0%(0 MW)	−57	−59	−80	−78.5

注：机组进相运行时值班人员应严密监视机组有功、无功、机端电压、定子电流、转子电压、转子电流、定子绕组温度、转子绕组温度以及系统电压、厂用电电压等。各机组进相深度实验结果是在额定机端电压下所测，实际进相深度应乘以实际机端电压与额定机端电压比值的平方。

1.1.3.3 发电机绝缘规定

机组检修前后应测量发电机定子、转子绕组绝缘电阻，以及定子吸收比，测绝缘前后均需放电（国标规定：定子吸收比 R60S/R15S≥1.6）。

定子回路绝缘电阻应使用摇表（2 500 V 档）测量，若需精确测量的绝缘值，应断开励磁变压器高压侧绕组引线进行测量，正常情况下（判断绝缘合格情况）可带励磁变测量。

转子线圈绝缘电阻应使用摇表（500 V 档）测量（测量时应将发电机保护A、B 柜转子一点接地保护压板、大轴接地压板均退出，并断开灭磁开关），其测量结果应≥0.5 MΩ。

当吸收比或绝缘电阻不合格时，必须请示总工程师或主管厂长决定是否投入运行。

发电机封闭母线内空气正常运行最高温度不大于 140℃。

1.1.3.4 机组控制方式

1. 当地

（1）当机组 LCU 与上位机出现通信故障时使用"当地"控制方式。

（2）切换方式为：将机组 LCUA1 柜控制方式旋钮切至"现地"。

（3）具体操作步骤为：在"现地"控制方式下，在机组 LCUA1 柜触摸屏选择"操作"输入密码"1111"点击"enter"，再选择需要执行的命令，然后"执行"并"确定"，操作完毕后应将画面切换至报警窗口，密切监视设备执行命令情况。

2. 调试

（1）当监控系统需要调试时，应按下机组 LCUA1、A2 柜上"debug"按钮，此时监控系统无输入输出。

(2)切换方式为:按下机组 LCUA1、A2 柜上部"debug"按钮,确认此按钮按下,指示灯亮。

3. 中控室远方控制

(1)该控制方式为正常运行时的主要控制方式。

(2)切换方式为:机组 LCUA1、A2 柜上""调试"按钮均按起(未按下,灯灭);机组 LCUA1 柜控制方式旋钮切至"远方"。

(3)上位机具体操作步骤见《监控系统操作说明》。

4. 广西中调遥控(此功能目前未投入使用)

(1)在中控室远方自动的基础上,根据调度要求将机组控制方式转为广西中调控制。

(2)切换方式为:在上位机 AGC 画面中选择"远方开机允许""远方停机允许"。

(3)机组 AGC 投入远方,开、停机及负荷、电压调节,由调度直接操作。

1.1.3.5 发电机的监视、检查

1. 发电机运行中的监视、检查

(1)检查现地控制单元 LCU、调速器、励磁装置、发电机附属设备等的运行状态正常,各保护压板投在相应位置,压油装置油压正常,发电机运行各参数符合规定。

(2)检查转子滑环、碳刷的接触状况,无火花。刷辫有无氧化变色,碳刷长度合适。

(3)发电机风洞内无异响、异味及杂物,温度适中,空冷器无漏水,无严重结露现象。

(4)检查上导、下导及推力轴承油温、油位正常,各管路无漏油、漏水现象。

(5)检查发电机电压互感器控制柜内空开在合闸位置,无报警,PT 柜内无异常声音,柜门应锁好。

(6)检查发电机出口开关、隔离刀闸位置正确,断路器控制柜面板无报警,SF6 压力值在正常范围。

(7)发电机消防水压正常。

(8)除定期检查外,应根据设备运行情况及气候变化情况加强检查。

2. 发电机停机后的监视、检查

(1)备用机组及其全部辅助设备,应经常处于完好状态,保证机组能随时启动并网。

(2) 备用机组停机时间达 72 小时,应联系调度切换机组运行。或开机空载运行 10 分钟左右。

(3) 备用机组的维护与运行中的机组一样,做定期巡回检查。

(4) 机组停机后,需监视停机机组是否存在溜机现象。

1.1.4 运行操作

1.1.4.1 发电机的运行操作

1. 机组检修后必须完成下列工作

(1) 收回所有工作票,检查现场清理完毕,工作人员全部撤离,拆除所有安全措施(如临时接地线、标示牌、临时遮栏等)。

(2) 检查电气部分已具备开机条件。

(3) 检查机械部分已具备开机条件。

(4) 机组控制方式根据现场实际需要进行选择。

(5) 复归所有报警信号,检查机组处于停机稳态。

2. 机组电气部分检查项目

(1) 测量机组定子绕组、转子绕组、励磁变绕组绝缘电阻符合规定。

(2) 机组出口开关在分闸状态,操作机构、SF6 气压正常;分合闸试验正常;控制方式为"远方"。

(3) 所有地线已拆除。

(4) 机组中性点接地开关合上。

(5) 励磁系统正常。

(6) 保护装置正常投入。

(7) 各辅助设备操作电源正常投入。

3. 机组机械部分检查项目

(1) 发电机空气冷却器,上、下导轴承冷却器,推力轴承冷却器各进出水阀门位置正确,技术供水系统充水正常。

(2) 机组各轴承油箱油位正常。

(3) 高压顶起转子使推力轴承轴瓦建立油膜。

(4) 机械制动装置处于正常状态并退出。

(5) 调速器系统正常。

(6) 检查蜗壳进人孔门、尾水管进人孔门关闭完好,快速闸门及尾水闸门在全开位置。

(7) 检查转动部分无异物,无人作业,关闭风洞门口。

1.1.4.2 机组 LCU 调整有功、无功

（1）将 LCUA1 柜控制方式旋钮切至"现地"。

（2）点击"PQ 调节"。

（3）输入密码"1111"，并按"enter"。

（4）确认有功、无功调节功能已投入。

（5）输入需要的有功或无功设值。

（6）点击"确定"。

（7）点击右上角"主页"图标，监视机组有功或无功实际值调整正常。

（8）将 LCUA1 柜控制方式旋钮切至"远方"。

1.1.4.3 手动准同期并列操作

（1）在机组 LCUA3 柜将同期装置切至"手动"。

（2）机组启动后，执行到"同期"步骤时，调节机组电压和频率。

（3）监视同期表，当符合同期条件时，合上发电机出口开关并列。

（4）将机组同期装置控制方式恢复正常方式。

1.1.4.4 手动准同期并列操作注意事项

（1）手动准同期并列操作须由主管部门批准的值班员进行操作。

（2）同期表指针必须均匀慢速转动一周以上，证明同期表无故障后方可正式进行并列。

（3）同期表转速过快，有跳动情况或停在中间位置不动或在某点抖动时，不得进行并列操作。

（4）不允许一手握住开关操作把手，另一手调整周波和电压，以免误合闸。

（5）根据开关合闸时间，适当选择开关合闸时间的提前角度。

（6）并列操作后及时将同期方式恢复为正常方式。

1.1.4.5 当发电机停运超过 3 天（72 h），或发电机检修后需顶转子，其投退操作步骤

1. 转子顶起操作

（1）确认机组转动部分和风洞无人工作。

（2）确认机械制动已退出，并将机械制动控制方式切至"切除"。

（3）关闭机械制动电磁阀后手动阀 0*QD12 V；检查机械制动手动进气阀 0*QD13 V 已关闭；检查机械制动手动排气阀 0*QD14 V 已关闭。

（4）切换高压顶起三通闭锁阀 0*QD15 V 接通临时高压油泵进油管。

（5）检查机械制动高压顶起进油阀 0*QD20 V 已打开。

(6) 关闭机械制动高压顶起排油阀 0*QD16 V。

(7) 检查高压试压泵油箱油位正常。

(8) 启动油泵加压提升转子。

(9) 转子提升高度至 2.5 mm 时,停止油泵运行,保持 5 分钟。

(10)（若需抽出推力瓦,转子提升高度至 4 mm 时,停止油泵运行,并将机械制动装置锁锭螺母逐个投入;然后打开机械制动高压顶起排油阀 0*QD16 V 排油。

2. 退出转子提升操作

(1) 若已投入锁锭螺母,首先启动油泵加压提升转子至锁锭螺母不受力;然后逐个退出高压顶起装置锁锭螺母。

(2) 打开机械制动高压顶起排油阀 0*QD16 V 排油。

(3) 将高压顶起三通切换阀 0*QD15 V 切换至机械制动进气管。

(4) 打开机械制动手动进气阀 0*QD13 V。

(5) 缓慢打开高压顶起排油阀 0*QD16 V 吹气使风闸内的油全部排回高压油泵集油箱。

(6) 关闭机械制动手动投入阀 0*QD13 V。

(7) 关闭高压顶起排油阀 0*QD16 V,并移走高压顶起装置。

(8) 打开机械制动电磁阀后手动阀 0*QD12 V。

(9) 将机械制动控制方式切至"手动",投退机械制动试验正常后将控制方式切至"自动"。

1.1.5 发电机故障处理

1.1.5.1 发电机采用喷水灭火。

当 6 个烟感器和 6 个温感器各有一个及以上同时动作,应立即到现地打开风洞门检查,确认发生火灾立即将故障机组解列停机,打开发电机灭火操作柜进水阀门 0*SX001 V 灭火（详见《发电机着火事故应急预案》）。

1.1.5.2 发电机不正常运行和故障处理

1. 发电机温度过高

(1) 现象

发电机定子线圈或冷热风温度超过额定温度。

(2) 处理

①检查机组温度曲线及其变化趋势,判断是否为测温元件失灵误报。

②检查风洞有无异味及其他异状,并判断是否个别部分过热,个别空冷

器工作异常。

③现地检查冷却水投入正常,或投入备用冷却水。

④在不影响系统的条件下,适当调整机组的有功、无功负荷。

⑤若温度仍高,应联系中调,降低机组出力,直至温度降至额定以内。

⑥在采取以上措施后温度还是超额定值,立即联系调度停机检查处理。

2. 导轴承冷却水中断

(1) 现象

计算机监控系统上位机报"**导轴承冷却水中断"故障信号及语音报警,对应机组 LCUA 柜触摸屏有"**导轴承冷却水中断"信号。

(2) 处理

①检查信号是否误动。

②检查各导轴承温度是否有升高现象,是个别还是多数现象,如有几个轴瓦温高,应转移机组负荷,并加强监视。

③现地检查冷却水投入正常,或投入备用冷却水。

④如轴瓦温度有上升趋势,立即联系调度停机检查处理。

⑤检查示流器及冷却器运行情况,是否有漏水,结合人为探听管路水流声音是否正常。

⑥若引起轴承温度升高趋势明显,立即联系中调申请停机检查处理。

3. 轴承温度高

(1) 现象

计算机监控系统上位机报"轴承温高"故障信号及语音报警,对应机组 LCUA 柜触摸屏有"轴承温度高"信号。

(2) 处理

①检查信号是否误动。

②监视各轴承温度,观察温度是否有上升趋势,如有上升趋势,转移机组负荷,准备停机。

③检查各轴承油槽冷却水投入正常。或投入备用冷却水。

④检查振摆检测系统该机组振动状况,若负荷处于振动区,联系调度调整负荷,若属振动异常,立即联系中调停机检查处理。

⑤如无法控制轴承温度,及时联系中调,停机处理。

1.1.5.3 系统发生剧烈的振荡或发电机失步

(1) 现象

发电机、变压器和线路的电压、电流、有功、无功指示发生周期性大幅升降;照明灯随着电压波动而一明一暗;发电机发出有节奏鸣音。

(2) 处理

①手动增加励磁电流,充分利用发电机的励磁能力,提高系统电压。

②如果频率升高,应迅速降低发电机的有功出力。如果频率降低,应立即增加发电机的有功出力至最大值。

③采取上述措施后经 3 至 4 分钟,如振荡仍未消除,将情况报告调度,听取调度命令。

④发电机由于进相或某种干扰原因发生失步时,应立即减少发电机有功出力,增加励磁,以使发电机拖入同步。在仍不能恢复同步运行时,应向调度申请将发电机解列后重新并入系统。

⑤发电机失磁引起系统振荡而失磁保护又未动作时,则应立即将失磁机组解列。

1.1.5.4 机组非同期并列

(1) 现象

机组并列时发出强烈的冲击声、振动声,各表计摆动幅度较大。

(2) 处理

①如果机组非同期并列时,引起机组出口断路器跳闸则应停机,对发电机进行全面的检查,并记录同期装置面板上所有信息,无异常后方可再开机并需对机组进行零起升压,待正常后才能与系统并列。

②如开关未跳闸,在系统负荷允许时,应将机组解列停机,并记录同期装置面板上所有信息,联系检修人员进行发电机内部检查,并测量绝缘电阻;如系统负荷不允许,又无备用机组,检查发电机电流及机组出口电压,并记录同期装置面板上所有信息,设备又未发现明显异常时,可暂不解列,此时,应严密监视机组各部温度、振动和摆度。加强对发电机的检查,并尽早停机进行内部检查。

1.1.5.5 发电机着火

(1) 现象

机组有冲击声或异常响声,从发电机上部盖板热风口或密封不严处冒烟,并闻到绝缘焦味;厂房消防报警器响及发出事故音响;从发电机风洞门缝隙中可以看到浓烟。

(2) 处理

①若发电机未事故停机,立即解列停机。

②做好事故信号的记录,向中调及值班领导汇报情况。

③判断发电机无压后,参照《右江水力发电厂火灾事故应急预案》灭火。

④检查灭火情况，确认火已熄灭。

⑤做好安全措施，联系检修人员检查处理。

⑥如有人员受伤，联系救护车等候，随时准备抢救因灭火受伤人员。

⑦灭火过程注意事项：不准破坏密封；无防护措施，不准进入风洞内部；禁止使用沙子和干粉灭火器对发电机内部灭火。

1.1.5.6　发电机纵联差动保护，发电机双元件横差保护，定子100％接地保护动作后的处理

（1）现象

发电机有冲击声，有"发电机差动保护动作"信号出现，出口开关跳闸，机组事故停机。

（2）处理

①做好事故信号的记录，向中调及值班领导汇报情况。

②检查保护范围的一次设备情况，首先查明确有无着火，如着火应立即灭火。

③检查故障波形，检查是否由于保护误动作或有人误碰。

④停机后做好安全措施，测量发电机定子绕组相间及对地绝缘电阻。

⑤若检查未发现异常现象，经值班领导批准，对发电机进行零起升压，对差动保护进行测试，监视有关表计，发现不良立即停机。

⑥零起升压试验正常后，可恢复并网运行。

1.1.5.7　发电机滑环发生强烈火花

（1）现象

发电机碳刷与滑环之间有强烈的火花，有时伴随着异常声音。

（2）处理

①检查判别是否因碳刷卡住或磨损较多引起。

②减小励磁电流，减有功。

③如火花不能减小，应报告调度申请停机处理。

④如果产生强烈的环火，应立即事故停机。

⑤停机后做好安全措施，对转子回路全面检查，并测绝缘正常后可恢复。

1.1.5.8　负序过电流保护动作

（1）若保护Ⅰ段(t2)动作，只发报警信号，此时应加强对机组的监视并了解系统有无故障或操作。原因不明应通知检修人员。

（2）若保护Ⅱ段(t1)动作，机组跳机，应对机组一次设备进行外部检查。

1.1.5.9　定子过负荷保护动作

（1）若AGC运行应向调度申请退出"AGC"。

(2)降低有功出力,并检查定子温度。

1.1.5.10 过电压保护动作

(1)过电压保护动作,机组跳机,动作值:130%额定电压(17.94 kV)延时0.3 s。

(2)若为机组甩负荷引起,对机组做外部检查,如无异常现象,可恢复机组备用。

(3)若为励磁系统故障引起,通知检修人员检查处理。同时测量定子绕组绝缘合格。

1.1.5.11 机械制动故障

机械制动系统故障不能自动投入,应尽快确认转速达到额定转速的20%以下手动投入机械制动,机组停稳后至少保持180 s,退出机械制动,并恢复其控制方式至"自动",然后监视机组无溜机现象(如果出现溜机现象,再次手动投入机械制动)。对制动系统全面检查,查找故障原因,通知检修人员处理。

1.1.5.12 发电机出口PT断线处理

1. 发电机出口PT作用

表 1.13

名称	作用			
	保护用	励磁用	调速器用	计量及电压监视回路
3BV I	保护A柜:失磁保护、低电压记忆过流、发电机定子接地	励磁调节器 I 通道 MUB		
3BV II	保护B柜:失磁保护、低电压记忆过流、发电机定子接地			监控用
3BV III		励磁调节器 II 通道 MUB	调速器系统功率变送器,过速装置	

发电机出口PT端子内空开作用。1QA:3BV I 保护用;2QA:3BV II 保护用;3QA:3BV III 计量及电压监视回路;4QA(DC电源):微机消谐器及电压监视继电器电源;5QA:加热器及照明电源。

2. 发电机出口PT断线

将闭锁其相关保护(失磁保护、低电压记忆过流、发电机定子接地)动作,应尽快查找故障原因,并及时处理,以防止事故扩大。处理方法:

(1)PT二次侧电压,正常情况下每相电压应为57.7 V。

(2) 如果电压异常，需查找判断异常原因。一般有两个方面的原因：一是 PT 一次侧故障，二是 PT 二次侧故障。

(3) 如果是一次侧故障，即 PT 熔断器接触不良或熔断；二次侧故障，即接触不良或二次侧断线。

3. 发电机出口 PT 熔断器的操作方法

(1) 若机组能停机，应尽可能停机处理，并做好隔离措施。

(2) 若机组不能停机，则断开故障相 PT 二次侧空开。

(3) 穿绝缘靴、戴绝缘手套和护目镜，拔出 PT 二次插头，并拉出故障相 PT 至"检修"位置，更换合格熔断器（电阻值约为：85～110 Ω）。

(4) 恢复 PT 时，检查更换的熔断器安装正确，牢固可靠，将 PT 推入至"工作"位置，插入 PT 二次插头，合上 PT 二次侧空开，测量 PT 二次侧电压恢复正常。

1.2 励磁系统

1.2.1 励磁基本知识

1.2.1.1 励磁系统的分类

按发电机励磁的交流电源供给方式可分为交流励磁（他励）系统、全静态励磁（自励）系统、及自并励方式。

1. 交流励磁（他励）系统

由与发电机同轴的交流励磁机供电。系统又可分为四种方式：

(1) 交流励磁机（磁场旋转）加静止硅整流器（有刷）。

(2) 交流励磁机（磁场旋转）加静止可控硅整流器（有刷）。

(3) 交流励磁机（电枢旋转）加硅整流器（无刷）。

(4) 交流励磁机（电枢旋转）加可控硅整流器（无刷）。

2. 全静态励磁（自励）系统

采用变压器供电，当励磁变压器接在发电机的机端或接在单元式发电机组的厂用电母线上，称为自励励磁方式。

把机端励磁变压器与发电机定子串联的励磁变流器结合起来向发电机转子供电的称为自复励励磁方式。有四种分类：(1) 直流侧并联；(2) 直流侧串联；(3) 交流侧并联；(4) 交流侧串联。

自并励静止励磁系统取代直流励磁机和交流励磁机励磁系统是技术发展的必然。自并励励磁系统是当今主流励磁系统。已在大、中型发电机组中普遍采用。其主要技术特点：接线简单、结构紧凑，维护方便；取消励磁机，发电机组长度缩短，减小轴系振动，节约成本；调节性能优越，通过附加 PSS 控制可以有效提高电力系统稳定性。

3. 自并励方式

自并励方式是自励系统中接线最简单的励磁方式，其典型原理图如图 1-10 所示，它由同步发电机、励磁功率（整流）单元、灭磁回路和励磁控制单元四个大的部分构成。只用一台接在发电机端的励磁变压器作为励磁电源，通过晶闸管整流装置直接控制发电机的励磁。

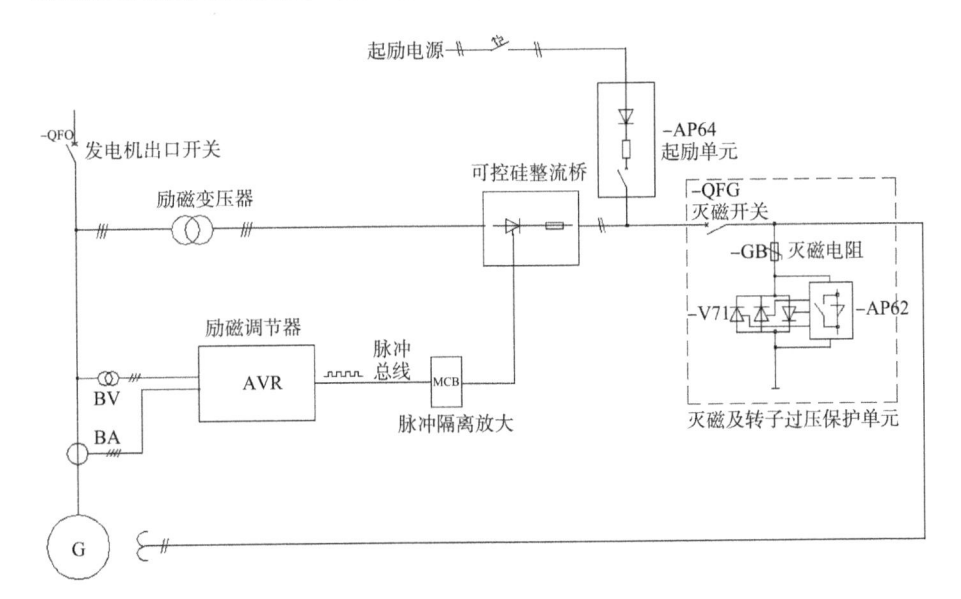

图 1-10 自并励方式原理图

1.2.2 系统概述

♯1 机组励磁系统为广州擎天实业有限公司生产的 EXC9000 型励磁调节器（励磁装置型号为 FJL-1GAI），♯2、♯3、♯4 机组励磁系统为广州擎天实业有限公司生产 EXC9200 型励磁系统，功率柜与灭磁柜中的可控硅组件、风机电源、灭磁开关及灭磁电阻等主要元器件保持不变，仅更换控制回路的主要元器件。♯1 励磁系统原理图见附件 A1.1，♯2、♯3、♯4 励磁原理图见附件 A1.2。

♯1 机组励磁调节器为双微机三通道调节器，其中 A、B 通道为微机通道，C 通道为模拟通道。其中 A 通道为主通道，B 通道为第一备用通道，C 通道为辅助备用通道。A 通道运行时，可人工选择 B 通道或 C 通道作为备用通道;B通道运行时,默认C通道为备用通道。A通道不作备用通道。C通道运行,无备用。♯2、♯3、♯4机组励磁调节器为双微机双通道调节器,配置A、B两个调节通道,主从工作方式,A、B通道互为备用,系统可靠性高。系统默认配置A通道为主通道,通道切换依据优先级进行,当备用通道优先级高于运行通道时,自动切换到备用通道运行。A和B通道调节器设有自动方式(恒机端电压调节)和手动方式(恒励磁电流调节),C通道仅有手动方式。A和B通道上电默认的运行方式是自动方式。开机前,手动方式的电流给定值总是下限值(显示为0%)。在自动方式起励建压后,手动方式的电流给定值会跟随自动方式控制信号的大小而自动调整,保持手动方式的控制信号大小与自动方式一致。反之,在调节器切换到手动方式运行时,自动方式的电压给定值也会跟随手动方式控制信号的大小而自动调整。以保证两种运行方式之间能够无扰动切换。手动方式为试验运行方式或PT故障时起过渡作用。正常运行时,调节器一般不采用手动方式。

1.2.3 设备规范

1. 励磁变压器

表 1.14

型式	三相环氧树脂绝缘干式变压器,带金属封闭外壳		
额定容量	1 650 kVA	原边额定电压	13.8 kV
频率	50 Hz	副边额定电压	580 V
绕组最高温升	80 K	短路阻抗	6%
原边绝缘等级	F级	连接组别	Yd11
副边绝缘等级	H级	工频对地耐受电压	45 kV
冷却方式	自然空气冷却	雷电冲击耐受电压	115 kV

2. 磁场断路器(灭磁开关)

表 1.15

制造商	ABB	型号	E2N/E
类型	能量转移型	断口数量	四断口
额定电压	1 000 V	额定电流	2 000 A
电动储能最大电流	<2 A	操作电压	DC220 V

续表

制造商	ABB	型号	E2N/E
分闸线圈数量	2个	最大合闸电流	<1 A
最大分闸电流	<1 A	最大合闸时间	<60 ms
额定直流极限开断容量	50 kA		

3. 可控硅功率整流桥

表 1.16

整流桥支路数	2个	整流柜数量	2个
可控硅	2×6个	可控硅保险	2×6个
整流柜冷却方式	双组风机循环主备用强迫风冷	单柜冷却风机数量	2组
整流桥接线形式	三相全控	脉冲变压器耐压水平	15 kV/1 min
均流系数	95%		

4. 灭磁电阻

表 1.17

型式	SiC	整组非线性系数	2.5
机组正常运行时泄漏电流	<0.6 mA	灭磁时间	1.5~2.0 s

1.2.4 运行定额

1. 励磁系统的主要技术参数

表 1.18

励磁方式	自并激可控硅静止整流励磁系统		
额定励磁电压	290 V	额定励磁电流	1 474 A
空载励磁电压	111.8 V	空载励磁电流	828 A
强励电压	580 V	强励电流	2 942 A
强励允许时间	50 s(可整定)	PSS 有效频率范围	0.2 Hz~2.0 Hz
机端 PT 变比	13.8 kV/100 V	机端 CT 变比	10 000/1 A
励磁变 CT 变比	2 000/1 A	控制电源	DC220 V
起励电源	DC220 V	辅助风机电源	AC220 V
整流桥阳极电压	AC580 V		

2. 励磁变压器线圈及铁芯温度

一般不超过110℃（报警值），最高不得超过150℃（跳闸值）。

3. 励磁系统的两种控制方式

（1）远控——通过监控系统操作控制，是正常运行中的主要控制方式。

（2）近控——通过就地按钮、转换开关和人机界面操作控制。一般仅在试验和紧急控制时使用。

4. 励磁系统的运行

励磁系统正常运行中，功率柜冷却风机的启动、停止控制是自动进行的。另外，通过功率柜显示屏的按键操作，可手动启、停风机。

（1）风机自动启动的条件：有"开机令"信号或本功率柜输出电流大于100 A。

（2）风机自动停止的条件："开机令"信号消失且本功率柜输出电流小于50 A。我厂智能化功率柜配有双风机，可任意选择一主用、一备用。励磁系统正常运行中，只有主用风机投入；若有主用风机启动命令但检测到主用风机故障，则发"风机电源故障"报警信号并自保持，同时自动启动备用风机。

1.2.5　基本要求

1.2.5.1　开机前对励磁系统的检查

确认发电机组除励磁系统外的其他单元处于正常工组状态；确认外部的交直流控制电源已正确送入励磁系统；确认励磁装置内部无故障或者告警信息；确认励磁装置内部与交直流厂用控制电源接口的电源开关已处于正确闭合状态。

1.2.5.2　开机前对励磁调节器的操作

调节器的电源开关 AC、DC 在"通"位；微机电源开关在"通"位；"整流/逆变"开关在"整流"位置。

调节器状态检查如下：

（1）调节器 A 套和 B 套工控机开关量 I/O 板上输出 4 号灯闪烁。

（2）人机界面上的通讯指示灯正常闪烁。

（3）调节器选择 A 套运行、B 套备用，且 A、B 套都处于自动方式。前面板上"A 通道运行""B 通道备用"指示灯亮，人机界面上的"自动"指示灯点亮。这是调节器上电时的默认状态。

（4）其他运行方式设置

①进入调节柜人机界面"画面选择→运行方式设置"画面。检查调节器运行方式是否合适。如果不满足，请执行第二步，改变设置。

②改变设置,进入"运行方式设置"画面后,显示如下功能触摸按键,这些功能的投切都可以直接在相应的按钮上操作。功能投入后相应按钮变成红色,同时按钮上文字显示也会改变。

③在运行方式设置画面中选择"手动运行"菜单,就可以进入手动运行设置画面。在此画面中可以设置 A/B 通道在手动方式或自动方式。

④其他功能也可以通过此"运行方式设置"画面实现,各功能默认有效值见表 1.19。

表 1.19

序号	名称	每次上电默认	说明
1	通道跟踪	通道跟踪投	
2	Us(系统电压)跟踪	前次设置	掉电记忆
3	恒 Q 调节	恒 Q 调节退	并网后根据要求设置
4	恒 PF 调节	恒 PF 调节退	并网后根据要求设置
5	残压起励	前次设置	掉电记忆
6	调差设置	前次设置	
7	零起升压	零起升压退	
8	手动运行	A/B 套自动运行	
9	PSS 操作	前次设置	掉电记忆

注:已整定的调差率数值,由调节器进行掉电记忆,每次上电通过 CAN 通讯传给人机界面显示。"手动方式"一般均用于试验,不用于机组的正常发电运行。

1.2.5.3　开机前功率柜的操作

(1) 功率柜投入/退出检查。

(2) 确认"脉冲切除"开关在"OFF"位置,表示本柜脉冲可以正常输出。

(3) 功率柜整流桥开关检查。

(4) 确认本柜整流桥交直流开关处于"投入"位置,表示本柜整流桥可以正常投入工作。

(5) 功率柜风机电源开关检查。

(6) 确认本柜风机电源开关处于"投入"位置,表示本柜在接收到机组开机令后风机可以正常投入。

1.2.5.4　开机前灭磁柜的操作

1. 灭磁开关检查

确认灭磁开关处于正常"合闸"或"分闸"位置,并且灭磁柜显示屏上灭磁开关的状态指示与灭磁开关实际位置对应。

注：在并网状态下，不能通过灭磁柜显示屏进行灭磁开关分闸操作，以免造成机组失磁。

2. 灭磁开关操作（♯2、♯4机组）

（1）分闸操作

退出保护C柜"灭磁开关联跳"压板。

断开灭磁开关Q02；并检查在"分闸"位置。

（2）合闸操作

合上灭磁开关Q02；并检查在"合闸"位置。

复归保护C柜报警信号。

投入保护C柜"灭磁开关联跳"压板。

需要注意的是："灭磁开关联跳"压板是功能压板，接入信号回路，在灭磁开关断开前退出此压板，则保护装置信号回路已经断开，出口回路也不会接通，直接合灭磁开关即可成功；在灭磁开关断开后再退出此压板，则保护装置出口回路已收到灭磁开关分闸信号，接通跳闸出口回路，并磁保持，此时需要复归跳闸信号方可再合灭磁开关，否则合闸失败。

1.2.6 运行方式

1.2.6.1 正常停机灭磁

励磁调节器自动灭磁；如果灭磁不成功，跳开灭磁开关将磁场能量转移到灭磁电阻进行灭磁。

1.2.6.2 事故停机灭磁

当收到来自发电机保护或者来自内部的励磁保护跳闸命令，在断开灭磁开关的同时截止脉冲并触发晶闸管跨接器以接通灭磁电阻。

1.2.6.3 起励过程

残压起励功能投入情况下，当有起励命令时，先投入残压起励，10 s内建压10%时退出起励；如果10 s建压10%不成功，则自动投入直流起励电源起励，之后建压10%时或5 s时限到，自动切除直流起励电源回路。

残压起励功能退出情况下，当有起励命令时，则立即投入直流起励电源起励，10 s内建压10%时退出起励；如果10 s建压10%不成功，则自动切除直流起励电源回路。

一般来说，当机组空转，发电机残压能够保证励磁系统的整流器的输入电压约为5~10 V时，励磁系统可以利用此残压完成起励，不需要投入直流起励电源。若发电机残压低，不能起励，则可以退出"残压起励"功能，直接采用直流起励电源起励。

1.2.7 运行操作

1.2.7.1 ♯1、♯2机组通道人工切换（切换前应确认"通道跟踪"功能投入，检查运行通道和备切通道的控制信号基本一致）

（1）A通道运行时，按"B通道运行/备用"按钮，可选B通道作为备用通道；按"C通道运行/备用"，可选C通道作为备用通道。

（2）A通道运行时，按"B/C通道运行"按钮，可切换到备用通道运行。备用通道可以是B通道或C通道。

（3）B通道运行时，默认C通道为备用通道，按"C通道运行/备用"按钮，可切换到C通道运行。

（4）C通道运行时，无备用通道，按"B通道运行/备用"按钮，可切换到B通道运行，C通道自动作为备用通道。

（5）B通道运行或C通道运行时，按"A通道运行"按钮，总是可切换到A通道运行，原运行通道B通道或C通道自动作为备用通道。

1.2.7.2 ♯3、♯4机组通道手动切换（切换前应确认"通道跟踪"功能投入，检查运行通道和备切通道的控制信号基本一致）

A通道运行时，按"B通道运行"按钮，则切换为B通道为运行通道，A通道为备用通道。

B通道运行时，按"A通道运行"按钮，则切换为A通道为运行通道，B通道为备用通道。

1.2.7.3 PSS功能投退

（1）在励磁调节柜面板主画面点击"画面选择"。

（2）点击"运行方式设置"。

（3）点击运行方式设置画面下方"PSS操作"。

（4）在弹出的密码对话框输入密码9 000，按ENT键。

（5）在画面中点击"PSS投入/PSS退出"即可。

选择PSS投入后，在发电机有功功率大于PSS投入功率时，调节器就自动投入PSS；若发电机有功功率低于PSS退出功率，调节器就自动退出PSS。

1.2.7.4 起励操作

（1）点击励磁调节柜人机主画面"起励操作"。

（2）选择"零起升压"或"残压起励"方式（当"零起升压"投入时，建压稳定值约为机端额定电压的10%；当"零起升压"退出时，建压稳定值为设定值，电压预置值一般为100%。）。

（3）选择好后，按住下方"起励"键5秒。

在"零起升压"功能投入时，机端电压的起励建压水平只能为10%。如要继续增电压，可以通过调节柜面板上将励磁控制方式切"近控"，按"增磁"按钮操作。

1.2.7.5　零起升压

（1）确认♯1机组保护投入（除失磁保护以外）正常。

（2）确认♯1机励磁系统的各参数符合机组零起升压条件。

（3）在上位机或者现地♯1机 LCUA1 柜开♯1机空转，并确认♯1机空转成功。

（4）合上♯1机组灭磁开关——Q02；检查♯1机组灭磁开关——Q02在"合闸"位置。

（5）将♯1机励磁系统控制方式放"近控"。

（6）点击励磁调节柜人机主画面"起励操作"。

（7）选择"零起升压"方式（当"零起升压"投入时，建压稳定值约为机端额定电压的15%；当"零起升压"退出时，建压稳定值为设定值，电压预置值一般为100%。）。

（8）选择好后，按住下方"起励"键5秒。

（9）按♯1机励磁系统调节器面板上的"增磁"按钮。

（10）升压过程密切监视机组转子电压、电流及定子电压、电流的变化，发现异常情况，应立即断开灭磁开关检查。

（11）检查♯1发电机零起升压正常。

（12）按♯1机励磁系统调节器面板上的"减磁"按钮。

（13）检查♯1机组定子电压接近0。

（14）将♯1机励磁系统控制方式放"远控"。

（15）在上位机或者现地♯1机 LCUA1 柜停♯1机，注意监视♯1机停机情况，直至♯1机停机至稳态。

1.2.7.6　现地增减励磁

（1）将♯1机励磁系统控制方式放"近控"。

（2）按♯1机励磁系统调节器面板上的"增磁"或"减磁"按钮。

增减磁操作仅对运行通道有效。

（3）A、B通道设有增减磁接点防粘连功能,增磁或减磁的有效连续时间为 4 s,当增磁或减磁接点连续接通超过 4 s 后,操作指令失效。当增磁指令因为接点粘连功能失效后,不影响减磁指令的操作;当减磁指令因为接点粘连功能;增减磁指令防粘连功能只对 A/B 微机通道有效,C 通道运行时,不具备该功能。

1.2.7.7 现地逆变灭磁

将#1机励磁调节器面板上的"整流/逆变"开关打到"逆变"位置。在满足下列条件时,逆变灭磁:发电机已解列,定子电流小于 10%。

1.2.7.8 功率柜面板操作

（1）在主画面上有五个功能操作按钮,其中 F1/F2 是对 A/B 风机进行开停操作的。例如,F1 功能显示按钮显示"A 停",则点击 F1 按钮后则停止 A 风机运行,同时 F1 功能显示按钮显示"A 开"。

（2）F3 功能按钮是进入系统画面。

（3）F4 功能按钮是"风机电源故障"的故障复位按钮,在功率柜系统中"风机电源故障"是自保持。

（4）F5 功能按钮是故障闪烁按钮。当功率柜系统发生任何故障时,此按钮会闪烁,同时点击此按钮会进入当前故障显示画面,可以查看当前故障内容。若功率柜系统没有任何故障,此按钮不会闪烁,此时点击此按钮系统没有任何操作。

1.2.7.9 灭磁面板操作

（1）在主画面上有五个功能操作按钮,其中 F1 是进入对灭磁开关进行分/合闸操作画面的。

（2）F2 是将过压保护动作次数进行清零操作的。

（3）F3 无定义。

（4）F4 功能按钮是进入系统画面的。

（5）F5 功能按钮是故障闪烁按钮。当灭磁柜系统发生任何故障时,此按钮会闪烁,同时点击此按钮会进入当前故障显示画面,可以查看当前故障内容。若灭磁柜系统没有任何故障,此按钮不会闪烁,此时点击此按钮系统没有任何操作。

1.2.8 励磁系统故障处理

在大部分情况下,励磁系统的各正常功能都由励磁故障监测系统在持续地监测着,这些功能一旦发生故障,监测系统会发出报警信号,并给出故障信息。相应的故障处理参见下面的励磁系统故障及异常信息表中描述的方法进行(表1.20)。

表 1.20

序号	名称	动作条件	对应状态	可能的原因、检查及处理
1	起励失败	励磁系统在接收到开机令或起励命令后在起励时限内机端电压仍低于10%额定值。	(1) 调节柜显示屏故障显示画面将显示"起励失败"。 (2) 智能I/O板的"起励失败"输出接点将接通。 (3) 调节器将停止输出触发脉冲。	(1) 检查灭磁开关是否闭合。 (2) 检查是否有近方/远方逆变命令投入。 (3) 检查功率柜的交直流侧开关是否断开。 (4) 检查所有功率柜的脉冲投切开关是否在"ON"位。 (5) 检查同步变压器原边的熔断器是否断开。 (6) 检查励磁变原、副边隔离开关是否断开。 (7) 检查转子回路是否开路。 (8) 检查起励电源是否投入、起励电源开关是否闭合。 (9) 检查起励时起励接触器是否动作。 (10) 起励电阻或起励二极管开路。 (11) 调节器没有接收到起励令:开机令来,调节器I/O板的第9号开关量输入指示灯未亮。
2	逆变失败	在机组空载时(无并网令,定子电流小于10%),逆变令(停机令)接通10秒后机端电压仍大于10%。	(1) 调节柜显示屏故障显示画面将显示"逆变失败"。 (2) 智能I/O板的"逆变失败"输出接点将接通。 (3) 调节器将驱动逆变失败继电器K03分断灭磁开关。	(1) 检查停机后机端PT回路是否仍有电压。 (2) 检查调节器逆变信号是否正常,观察点:逆变令来时,调节器I/O板的第10号开关量输入指示灯未亮。
3	1PT故障	(1) A通道同步系数为0时:A通道机端电压>10%Un且1PT某相电压测量值低于三相平均值的83%。 (2) A通道同步系数不为0时:A通道同步电压>20%额定值且同步电压>1PT机端电压测量值+10%Un。	(1) 调节柜显示屏故障显示画面将显示"A套PT故障"。 (2) 智能I/O板的"1PT故障"输出接点将接通。 (3) A通道将由自动方式转为手动方式。 (4) A通道自动切换到备用通道运行。	(1) 检查机端1PT电压是否正常。 (2) 观察调节器显示屏上A通道测量电压是否正常。 (3) 用调试软件观察A通道同步电压是否正常。

续表

序号	名称	动作条件	对应状态	可能的原因、检查及处理
4	A套检测系统故障	A通道故障监测芯片出现硬件或软件故障，不能正常工作。	(1) 调节柜显示屏故障显示画面将显示"A套检测系统故障"。 (2) 智能ⅠO板的"A套检测系统故障"输出接点将接通。	(1) 开关量板上A通道故障监测芯片U18的复位端1脚一直保持为高电平(4.5 V以上)。需要更换C17电容。 (2) 更换开关量板上晶振XT3。 (3) 更换开关量板上U18程序芯片。
5	C套调节器故障	有开机令时： (1) C通道的控制芯片出现硬件或软件故障或电源故障，不能正常工作。 (2) C通道同步信号故障。	(1) 调节柜显示屏故障显示画面将显示"C套调节器故障"。 (2) 智能ⅠO板的"C套调节器故障"输出接点将接通。	(1) 检查C通道的同步电压信号是否正常。 (2) 模拟量板上C通道程序芯片U6的复位端1脚一直保持为高电平(4.5 V以上)。可能是光耦U3虚焊。 (3) 更换晶振XTAL或更换C通道程序芯片。
6	A套电源故障	A通道开关电源+5 V电压输出异常(消失，小于4.75 V或者大于5.25 V)或+12 V电压消失。	(1) 调节柜显示屏故障显示画面将显示"A套电源故障"。 (2) 智能ⅠO板的"A套电源故障"输出接点将接通。 (3) A调节器将自动切换到备用通道运行。	(1) 测量开关量板X4：1端子对X4：3端子的电压是否正常(小于4.75 V或者大于5.25 V)。 (2) 测量开关量板X4：4端子对X4：3端子的电压是否消失(应为+12 V电源电压)。 (3) 检查A通道微机开关电源的+5 V和+12 V输出电压是否正常。
7	A套调节器故障	有R632信号(机端电压大于40%)时，A通道调节器硬件或者软件故障，看门狗动作。	(1) 调节柜显示屏故障显示画面将显示"A套调节器故障"。 (2) 智能ⅠO板的"A套调节器故障"输出接点将接通。 (3) A调节器自动切换到备用通道运行。	(1) 复位A通道CPU板。 (2) A通道CPU板故障，需更换。 (3) A通道DSP板故障，需更换。
8	A套脉冲故障	开关量板上A通道故障检测芯片检测到A通道运行时输出的六相脉冲任一相或多相丢失。	(1) 调节柜显示屏故障显示画面将显示"A套脉冲故障"。 (2) 智能ⅠO板的"脉冲故障"输出接点将接通。 (3) A通道自动切换到备用通道运行。	(1) 检查A通道的同步信号是否正常。 (2) 开关量板上A通道脉冲产生单片机故障或停止工作。更换脉冲单片机程序芯片或更换晶振或更换上电复位电容。 (3) 检查开关量板上A通道脉冲输出三极管是否损坏。

续表

序号	名称	动作条件	对应状态	可能的原因、检查及处理
9	24 V电源Ⅰ段故障（24 VDC Ⅰ段消失）	机端电压≥80%额定值,同时调节器的Ⅰ路24 V电源消失。	(1) 调节柜显示屏故障显示画面将显示"24 VDCⅠ段消失"。 (2) 智能ⅠO板的"24 VDCⅠ段故障"输出接点将接通。	(1) 检查Ⅰ路24 V开关电源的输入端电压是否正常。 (2) 检查同步及自用电源变压器的副边绕组输出是否正常。 (3) 检查Ⅰ路24 V开关电源的24 V输出电压是否正常。可能是开关电源故障,需要更换。
10	交流电源消失	厂用交流电Ⅰ段、Ⅱ段均消失。	(1) 调节柜显示屏故障显示画面将显示"交流电源消失"。 (2) 智能ⅠO板的"交流电源消失"输出接点将接通。	(1) 检查两路厂用交流电源断路器是否闭合。 (2) 检查与交流断路器对应的交流接触器是否动作。 (3) 检查外部厂用电源是否正常输入。
11	直流电源消失	(1) 直流电源Ⅰ段消失。 (2) 直流Ⅱ段电源消失。 (注:有两路直流控制电源输入时。)	(1) 调节柜显示屏故障显示画面将显示"直流电源消失"。 (2) 智能ⅠO板的"直流电源消失"输出接点将接通。	(1) 在对外接线端子上检查外部输入直流控制电源是否正常。 (2) 检查该直流电源回路的断路器或熔断器是否正常。
12	灭磁开关误分	有并网令,同时灭磁开关处于分闸状态	(1) 调节柜显示屏故障显示画面将显示"灭磁开关误分"。 (2) 智能ⅠO板的"灭磁开关误分"输出接点将接通。	(1) 检查发电机出口断路器是否应该处于合闸状态。 (2) 检查灭磁开关是否应该在分闸位置。
13	过励保护	调节器模拟量板上测到的励磁电流大于励磁系统的过励保护设定值。	(1) 调节柜故障显示屏显示画面将显示"过励保护"。 (2) 智能ⅠO板的"过励保护"输出接点将接通。 (3) 励磁系统过励保护继电器K04将动作,输出接点发信号或停机。	(1) 检查转子回路有无短路。 (2) 检查功率柜内有无短路。

续表

序号	名称	动作条件	对应状态	可能的原因、检查及处理
14	转子过压保护动作(对于非线性电阻灭磁/过压保护)	(1) 发电机组异步运行或非全相运行,造成转子回路过电压保护回路动作。(2) 分灭磁开关灭磁时。	(1) 调节柜显示屏故障显示画面将显示"过压保护动作"。(2) 智能ＩＯ板的"转子过压保护动作"输出接点将接通。(3) 灭磁柜智能板显示屏的故障显示画面将显示"过压保护"信号;或者灭磁柜柜门上"过压保护"指示灯点亮。(4) 调节器将切除一A相脉冲信号。	(1) 由于某些原因分断灭磁开关灭磁时,属于正确动作。(2) 发电机组出现异步或非全相运行等异常运行工况时,转子两端出现过电压,属于正确动作。
15	A套同步故障	机端电压＞40%,A通道同步电压＞20%但＜0.85倍A通道PT电压。"A套同步故障"同时会启动"A套调节器故障"。	(1) 调节柜显示屏故障显示画面将显示"A套同步故障"和"A套调节器故障"。(2) 智能ＩＯ板的"A套同步故障"和"A套调节器故障"输出接点将接通。(3) A通道将自动切换到备用通道运行。(4) 若开关量板上的JP1跳线器接通,则驱动励磁保护继电器K04动作。	检查A通道三相同步电压是否正常。
16	低励磁电流	A/B运行通道机端电流端电流大于10%,且励磁电流＜20%空载额定励磁电流。	(1) 调节柜显示屏故障显示画面调节器运行通道故障或励磁系统故障。(2) 智能ＩＯ板的"低励磁电流"输出接点将接通。(3) 若开关量板上的JP1跳线器接通,则驱动励磁保护继电器K04动作。	调节器运行通道故障或励磁系统故障引起发电机失磁,应监视到发电机无功进相。处理:切换至备用通道运行,然后检查调节器是否正常工作。

续表

序号	名称	动作条件	对应状态	可能的原因、检查及处理
17	励磁变CT故障	A/B运行通道:机端电压>80%,励磁电流<10%额定励磁电流,且同步电压系数不为零。	(1)调节柜显示屏故障显示画面将显示"励磁变CT故障"。(2)智能ⅠO板的"励磁变CT故障"的输出接点将接通。	(1)检查C通道控制信号是否正常,若励磁变副边CT故障,C通道电流反馈信号将很小,控制信号将始终处于最小值。(2)检查励磁变压器副边CT回路是否正常。(注:CT回路可能开路,检查时要注意防止CT开路时产生的高电压危及人身安全。)
18	CHA站通讯故障	A通道调节器CAN通讯异常。	(1)调节柜显示屏故障显示画面将显示"CHA站故障"。(2)智能ⅠO板的"通讯故障"输出接点将接通。(3)调节柜显示屏通讯监测画面"A调节器通讯"灯停止闪烁。	(1)检查A通道CPU板是否正常工作;正常情况下,A通道I/O板的DO.4灯亮和DO.8灯闪烁。可能需要更换CPU板。(2)A通道I/O板故障。需要更换。
19	REC1站通讯故障(♯1功率柜通讯故障,对应智能化功率柜)	♯1功率柜智能板CAN通讯异常。	(1)调节柜故障显示画面将显示"REC1站通讯故障"。(2)智能ⅠO板的"通讯故障"输出接点将接通。(3)调节柜显示屏通讯监测画面"REC1通讯"灯停止闪烁。	(1)检查♯1功率柜智能板上CAN通讯正常指示灯LED3是否停止闪烁(正常时闪烁)。若LED3停止闪烁,复位♯1功率柜智能板,重启程序。(2)刷新♯1功率柜智能板程序。(3)更换♯1功率柜智能板。
20	FCB站通讯故障(灭磁柜通讯故障,对应智能化灭磁柜)	灭磁柜智能板CAN通讯异常。	(1)调节柜故障显示画面将显示"FCB站通讯故障"。(2)智能ⅠO板的"通讯故障"输出接点将接通。(3)调节柜显示屏通讯监测画面"FCB通讯"灯停止闪烁。	(1)检查灭磁柜智能板上CAN通讯正常指示灯LED3是否停止闪烁(正常时闪烁)。若LED3停止闪烁,复位灭磁柜智能板,重启程序。(2)刷新灭磁柜智能板程序。(3)更换灭磁柜智能板。

第1章　发电机及励磁系统

续表

序号	名称	动作条件	对应状态	可能的原因、检查及处理
21	♯1功率柜风机电源故障(对应智能化功率柜)	有开机令R651或机启动命令情况下,♯1功率柜风道停风。信号自保持,可复位。	(1) 调节柜显示屏的故障显示画面将显示"♯1功率柜风机电源故障"。 (2) 智能IO板的"♯1功率柜故障"输出接点将接通。 (3) ♯1功率柜显示屏的故障显示画面将显示"风机电源故障"信号并自保持。	在♯1功率柜显示屏上"复位",检查"风机电源故障"信号是否可以消失。若不能消失,在其他功率柜运行正常情况下,切除1♯功率柜脉冲,并检查: (1) ♯1功率柜风机电源回路是否正常(包括三相电压是否平衡)。 (2) ♯1功率柜风机是否已停止运转或慢速运转。必要时,更换风机。
22	♯1功率柜快熔熔断(对应智能化功率柜)	♯1功率柜内任一快速熔断器的指示接点处于断开状态。	(1) 智能IO板的"♯1功率柜故障"输出接点将接通。 (2) 调节柜显示屏的故障显示画面将显示"♯1功率柜快熔熔断"。 (3) ♯1功率柜显示屏的故障显示画面将显示"快熔熔断"。	检查♯1功率柜内的6个快速熔断器的红色指示接点是否弹出。若弹出,则指示快熔已损坏。若机组仍正常运行,♯1功率柜可以不必退出运行。最好在停机状态下做如下检查处理: (1) 检查与熔断的快熔相连的晶闸管是否已损坏。必要时,更换该晶闸管。 (2) 更换熔断的快熔。 (3) 做开环试验,检查♯1功率柜是否可以正常工作。工作正常后才能投入。
23	♯1功率柜风温过高(对应智能化功率柜)	♯1功率柜风道内温度超过设定值(一般为50℃)。	(1) 智能IO板的"♯1功率柜故障"输出接点将接通。 (2) 调节柜显示屏的故障显示画面将显示"♯1功率柜风温过高"。 (3) ♯1功率柜显示屏的故障显示画面将显示"风温过高"。	(1) 测量功率柜周围环境温度是否超过40℃(应低于40℃)。 (2) 检查♯1功率柜的输出电流和桥臂电流是否过大。 (3) 检查♯1功率柜风道是否停风。如果停风,在其他功率柜运行正常情况下,切除1♯功率柜脉冲,检查风机电源是否消失和风机是否停止运转或慢速运转。
24	♯1功率柜阻容故障(对应智能化功率柜)	功率柜内阻容保护回路的熔断器指示接点处于断开状态(正常状态下该接点接通,当熔断器损坏后接点断开)。	(1) 智能IO板的"♯1功率柜故障"输出接点将接通。 (2) 调节柜显示屏的故障显示画面将显示"♯1功率柜阻容故障"。 (3) ♯1功率柜显示屏的故障显示画面将显示"阻容故障"。	若机组仍正常运行,切除♯1功率柜脉冲,退出运行。最好在停机状态下检查处理: (1) 阻容保护回路的整流二极管是否击穿短路。 (2) 阻容保护回路的吸收电容是否损坏短路。

续表

序号	名称	动作条件	对应状态	可能的原因、检查及处理
25	♯1功率柜＋A相断流(对应智能化功率柜)	♯1功率柜输出电流＞200 A,且机端电压＞40%时,＋A相可控硅电流＜断流设定值(一般为5 A)。	(1)智能IO板的"♯1功率柜故障"输出接点将接通。 (2)调节柜显示屏的故障显示画面将显示"♯1功率柜＋A相断流"。 (3)♯1功率柜显示屏的故障显示画面将显示"＋A相断流"。	(1)检查＋A桥臂晶闸管的快熔是否熔断。必要的话,等停机后处理。 (2)检查＋A桥臂晶闸管的触发脉冲是否正常。
26	♯1功率柜－A相断流(对应智能化功率柜)	♯1功率柜输出电流＞200 A,且机端电压＞40%时,－A相可控硅电流＜断流设定值(一般为5 A)。	(1)智能IO板的"♯1功率柜故障"输出接点将接通。 (2)调节柜显示屏的故障显示画面将显示"♯1功率柜－A相断流"。 (3)♯1功率柜显示屏故障显示画面显示"－A相断流"。	(1)检查－A桥臂晶闸管的快熔是否熔断。必要的话,等停机后处理。 (2)检查－A桥臂晶闸管的触发脉冲是否正常。
27	♯1功率柜电流不平衡(对应智能化功率柜)	♯1功率柜输出电流＞200 A,且机端电压＞40%时,♯1功率柜输出电流/(3×某相最大输出电流)＜电流不平衡系数。	(1)智能IO板的"♯1功率柜故障"输出接点将接通。 (2)调节柜显示屏的故障显示画面将显示"♯1功率柜电流不平衡"。 (3)♯1功率柜显示屏的故障显示画面将显示"电流不平衡"。	(1)检查♯1功率柜是否有桥臂电流异常增大或减小,其脉冲回路可能存在问题。 (2)功率柜间均流效果不好,需要采取措施加以改善。
28	♯1功率柜退出(对应智能化功率柜)	♯1功率柜的脉冲切除开关处于"ON"位(即切除脉冲)。	(1)智能IO板的"♯1功率柜故障/退出"输出接点将接通。 (2)调节柜显示屏的故障显示画面将显示"♯1功率柜退出"。 (3)♯1功率柜显示屏的故障显示画面将显示"本柜退出"。	检查♯1功率柜脉冲切除开关是否应该处于切除位置。

续表

序号	名称	动作条件	对应状态	可能的原因、检查及处理
29	♯1整流桥故障（对应常规功率柜）	以下任意一个故障发生时： (1) ♯1功率柜快熔熔断。 (2) 有开机令时，♯1功率柜风机电源消失。 (3) ♯1功率柜脉冲板检测到脉冲故障。	(1) 智能IO板的"♯1功率柜故障"输出接点将接通。 (2) 调节柜显示屏的故障显示画面将显示"♯1整流桥故障"。 (3) ♯1功率柜柜门上将点亮"快熔熔断"或"风机停转"指示灯。	(1) 观察♯1功率柜柜门上的"快熔熔断""风机停转"指示灯是否点亮。若哪个指示灯点亮，即为该指示灯对应的故障，应检查对应的控制及检测回路。 (2) 若♯1功率柜柜门上指示灯正常，则可能为脉冲故障，可将♯1功率柜的脉冲功放板即DK201板更换。

备注：
(1) ♯2智能化功率柜的故障产生及处理办法与♯1功率柜完全一致。
(2) ♯2常规功率柜的故障产生及处理办法同♯1常规功率柜完全一致。

第 2 章
水轮机及调速器

2.1 水轮机

2.1.1 系统概述

我厂水轮机采用的是立轴单级混流式,生产厂家是上海福伊特西门子水电设备有限公司(原名上海希科水电设备有限公司)。水轮机由蜗壳、座环、导叶、导水机构、水轮机轴、主轴密封、水导轴承、转轮、底环、尾水管、尾水补气系统组成,结构如图 2-1 所示。

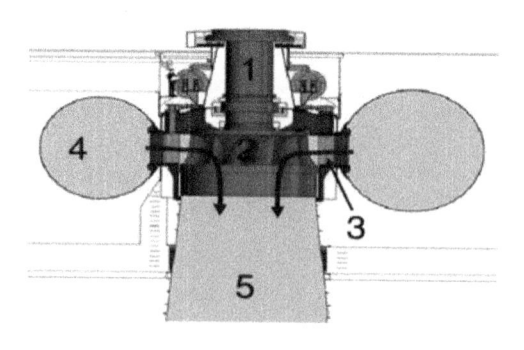

1—主轴;2—叶片;3—导叶;4—蜗壳;5—尾水管

图 2-1 立轴混流式水轮机结构图

2.1.1.1 水轮机转轮

转轮型号为 HLS196 - LJ - 428(型号与水轮机安装说明书不符

HLV200-LJ-428),转轮重量为 40 144 kg。转轮由上冠、叶片、下环组成。转轮出口直径 4 280 mm,转轮进口直径 4 142 mm,转轮有 13 片 X 型叶片。为减少轴向水推力,在转轮上腔通过顶盖装设有四根顶盖泄压管,并引至尾水管扩散段。转轮如图 2-2 所示。

图 2-2 转轮 　　　　　　　图 2-3 大轴

2.1.1.2 水轮机大轴

直径 1 200 mm,长 4 266 mm。大轴为中空结构,内径 $\phi 800$ mm,内有自然补气装置,带轴领,外法兰型式。水轮机采用与发电机分轴结构,其法兰用销钉螺栓连接,水轮机轴与转轮采用销套连接,大轴如图 2-3 所示。

2.1.1.3 水导轴承

水导轴承由 10 块巴氏合金分块瓦、挡油圈、内外溢流挡板、外置冷却器、冷却器支撑座板、轴承油箱、斜楔调整垫块与轴承盖等组成。轴瓦表面铸有 3 mm 厚的巴氏合金轴承材料。水导轴承为非强迫外循环水冷稀油润滑式,其自润滑功能是由在轴领内的离心泵效应所产生。润滑油为 L-TSA46#汽轮机油,润滑油通过冷却器进行自循环。水导轴承如图 2-4 所示。

图 2-4 水导轴承

2.1.1.4　导水机构

(1) 导水机构:由顶盖、底环、上/下固定止漏环、抗磨板、控制环,导叶及导叶操作机构和导叶接力器等组成。导水机构如图 2-5 所示。

(2) 导水叶:每台水轮机共有 24 个活动导叶和 22 个固定导水叶,每个活动导叶由 3 个自润滑导轴承支承,一个在底环中,两个在顶盖中。导水叶轴承采用自润滑方式。导水叶高度为 1 213 mm,导水叶分布圆直径为 4 791 mm,导叶最大开度 37.59°。活动导叶如图 2-6 所示。

(3) 导水叶操作机构:导水叶操作机构由接力器、控制环、拐臂、剪断销及连扳组成。每台水轮机设置有双套接力器。操作接力器的压力油由调速器压力油系统供给,工作油压为 6.0 MPa。

图 2-5　导水机构

图 2-6　导水叶

2.1.1.5　主轴密封

水轮机采用动水平衡式机械密封,主轴密封位于水导油盆下方,在水轮机轴与转轮的连接法兰面上。主轴密封供水水源取自技术供水系统,经两个筒式双芯滤水器及水力旋流器供水。供水压力在 0.2 MPa 至 0.5 MPa 之间。主轴密封结构示意图如图 2-7 所示。

2.1.1.6　检修密封

为充气膨胀式,位于主轴工作密封之下。在停机状态下,当工作密封损坏时,由人工手动投入检修密封。检修密封供气压力为 0.5 MPa 到 0.8 MPa,气源取自厂房内低压气系统(目前♯1、♯2、♯4 机组检修密封未投入,♯3 机组的检修密封已拆除)。

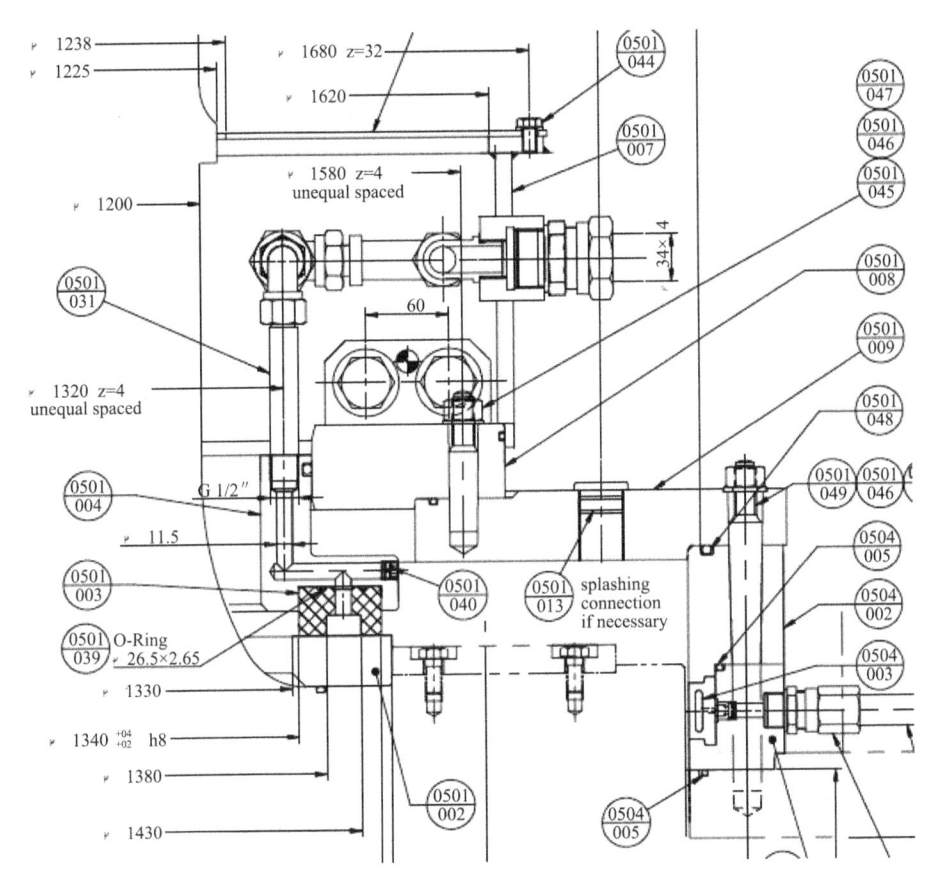

图 2-7 主轴密封结构示意图

2.1.1.7 补气系统

本厂的尾水补气系统采用主轴中心孔自然补气的方式,并在顶盖和基础环上预留了补入压缩空气的管道,在尾水管内压力下降较大时,补气系统自动向尾水管补气,保持尾水管内压力在一定范围内,改善机组运行情况。

2.1.2 设备规范

2.1.2.1 水轮机参数

表 2.1

名称	参数	单位
型号	HLV200－LJ－428	

续表

名称	参数	单位
最大水头	106.3	m
额定水头	88	m
最小水头	71	m
额定流量	171.41	m³/s
额定出力	137.8	MW
最大出力	148	MW
额定转速	166.67	r/min
飞逸转速	342	r/min
比转速	196	m·kW
轴向最大水推力		kN
旋转方向	俯视顺时针	
主轴直径	1 200	mm
主轴长度	4 266	mm
转轮叶片数	13	个
固定导叶数	22	个
活动导叶数	24	个
转轮中心安装高程	▽115.2	m
吸出高度	1.5	m
水轮机总重	40 114 kg	t
蜗壳型式	金属蜗壳,包角 max=345°	
尾水管	弯肘形、双支墩	

2.1.2.2 水轮机转轮参数

表 2.2

材料		重量	40 114 kg
进口直径	4 142 mm	大轴直径	1 200 mm
出口直径	4 280 mm	叶片数	13 片
上迷宫环间隙	1.73 mm	下迷宫环间隙	1.93 mm

2.1.2.3 导叶接力器规范

表 2.3

导叶接力器内径	380 mm
导叶接力器活塞杆直径	110 mm
导叶接力器操作行程	443 mm
导叶接力器压紧行程	3 mm
导叶接力器最大油压	6.0 MPa
导叶接力器开启时间	8 s
导叶接力器关闭时间	11 s
导叶接力器油管内径	ϕ50 mm

2.1.2.4 导叶技术规范

表 2.4

导叶高度	1 213 mm	导叶数量	24 个
导叶立面间隙	0.05 mm	导叶分布圆直径	4 791 mm
导叶上端面间隙	0.6±0.1 mm	轴套数	2 个
导叶下端面间隙	0.4±0.1 mm	轴套型式	自润滑
导叶最大开度			37.59°

2.1.2.5 顶盖排水泵规范

表 2.5

排水泵型号	DFLZ65-20	自吸高度	7.3 m
扬程	20 m	电动机功率	3 kW
流量	25 m³/h	电源电压	380 V
转速	2 90 r/min	水泵台数	1 台

2.1.2.6 主轴密封规范

表 2.6

抗磨环材料	0Cr13Ni4Mo	密封环材料	1HGW2082Mo
冷却润滑水压	0.2~0.5 MPa	冷却润滑水量	82.3~136.6 L/min
型式			动水平衡式机械密封

2.1.3 运行方式

2.1.3.1 机组运行时应注意避开振动区

当机组运行中发生异常振动时,立即检查机组是否运行在振动区域,如运行在振动区域,应立即向中调说明,并申请调整负荷,避开振动区域运行。

2.1.3.2 水轮机操作

机组各闸门操作顺序为:提闸门时,先提尾水门,再提进水口检修闸门,后提进水口工作闸门;落闸门时,先落进水口工作闸门,再落进水口检修闸门,后落尾水闸门。

在导水叶区域内或控制环拐臂处工作时必须切断油压,并做好防止导水叶转动的安全措施。

进入水轮机室工作时,注意不要站在控制环上,防止导叶突然打开,控制环转动,对人身安全造成威胁。

2.1.4 机组水机保护

2.1.4.1 水机保护参数

表 2.7

名称	保护内容	报警值 #1	#2	#3	#4	跳机值
温度	水导瓦温(℃)	65				70
	水导油温(℃)	60				65
	主轴密封箱温度(℃)	40				45
流量	水导水流量(L/min)	70	70	70	70	60
	主轴密封水流量(L/min)	70				60
油压	事故低油压(MPa)	5.2				5.0

注:
(1)水导冷却水流量过低跳机线已解。
(2)主轴密封冷却水流量过低跳机线已解。

2.1.4.2 机组振动及摆度参数

表 2.8

名称	动作内容	一级报警	二级报警
摆度	水导 X 方向摆度	300 μm	500 μm
	水导 Y 方向摆度	300 μm	500 μm

续表

名称	动作内容	一级报警	二级报警
振动	顶盖水平振动	120 μm	150 μm
	顶盖垂直振动	120 μm	150 μm
	尾水管水平振动	120 μm	150 μm
	尾水管压力脉动	120 bar	150 bar

注：
(1) 取消了机组单个水导轴承瓦温、油温过高保护跳机出口功能。
(2) 取消了主轴密封温度过高保护跳机出口。

2.1.4.3 水导瓦温、油温高跳机逻辑

任何两个水导瓦温达到跳机温度，则出口跳机；或者任何一个水导瓦温＋任何一个水导油槽油温达到跳机温度，则出口跳机。

2.1.4.4 过速装置

过速一般分为电气过速和机械过速两种方式，其中电气过速又分为一级过速(115%Ne)和二级过速(153%Ne)；而机械过速为159%Ne。

♯1、♯3机组电气一级过速转速信号通过齿盘测速探头3、测速探头4、残压测速送至测速装置，通过调速器PLC实现报警、关导叶，送信号至监控系统执行事故停机；二级过速转速信号通过齿盘测速探头3、测速探头4、残压测速送至测速装置通过调速器PLC实现报警、关导叶，送信号至监控系统执行紧急停机（调速器PLC关导叶是为调整转速维持在100%Ne，二级过速是采用"三选二"的模式发送153%Ne过速信号至监控系统执行紧急停机）。

♯2、♯4机组电气一级过速转速信号取自齿盘测速探头，通过调速器电调柜PLC出口报警、跳机；电气二级过速，另增加一套残压齿盘组合式转速继电器BJ1010D（深圳北疆实业发展有限公司），通过此转速信号继电器和原有独立过速继电器U53串接出口紧急停机，以保证过速检测回路的准确可靠性。

机械过速在转速超过允许值时，发出停机信号，并同时使机组自动紧急停机，为机组运行中可靠的过速保护装置。

机械过速动作原理：机械过速保护装置的主要组成部分为过速环、控制阀和行程开关。过速环安装在水轮机的大轴上，与大轴同步运转。当机组正常运行时，弹簧的弹力作用在离心摆块上，克服其离心力，使它处于与齿圈的相对静止状态。齿圈上还布置了配重块，以使齿圈运动平稳。当机组由于不正常操作而处于过速状态时，离心摆块产生的离心力大于弹簧的作用力，从

而使摆块绕固定转动中心摆动一个角度,使其运转的最大半径有一增值。此时,摆块将撞击手柄上的撞块,手柄动作从而带动行程开关动作,发出紧急停机信号,使机组事故配压阀动作,从而迅速停机,快速闸门落下。当机组需重新启动时,可拉动手柄,手动恢复。

2.1.5 运行操作

2.1.5.1 安全措施

(1)严密关闭进水口快速闸门,落下进水口检修闸门,排除压力钢管及蜗壳内积水,保持蜗壳排水阀在全开启状态,做好隔离水源措施,防止突然来水。

(2)关闭技术供水系统蜗壳取水阀。

(3)落下尾水闸门,做好堵漏工作。

(4)尾水管水位应保证在工作点以下。

(5)尾水管排水阀保持全开位置。

(6)切断调速器操作油压,并在调速器上挂"禁止操作,有人工作!"标示牌,做好防止导水叶转动和转轮桨叶突然转动的措施。

(7)切断主轴密封供水水源,并挂"禁止操作,有人工作!"标示牌。

2.1.5.2 压力钢管充水操作方法

(1)相关检修工作已全部结束,工作票全部收回并办理好结束手续,检查工作现场,确认无人工作,现场无遗留物,现地清洁。

(2)蜗壳排水阀、尾水排水阀全关。

(3)尾水管进人孔、蜗壳进人孔、顶盖进人孔全关且封闭良好,顶盖排水正常。

(4)尾水管已充水正常。

(5)调速系统正常,导水叶全关。

(6)检查制动闸和事故配压阀投入。

(7)开启快速闸门充水阀进行充水。

(8)监视机组流道内水压上升情况及检查各部分有无漏水。

(9)检查快速闸门前后平压,具备开启快速闸门条件,提起快速闸门。

2.1.5.3 压力钢管排水操作

(1)进水口快速闸门全关,并做好防止闸门提升的安全措施。

(2)落进水口检修闸门。

(3)关闭技术供水系统蜗壳取水阀。

(4)打开蜗壳排水阀,待尾闸两边平压后,落下尾水闸门。

(5) 检查检修排水泵启动是否正常,打开尾水管排水盘形阀,检查水位下降情况,确认蜗壳水位低于蜗壳进人孔后,方可开启蜗壳进人孔。

2.1.5.4 尾水管排水操作

(1) 进水口快速闸门全关,并做好防止闸门提升的安全措施。
(2) 落进水口检修闸门。
(3) 关闭技术供水系统蜗壳取水阀。
(4) 开启蜗壳排水阀,检查检修排水泵启动是否正常,待尾水管与下游水位平压后,落下尾水闸门。
(5) 打开尾水管排水盘形阀。
(6) 检查水位下降情况,确认水位低于尾水管进人孔后,方可开启进人孔门。
(7) 需进入进行工作时,应切断主轴密封备用供水。

2.1.5.5 尾水管充水操作

(1) 相关检修工作已全部结束,工作票全部收回并办理好结束手续,检查工作现场,确认无人工作,现场无遗留物,现地清洁。
(2) 蜗壳排水阀、尾水管排水盘形阀全关。
(3) 尾水管进人孔、蜗壳进人孔全关且封闭良好,顶盖排水正常。
(4) 调速系统正常,导水叶全关。
(5) 充水方式:用尾水台车提起尾闸充水阀,待尾水管与下游水位平压后,继续用尾水台车将尾闸提起至"全开",并用钢梁锁住尾闸。

2.1.6 常见故障及处理

2.1.6.1 应按"事故停机"按钮情况

(1) 机组振动、摆度增大,超过二级报警值,且情况继续恶化。
(2) 机组任一轴承瓦温油温普遍异常上升。
(3) 各轴承油槽大量进水或漏油时。
(4) 机组过速,且过速保护未动作。

2.1.6.2 应立即按下"紧急停机"按钮情况

(1) 机组紧急事故时,快速闸门应动而未动。
(2) 导水叶剪断销剪断,导水叶严重失控时。
(3) 导水叶漏水过大,机组无法停下而又必须停下时。
(4) 调速系统出现严重故障,无法控制导水机构时。
(5) 蜗壳、尾水管进人门处严重漏水或喷水。
(6) 顶盖大量喷水,致使排水装置无法及时排水。

2.1.6.3 水导轴承油位故障

1. 现象

水导轴承油槽油温高报警；水导轴承油混水动作；水导轴承油槽油位低报警。

2. 处理

（1）水导轴承油位高时，应检查水导轴承实际油位，有无严重甩油现象，外循环冷却装置及管路有无漏油，尽快停机加油处理。

（2）水导轴承油位高时，如果水导轴承温度也异常升高，应尽快联系调度停机处理。

（3）水导轴承油槽油位低，应检查加油周期缩短，则仔细检查油槽各部位是否有漏油点。

（4）若系误动或传感器故障，经处理后，应尽快将机组恢复备用。

（5）若水导油位异常上升，应检查油面、油位，抽取油化验，若确系进水则停机并查明进水原因，处理后换油。

2.1.6.4 水导轴承油温、瓦温高故障

1. 现象

在上位机监控系统及机组 LCUA1 柜上有"水导轴承瓦温高报警动作""水导轴承油温高报警动作"的信号。

2. 处理

（1）如有水导备用冷却器的机组，因首先启动水导外循环冷却器，确保水导油温、瓦温能维持在报警值以下。

（2）水导轴承油温或瓦温高时，应密切监视温度变化趋势，必要时联系调度转移负荷，应检查水导冷却系统是否正常，油位油质是否正常，同时还应注意机组的振动和摆度情况。

（3）若系误动或传感器故障，经处理后，应尽快将机组恢复备用。

（4）上述故障跳机后，应及时通知检修人员，未查明故障原因，禁止将机组投入运行。

2.1.6.5 剪断销剪断

1. 现象

中控室计算机监控系统有"剪断销剪断"故障讯号及语音报警，水轮机端子箱内对应的输入灯有"剪断销剪断"信号灯灭。

2. 处理

（1）现场检查剪断销是否剪断，是否信号误动。

（2）若确认剪断销已剪断,则向中调申请停机,若机组转速无法下降,紧急落下进水口快速闸门。

（3）汇报值长,联系检修处理。

2.1.6.6 顶盖水位高

1. 现象

中控室计算机监控系统有"顶盖水位高"故障信号及语音报警,机组 LCUA1 柜"顶盖水位高"测点为"ON"。

2. 处理

（1）检查顶盖水位,启动顶盖水泵抽水。

（2）检查主轴密封集水箱、排水管各处漏水情况。

（3）检查顶盖自流排水孔是否畅通,如有堵塞,设法处理。

（4）检查主轴密封前后水压是否正常,如异常应停机处理。

（5）如漏水过大,汇报值长,联系中调准备停机处理。

2.1.6.7 主轴密封故障

1. 现象

主轴密封箱温度高报警。

2. 处理

（1）检查是否为误发信号。

（2）检查水车室漏水情况及是否有异味。

（3）调整主轴密封水压。

（4）调整负荷。

（5）联系中调停机处理。

2.1.6.8 导叶位移传感器反馈故障

1. 现象

机组运行声音异常,水轮机导叶全关,发电机出口断路器跳闸,调速器面板上有"Wick gate position signal failed""Wick gate pos. contr loop failed"及"Load signal failed"信号;机组事故停机。

2. 处理

（1）将机组停机至稳态。

（2）检查导叶位移传感器滑动触头是否损坏、松脱或卡死。

（3）确认导叶位移传感器无法修复,则更换新备品。

（4）调整导叶位移传感器整定值。

（5）恢复机组满足开机条件。

(6) 重新开机至空转,正常后交系统备用。

2.1.6.9　导叶连扳松脱

1. 现象

机组振动加剧,若机组停机时,机组负荷无法降至空载,停机流程退出。

2. 处理

(1) 在水轮机室听导叶漏水声是否异常。

(2) 检查水轮机室 24 个活动导叶位置情况,是否有导叶位置指示不一致的情况。

(3) 在上位机断开机组出口断路器或执行事故停机流程。

(4) 断路器跳开后,观察机组转速是否下降。

(5) 若机组转速仍保持在 20%Ne 以上无法下降,则按下"紧急停机"按钮。

(6) 检查快速闸门落下,机组转速缓慢下降。

(7) 向调度申请机组临时退备。

(8) 联系检修人员处理。

2.2　调速器系统

2.2.1　系统概述

我厂四台机组,每台机组配有一套独立的数字式调速器,♯2、♯3、♯4 机调速器型号为 VDG/VGC511,由上海福伊特西门子水电设备有限公司设计并供货。调速系统主要由调速器电气柜和油压装置两部分组成。调速器电气柜包括微机调速器、转速测量装置及相关控制装置等。油压装置包括压油泵组、压力油罐、回油槽、漏油装置、主接力器及相关控制装置。

2016 年 3 月,我厂对♯1 机组调速器进行技术改造,选用了北京中水科水电科技开发有限公司生产的型号为 CVT-100 的调速器系统。该系统主要由调速器电气柜和油压装置两部分组成。此次改造,仅将原有的调速器电气控制柜、调速器控制油系统(油过滤器、伺服阀、开停机阀、主配压阀)部分更换为新的调速器电气控制柜及插装阀组。

我厂♯3 机调速器系统在 VDG/VGC511 型数字调速器基础上于 2019 年 5 月进行了改造,保留原调速器的油压装置,改造后♯3 机调速器系统是东方电机控制设备有限公司设计、制造并生产的 HGS-H21 调速器,HGS-

H21型调速器液压随动系统采用高精度电液转换器(伺服比例阀)对流量进行精确控制,并引入多点反馈进行闭环控制,使得整个系统精度高、响应快、稳定性好、可靠性高;同时该系统中独家采用的流量反馈技术使系统纯机械液压在手动运行和自动运行间切换自如,无扰动,手动功能操作准确可靠。

2.2.1.1 调速器电气柜

♯2、♯3、♯4机调速器电气柜由数字式水轮机调速器硬件包括嵌入式的PC机和可编程控制器(PCC系统)、就地操作面板、输出放大器和其他用于测量、信号隔离或转换等元件组成。在调速器的就地操作面板上,可以输入转速、开度、开度限制、功率的设定值对机组进行控制,也可通过远方输入。同时,还可在就地操作面板上实现开停机组、控制参数切换等功能。调速器有三种控制方式,即转速控制、开度控制、功率控制。其中转速控制方式有三套转速控制参数:空载运行参数、孤网运行参数、并网运行参数。当机组转速偏离允许区时,并网运行参数将自动切换至孤网运行参数,但恢复正常后,不会自动切回。

1. ♯1机调速器电气柜

数字式水轮机调速器硬件包括高可靠PLC控制器、平板触摸式显示屏、外围电路板机转换模块、机频变送器、网频变送器、位移变送器、功放模块、交直流双重供电电源等元件。调速器的就地平板触摸式显示屏为彩色触摸屏(HMI),与PLC控制器的本地通信接口连接,实现对调速器系统的实时状态显示,它利用数值或条形图监视并显示可编程控制器子元件、位元件的设定值或现在值,并通过数据输入对话框修改、保存调速器系统的状态参数和调节参数。调速器的就地平板触摸式显示屏可以输入导叶开度、设置一般参数(目前运行人员能执行的有机组运行水头修改、一次调频投入/退出)、设置特殊参数、查询故障信息、校对D1/0信息、设置内置试验选项、查询历史信息。调速器有三种控制方式,即转速控制、开度控制、功率控制(未经试验,暂时不能使用)。其中转速控制方式有三套转速控制参数:空载调节参数、孤网调节参数、大网调节参数。每种工况分别列有一组调节数据;数据之间相互独立且自动切换。

2. ♯3机调速器电气柜

调速器电气柜为水轮机电液调速器的两个重要组成部分之一,完成调速系统的主要控制规律与操作保护功能;同机械液压随动系统配合,控制水轮发电机组的频率及有功功率,以实现机组的开机、停机、并网、发电、调相等功能,并可与电站监控系统通讯,接受监控系统的控制。电气控制系统采用工业控制器(如PCC、PAC等)为硬件核心,组成冗余双通道控制结构,并配以彩色液晶触摸屏作为操作显示接口,具有良好的全中文图形人机界面和在线帮助系统,操作简单方便。调速器控制系统为模块化的硬件结构,易于维护、维修,可靠性高。

调速器电气柜包括:2套PCC数字控制器构成的冗余双通道系统,2套频率测量接口模块,2套伺服比例阀功放模块,2套功率变送器,1套HMI人机界面(彩色液晶显示器),2套厂用交直流双路供电电源系统,1套开关、按钮及其他附件,1个800 mm×600 mm×2 260 mm标准柜体。HGS-H21型调速器电气柜采用标准柜体结构,柜体前门安装有相应的指示灯、按钮开关及HMI人机界面(彩色液晶触摸屏)等。调速器电气柜分为A、B两套冗余控制通道,两套控制通道能够同时接受外围信号和处理数据,同时通过高速数据交换口进行数据交换,冗余控制通道之间切换由继电器构成的逻辑切换回路完成。调速器控制系统采用先进成熟的变结构、变参数的适应式并联PID控制策略,能够实现水轮机在各种工况下的最优控制。具有转速控制、开度控制、功率控制三种常规的模式。不同的工况采用不同的控制模式,选用不同的PID参数,真正实现水轮机的最优控制。同时采取了非最小相位补偿和积分钳位等措施,增加了系统小波动控制的稳定性,提高了调速系统在孤网工况下运行的稳定性。

2.2.1.2 数字式微处理机

♯2、♯3、♯4机数字式微处理机由两个固态可编程微处理机控制,一个主控,一个从控,从控微处理机在主控微处理机出现故障后,可以无冲击切换到从控控制方式。并可通过安装在柜内的控制装置实现主从微处理机的手动转换和选择。每一微处理机设备具有完全分开的交流—直流和直流—直流电源设备。输入电压等级220 V。

♯1机数字式微处理机由两个可编程PLC控制(A机和B机),一个主控,一个从控,从控微处理机在主控微处理机出现大故障后,可以无冲击切换到从控控制方式。并可通过控制柜面板实现主从微处理机的手动转换和选择。

♯3机由2套PCCX20系列数字控制器构成冗余双通道系统(A通道和B通道),一个主控,一个从控,从控数字控制器在主控数字控制器出现大故障后,可以无冲击切换到从控控制方式,并可通过控制柜面板实现主从数字控制器的手动转换和选择。

2.2.1.3 转速测量装置

♯2、♯3、♯4机转速测量采用两种独立的方式:一种为齿盘测速方式,齿盘安装在水车室,通过传感器感应凸齿并产生转速信号送到转速控制器和转速继电器。配置有两个独立的传感器分别产生独立的测量信号。另一种转速测量方式为发电机残压测频方式,频率转换器 VFU2 用于转速测量,发电机残压经 VFU2 转换成方波信号送至计数设备。在调速器内部的超速检测外,有独立的转速探头和转速继电器用于冗余的超速监测,超速继电器有模拟量输出送至调速器,该模拟量信号还可用于转速控制。我厂在水车室齿盘测速处安装有 2 个测速探头,分别用于调速器 PLC、转速继电器 U53;技改后北疆转速信号继电器 BJ1010D 采用的是残压测频方式。一级过速转速信号通过齿盘测速送至 PLC 实现报警、跳机;二级过速通过 U53 和北疆转速继电器(北疆转速继电器测速逻辑是以残压测速为主,齿盘测速为辅,残压测速故障时自动切换到齿盘测速)串接出口紧急停机。

♯1 机转速测量装置:转速测量采用两种独立的方式:一种为齿盘测速方式,齿盘安装在水车室,通过传感器感应凸齿并产生转速信号送到调速器 PLC 和测速装置。另一种转速测量方式为发电机残压测频方式,采集机端电压机频通过整形电路单元送至调速器 PLC 和测速装置。我厂在水车室齿盘测速处安装有 4 个测速探头,测速探头 1 接到调速器 PLCA 机、测速探头 2 接到调速器 PLCB 机,测速探头 3、测速探头 4 接到调速器测速装置。一级过速转速信号通过齿盘测速探头 3、测速探头 4、残压测速送至测速装置,通过调速器 PLC 实现报警、关导叶,送信号至监控系统执行事故停机;二级过速转速信号通过齿盘测速探头 3、测速探头 4、残压测速送至测速装置,通过调速器 PLC 实现报警、关导叶,送信号至监控系统执行紧急事故停机(二级过速是采用"三选二"的模式启动调速器 PLC 动作)。

♯3 机转速测量装置:转速测量为两种方式:一种为齿盘测速方式,齿盘安装在水车室,通过传感器感应凸齿并产生转速信号送到调速器 PLC 和转速装置。另一种转速测量方式为发电机残压测频方式,采集机端电压机频通过整形电路单元送至调速器 PLC 和转速装置。我厂在水车室齿盘测速处安装有 4 个测速探头,测速探头 1 和 2 接到调速器信号转换模块经过转换后送至调速器 PLC 参与调速,测速探头 3 和 4 接到调速器转速装置经过转换整合后送至监控参与控制。一级过速转速信号通过齿盘测速探头 3 和 4 及残压测速送至转速装置,通过转速装置整合后送至监控控制实现报警、关导叶,事故停机;二级过速通过齿盘测速探头 3 和 4 及残压测速送至转速装置,通过转速装置送至监控系统执行紧急事故停机(一、二级过速都是采用"三选二"的模式启动将报警信号送至监控)。

2.2.1.4 调速器压油装置

油压装置为水轮机调速系统提供控制及操作压力油源,并具有自动稳定油压、自动补气、过压报警、事故低油压、油位报警、油温报警等基本功能,它主要由回油箱、供油泵组、压力油罐、自动补气装置(未投入)、漏油装置、电气控制柜及自动化元件组成。♯1调速器机械液压系统图见附件B1.1,♯2、♯3、♯4调速器液压系统图见附件B1.2。

2.2.1.5 接力器

♯2、♯3、♯4接力器的油路由两个精油过滤器、电液伺服阀、开停机阀、紧急停机电磁阀、主配压阀、事故配压阀、主接力器及连接管路组成。控制油路中电液伺服阀为防止卡塞,设置有双联过滤器,滤网规格为20 μm。电液伺服阀为动圈式结构,来自电气控制柜的控制信号在电液伺服阀中转换成液压流量输出,该信号经开停机阀后直接作用于主配压阀的阀芯上,从而使主配阀芯随着电气信号的变化而上下移动。开停机阀通过励磁、失磁来开断电液伺服阀输出的液压信号,控制机组的启停。主配压阀型号为CDVHO-80/3S,主配压阀通过阀芯上下移动开断主接力器的油路。在主配压阀卡塞的情况下,可以通过紧急停机电磁阀失磁,控制事故配压阀位置,不经主配压阀实现事故停机。

♯1机组接力器的油路由两个精油过滤器、开停机脉冲阀、开停机手动阀、急停电磁阀、增减负荷电磁阀、高频数控阀1、高频数控阀2、高频数控阀3、紧急停机电磁阀、事故配压阀、主接力器及连接管路组成。控制油路中电液伺服阀为防止卡塞,设置有双联过滤器,滤网规格为20 μm。通过来自调速器电气控制柜的控制信号在高频数控阀转换成液压流量输出,该信号经插装阀直接作用于导叶接力器开关导叶。增减电磁阀通过励磁、失磁来开断高频数控阀输出的液压信号,控制导叶的开、关。发生事故或故障时,可以通过紧急停机电磁阀失磁,控制事故配压阀位置,不经插装阀实现事故停机。

♯3机组接力器的油路由调速器双联过滤器、导叶主配压阀组、导叶控制阀组、流量反馈装置、主阀位移传感器、接力器位移传感器、事故配压阀和分段关闭装置、主接力器及连接管路组成。运行状态下,经过滤油器过滤的清洁油液分别进入伺服比例阀、手/自动切换电磁阀、紧急停机电磁阀和流量反馈阀的压力油口。导叶开启时,伺服比例阀SV11接受电气调节器输出的开启电流信号,使伺服比例阀的阀芯向右运动,将压力油送进辅接活塞控制腔(下腔),控制主配压阀活塞向上运动,主配压阀输出的压力油进入导叶主接力器的开启腔,导叶接力器关闭腔通过主配压阀接通回油,从而控制导叶接力器活塞向开方向运动,达到导叶开度增大的目的。伺服比例阀及放大器、主配压阀及其传感器构成一负反馈内环回路。当主配压阀活塞的位移通过主阀位移传感器反馈到调节器后,与其输入信号综合后使主配压阀活塞快速稳定在给定位置。当机组出现故障,机组保护系统发出紧急停机信号后,掉电停机电磁阀 EV004 线圈失磁换位,将紧急停机换向阀 HV002 控制油口与回油相通,紧急停机换向阀 HV002 阀芯在常压作用下换向到停机位,并将主配压阀控制腔(下腔)与回油连通,主配压阀活塞在上腔恒压作用下快速向下运动,主阀输出压力油进入接力器关闭腔,控制接力器以允许的最快速度快速回到全关位置,实现机组紧急停机。

2.2.1.6　导叶关闭规律

导叶分段关闭目的是优化停机时的转速和水压脉动曲线。本厂活动导叶的关闭规律为:"分段关闭,先快后慢。"停机时,导水机构按可调速率关至空载开度,然后导叶关闭分为两个阶段:在第一阶段导叶以最大液压关闭速率关闭,从拐点(时间函数)开始以较低的速率关闭。♯2、♯3、♯4 机导叶的分段关闭是通过分段关闭阀和主配压阀的配合来实现的,导叶关闭的第一阶段主配压阀在全开度位置。到拐点后分段关闭阀油路接通,主配压阀阀芯上移,阀芯开度变小,油流量减少,关闭速度减慢,第二阶段的关闭速度可调整。♯1 机导叶分段关闭是通过导叶位移传感器和分段关闭阀来实现的,导叶到达拐点后导叶位移传感器发信号使分段关闭阀励磁,回油油路改变,回油流量减少,达到关闭速度减慢的效果。♯3 调速器导叶关闭规律:调速器接到停机指令后,导叶即由当前开度,以第一停机速度将导叶关闭,当导叶关闭至一定开度(可调节)时,即以第二停机速度将导叶关闭至全关位置,关闭过程全由调速器 PLC 控制(事故配压阀上的分段关闭阀因管路原因将取消)。

2.2.2　设备规范及运行定额

2.2.2.1　调速器参数

1. ♯2、♯3、♯4 机组调速器参数

表 2.9

名称	参数
导叶接力器内径	380 mm
导叶接力器活塞杆直径	110 mm

续表

名称	参数
导叶接力器操作行程	443 mm
导叶接力器压紧行程	3 mm
导叶接力器最大油压	6.4 MPa
导叶接力器开启时间	10 s(可调)
导叶接力器关闭时间	9 s(可调)
导叶接力器油管内径	ϕ50 mm
操作电源(AC/DC)	220 AC/DC
频率给定调整范围	70%~150%
加速时间常数 Tn	21
永态转差系数调整范围 bp	0.04
暂态转差系数调整范围 bt	0.04
缓冲设计常数调整范围 Td	8
转速死区 ix	0
控制信号死区 ic	0

2. #1 机组调速器

表 2.10

名称	参数
导叶接力器内径	380 mm
导叶接力器活塞杆直径	110 mm
导叶接力器操作行程	443 mm
导叶接力器压紧行程	3 mm
导叶接力器最大油压	6.4 MPa
导叶接力器开启时间	12.1 s
导叶接力器关闭时间	10.9 s
导叶接力器油管内径	ϕ50 mm
操作电源(AC/DC)	220 AC/DC
频率给定调整范围	

续表

名称	参数
加速时间常数 Tn	
永态转差系数调整范围 bp	0.04
暂态转差系数调整范围 bt	
缓冲设计常数调整范围 Td	0
转速死区 ix	0.014%
控制信号死区 ic	0

3. ♯3 机组调速器参数

表 2.11

名称	参数
导叶接力器内径	380 mm
导叶接力器活塞杆直径	110 mm
导叶接力器操作行程	443 mm
导叶接力器压紧行程	3 mm
导叶接力器最大油压	6.4 MPa
导叶接力器开启时间	9.2 s(可调)
导叶接力器关闭时间	第一段 4.001 s/第二段 11.8 s(可调)
导叶接力器油管内径	ϕ50 mm
操作电源(AC/DC)	220 AC/DC
频率给定调整范围	45～55 Hz
加速时间常数 Tn	
永态转差系数调整范围 bp	0.04
暂态转差系数调整范围 bt	
缓冲设计常数调整范围 Td	
转速死区 ix	<0.02%
控制信号死区 ic	

2.2.2.2 油压装置

表2.12

	名称	参数
压力油罐	额定工作压力	6.0 MPa
	最大工作压力	6.4 MPa
	试验压力	9.6 MPa
	设计温度	100℃
	压力油罐容积	2 200 L
	压力油罐数目	1个
压油泵	型号	Y225M-4
	额定功率	45 kW
	转速	1 480 r/min
	工作压力	6.3 MPa
	输油量	250 L/min
	台数	2
	电源	交流380 V
回油箱	回油箱容积	6 000 L
	正常油量	3 000 L
	滤网精度	10 μm
操作油牌号		L-TSA46#

2.2.2.3 漏油装置

表2.13

	名称	参数
漏油泵	型号	KCB—18.3
	台数	1台
	扬程	14.5 m
	流量	40 L/min
电动机	型号	Y902—4
	功率	1.5 kW
	转速	1 400 r/min
	电源	交流380 V

续表

名称	名称	参数
漏油箱	漏油箱容积	300 L
	滤网精度	20 μm

2.2.2.4 油压装置压力整定值

表 2.14

名称	设计值(bar)	动作值(bar)	备注
主油泵启动	57.0	57.0	
备用泵启动	56.0	56.0	
油泵停止	60.0	60.0	
压力低报警	52.0	51.5	机械接点
事故低油压关机	50.0	50.0	机械接点
♯1泵阀组安全阀	66.0	66.0	
♯2泵阀组安全阀	66.0	66.0	

2.2.2.5 回油箱油温油位整定值

1. 油温控制

55℃:油温高报警。

60℃:油温高停机(现已取消)。

65℃:油温高停泵。

2. 回油箱油位控制

回油箱液位高报警:762 mm。

回油箱液低报警:510 mm。

回油箱液位低停泵:367 mm。

回油箱液位过低停机:224 mm。

2.2.2.6 压力油罐油位控制

压力油罐液位高补气:正常油位+10 mm。

压力油罐液位高报警:正常油位+80 mm。

压力油罐液位低报警:正常油位-300 mm。

压力油罐液位低停机:正常油位-400 mm。

2.2.2.7 二级过速控制

过速限制器安装于水导油箱上,机组正常运行时,额定转速为 Vn=

166.7 r/min,当机组转速大于115%,并持续10秒以上,电气一级过速工作,启动紧急停机流程;当机组转速大于153%,电气二级过速动作,启动紧急停机流程;当机组转速大于159%额定转速时,则机械过速动作,启动紧急停机流程。

2.2.2.8 调速系统压力安全控制

油压装置的安全压力系统分为四级:

(1)第一级由油泵出口各自阀组中的先导电磁换向阀完成。当油罐压力达到6.0 MPa时,先导电磁换向阀失电,油泵泄荷,停止向压力油罐供油。

(2)第二级由油泵出口各自阀组出口安全阀完成。当油罐压力超过6.05 MPa时,油泵出口安全阀动作,将压力油排入回油箱,使油泵停止向压力油罐供油。

(3)第三级由油泵出口公共安全油阀组完成。当油罐压力超过6.7 MPa时,该阀动作,它可同时将两台油泵输出的压力油排入回油箱,同时油泵停止供油。

(4)第四级由压力油罐上的气安全阀完成。当油罐压力超过7.2 MPa时,气安全阀动作,将油罐中的压缩空气排入大气。

2.2.3 运行方式

2.2.3.1 调速系统正常运行方式

调速器有"现地"和"远方"两种控制方式,正常情况下调速器控制方式置于远方位置,根据调度给定跟踪系统频率自动调整机组所带负荷。

2.2.3.2 调速系统压油装置运行方式

油泵的主备用预设和自动切换可通过一个三位置选择开关来实现,该开关有1号主泵、2号主泵和自动切换三个位置。

(1)调速系统压油装置配置有两台油泵,互为备用,主/备用可定期切换。每台油泵有连续运行、间歇运行、手动运行、停泵四种运行模式。

(2)连续运行模式:机组运行期间,若油压系统耗油量较大,油泵启动频繁,则主泵置连续运行模式。

(3)间歇运行模式:在停机期间或油泵启动间隔较长时,泵组设置为间歇运行模式。

(4)手动操作模式:手动操作模式脱离开机组开、停机程序,现场对泵组进行控制。此时,主控选择开关置于"manual"位置。手动操作模式一般用于油泵的现场调试、试验。

2.2.3.3 漏油装置运行方式

漏油箱配置有一台漏油泵，油泵的启停由油箱内的液位开关控制，漏油箱内共有三个液位开关，依次为：液位低停泵、液位高启泵抽油、液位高报警。

2.2.4 运行操作

2.2.4.1 调速器压力油罐排空操作

（1）确认机组停机。

（2）确认机组快速闸门已全关，并做防止闸门提升的安全措施。

（3）压力钢管水位已排至导叶以下。

（4）关闭油罐油路相关的阀门 0＊YY09 V、0＊YY11 V、0＊YY13 V、0＊YY01 V。

（5）切断调速器油泵电源 Q101、Q201，并将油泵控制方式切至手动。

（6）对调速器压力油罐进行排气泄压。

（7）待气压 10 bar 对油罐进行排油。

（8）待调速器压力油罐的油已全部排至回油箱后，打开 0＊YY07 V 排气，并保持 0＊YY07 V 在打开位置。

2.2.4.2 调速器油罐建压

（1）确认调速器油罐相关工作已结束。

（2）调速器已具备建压条件，检查各阀门位置，检查回油箱油位正常，检查电磁阀状态。

（3）恢复调速器油泵电源，并手动启动一台油泵对压力油罐打油至正常油位后停泵。

（4）打开手动补气阀对调速器建压。

（5）油罐压力逐步上升至 10 bar、20 bar、30 bar、40 bar、50 bar 时，分别在各压力点开/关导叶，以排出接力器及管路中的空气，并在建压至 30 bar 时，保压 10 分钟，检查各阀门及法兰处是否有漏油、漏气情况。若无异常，则继续补气建压；若有异常，则泄压，隔离调速器，待检修人员将异常情况处理后，经验收合格，再对调速器进行建压操作。

（6）待调速器建压完成后则关闭手动补气阀，恢复油泵"自动选泵""间断运行"方式。

2.2.4.3 手动开、关导叶：（调速器压力油罐初步建压）

1. ＃2、＃3、＃4 机手动开、关导叶

（1）确认机组在停机。

(2) 确认机组蜗壳内无人员工作。

(3) 确认油路正常,且油压大于 10 bar。

(4) 确认机组事故配压阀在"退出"位置。

(5) 合上机组电调柜内的连接片(X092∶1)。

(6) 操作调速器电调柜内插件手动开导叶至全开。

(7) 确认机组导叶打开正常。

(8) 操作调速器电调柜内插件手动关导叶至全关。

(9) 检查导叶在全关位置。

(10) 在调速器油罐压力建压至 20 bar,30 bar,40 bar,50 bar,60 bar 时分别进行导叶全开、全关一次。

(11) 调速器建压正常后,退出事故配压阀,并将调速器油泵控制方式置"间断运行"对压力油罐进行保压。

(12) 拔出机组调速器柜内连接片(X092∶1)。

2. ♯1机手动开、关导叶

(1) 确认机组在停机。

(2) 确认机组蜗壳内无人员工作。

(3) 确认油路正常,且油压大于 10 bar。

(4) 确认机组事故配压阀在"退出"位置。

(5) 将♯1机调速器电调柜控制方式切至"现地"。

(6) 将♯1机调速器电调柜导叶状态控制方式切至"手动"。

(7) 在♯1机调速器电调柜导叶开度界面将"导叶手动增益选择"放置"2"挡。

(8) 在♯1机调速器电调柜导叶开度界面将"导叶压紧/释放"放置"释放"。

(9) 在♯1机调速器电调柜将导叶增减旋钮切至"增"。

(10) 确认♯1机开导叶正常。

(11) 在♯1机调速器电调柜将导叶增减旋钮切至"减"。

(12) 检查确认♯1机调速器电调柜上导叶开度显示为"0"。

(13) 检查导叶在全关位置。

(14) 在调速器油罐压力建压至 20 bar,30 bar,40 bar,50 bar,60 bar 时分别进行导叶全开、全关一次。

(15) 调速器建压正常后,退出事故配压阀,并将调速器油泵控制方式置"间断运行"对压力油罐进行保压。

3. ♯3 机手动开、关导叶

(1) 确认机组在停机。

(2) 确认机组蜗壳内无人员工作。

(3) 确认油路正常,且油压大于 10 bar。

(4) 确认机组事故配压阀在"退出"位置。

(5) 检查♯3 机组调速器手/自动切换电磁阀在"手动"位置。

(6) 在♯3 机组调速器导叶手动操作阀上操作将导叶开至全开位置。

(7) 检查♯3 机组导叶在全开位置。

(8) 检查♯3 机压力油罐油位正常、压力稳定,无漏气、无漏油现象。

(9) 在♯3 机组调速器导叶手动操作阀上操作将导叶关至全关位置。

(10) 检查♯3 机组导叶在全关位置。

(11) 在调速器油罐压力建压至 20bar,30bar,40bar,50bar,60bar 时分别进行导叶全开、全关一次。

(12) 调速器建压正常后,退出事故配压阀,并将调速器油泵控制方式置"间断运行"对压力油罐进行保压。

2.2.4.4 手动开、关导叶操作:(机组首次开机冲转操作)

1. ♯2、♯3、♯4 机手动开、关导叶操作

(1) 确认机组在停机。

(2) 确认机组开机条件满足,并手动打开机组技术供水电动阀。

(3) 发电机上导处、发电机风洞、水车室、机组振摆装置等重要位置已安排人员留守观察。

(4) 合上机组电调柜内的连接片(X092:1)。

(5) 操作调速器电调柜内迅速打开机组导叶至约 10%开度,观察机组转速上升大于 0 后。

(6) 立即操作调速器电调柜将导叶开度关至 0。

(7) 拔出机组电调柜内的连接片(X092:1)。

(8) 若机组转速降至 20%Ne 时,手动投入机械制动。

2. ♯1 机手动开、关导叶操作

(1) 确认机组在停机。

(2) 确认机组蜗壳内无人员工作。

(3) 确认机组事故配压阀在"退出"位置。

(4) 将♯1 机调速器电调柜控制方式切至"现地"。

(5) 将♯1 机调速器电调柜导叶状态控制方式切至"手动"。

(6) 在♯1机调速器电调柜导叶开度界面将"导叶手动增益选择"放置"2"档。

(7) 在♯1机调速器电调柜导叶开度界面将"导叶压紧/释放"放置"释放"。

(8) 在♯1机调速器电调柜将导叶增减旋钮切至"增"。

(9) 待♯1机组转动后将导叶增减旋钮切至"减"。

(10) 检查确认♯1机调速器电调柜上导叶开度显示为"0"。

(11) 若♯1机组转速降至20%Ne时,手动投入机械制动。

3. ♯3机手动开、关导叶操作

(1) 确认机组在停机。

(2) 确认机组蜗壳内无人员工作。

(3) 确认机组事故配压阀在"退出"位置。

(4) 将♯3机调速器电调柜控制方式切至"现地"。

(5) 按下♯3机调速器电调柜"导叶手动"按钮。

(6) 检查♯3机调速器电调柜"导叶手动"灯亮,"导叶自动"灯灭。

(7) 在♯3机调速器电调柜将导叶增减旋钮切至"增加"。

(8) 待♯3机组转动后将♯3机调速器电调柜导叶增减旋钮切至"减少"。

(9) 检查确认♯3机调速器电调柜上导叶开度显示为"0"。

(10) 若♯3机组转速降至20%Ne时,手动投入机械制动。

2.2.4.5 修改机组水头

1. 修改♯2、♯3、♯4机组水头操作步骤

(1) 确认♯2、♯3、♯4机组在停机态。

(2) 在调速器电调柜上的液晶屏按参数—按K4(password)—用数字键输入"0300"—按enter键—按INS键—输入35—输入水头值—按enter键—按F10确认。

2. 修改♯1机组水头操作步骤

(1) 确认♯1机组在停机态。

(2) 在调速器电调柜上的液晶屏按"一般参数设置"—进入"一般参数设置"后点击水头设置—输入水头值;或者直接点击"当前水头"—进入水头设置—输入水头值。

3. 修改♯3机组水头操作步骤

(1) 确认♯3机组在停机态。

(2) 点击调速器电调柜触控屏左下角登入—输入密码12345—点击"√"

按钮—在触控屏选择"参数整定"一栏—点击"人工水头设定"—进入水头设置—输入水头值—确定—在触控屏选择"参数整定"一栏—点击"调节参数保存"(防止通道断电后,水头值恢复初始值)—点击触控屏左下角登出按钮—点击"√"按钮。

2.2.4.6 调速器开度控制操作步骤

1. ♯2、♯3、♯4机调速器开度控制操作步骤

(1) 在上位机将机组并网。

(2) 机组有功调节退出,无功调节投入。

(3) 点击电调柜上的"浏览"键,检查面板上的"opening"灯点亮,确认机组在开度控制方式(如不在,按"K3"键,再按"确认"键将机组切换至开度控制)。

(4) 将电调柜控制方式切"现地"。

(5) 通过调整导叶开度进而控制机组有功输出,有功输出与导叶开度成正比。有以下两种方法调节:

①微调导叶开度的方法:通过"K5(-)"和"K6(+)"键可对导叶的开度进行微调。

②直接设定导叶开度的方法:按下数字"0"键,通过上下左右键将光标切至opening下的setpoint一栏,输入设定的开度值,再按下"确认"键即可将导叶开至设定开度(设定值不能小于空载开度18%)。

(6) 需要停机时,先将电调柜控制方式切"远方",然后在上位机执行停机操作。

2. ♯1机调速器开度控制操作步骤

(1) 在上位机将♯1机组并网。

(2) 将♯1机调速器电调柜控制方式切至"现地"。

(3) 在调速器电调柜上的液晶屏点击"导叶开度"。

(4) 进入"导叶开度"设置界面输入导叶开度值。

(5) 根据需要可以通过♯1机调速器电调柜上"导叶增减旋钮"进行微调(需先将♯1机调速器电调柜导叶状态控制方式切至"手动")。

(6) 需要停机时,先将电调柜控制方式切"远方",然后在上位机执行停机操作。

3. ♯3机调速器开度控制操作步骤

(1) 在上位机将♯3机组并网。

(2) 将♯3机调速器电调柜控制方式切至"现地"。

（3）在调速器电调柜上的触摸屏点击"导叶开度"——通过"增加/减少"按钮来调节导叶开度。

（4）需要停机时，先将电调柜控制方式切"远方"，然后在上位机执行停机操作。

2.2.5 常见故障及处理

2.2.5.1 机组调速器压油罐液位计显示异常

（1）确认机组停机。

（2）按下机组调试按钮。

（3）退出机组 LCUA3 柜机械事故压板（根据情况也可不退）。

（4）用磁石刷液位计。

（5）恢复相关措施。

2.2.5.2 机组主配压阀管路接口漏油

1. 现象

机组运行时，调速器压力油罐油压下降较快，两台调速器油泵频繁启动，调速器回油箱油温升高。现地检查调速器回油箱内有喷油声响，确认主配压阀漏油。

2. 处理

（1）向调度申请换机。

（2）停机稳态后按下调试按钮。

（3）汇报 ON-CALL 值长和值班领导。

（4）向调度申请机组退备。

（5）按下机组"紧急停机"按钮。

（6）待快速闸门全关后，打开技术供水电动阀对上游流道排水。

（7）通知检修处理。

（8）待检修处理完成恢复相关隔离措施，并开机至空转，向调度汇报机组恢复备用。

2.2.5.3 调速器油泵建压异常

1. 现象

上位机报调速器建压异常，#1 油泵运行动作 5 分钟油压未到 60 bar。

2. 处理

（1）复归机组调速器 HPU 柜上复归按钮。

（2）检查备用泵能正常启停。

(3) 检查回油箱油温无上升趋势。

2.2.5.4 机组调速器伺服阀卡塞

1. 现象

机组开机时，转速未上升，开机失败，或运行中负荷不能调整，上位机报：调速器控制回路故障。

2. 处理

(1) 立即停机，开其他机组发电。

(2) 现地检查调速器油路、伺服阀、事故配压阀、开停机电磁阀、导叶位移传感器。

(3) 未发现明显故障点，则通知检修人员处理，并向调度申请退备。

(4) 待检修处理完后，恢复机组开机至空转，检查机组正常后交系统备用。

2.2.5.5 开停机电磁阀故障，导致控制回路压强不够

1. 现象

机组开机时，上位机报：调速器控制回路故障。机组转速未上升，开机失败，或机组运行中，调速器控制回路故障，导叶全关，机组事故停机。

2. 处理

(1) 立即申请换机，开备用机组发电，并确保故障机组能停机至稳态。

(2) 现地检查调速器油路、伺服阀、事故配压阀、开停机电磁阀、导叶位置传感器。

(3) 未发现明显故障点，则通知检修人员处理，并向调度申请退备。

(4) 待检修处理完后，恢复机组开机至空转，检查机组正常后交系统备用。

2.2.5.6 ♯1机调速器高频数控阀、插装阀卡塞处理

1. 现象

♯1机组开机时，转速未上升，开机失败，或运行中负荷不能调整，上位机报：调速器控制回路故障。

2. 处理

(1) 立即停机，开其他机组发电。

(2) 现地检查调速器油路、高频数控阀、插装阀、增减负荷电磁阀、事故配压阀、开停机电磁阀、导叶位移传感器。

(3) 未发现明显故障点，则通知检修人员处理，并向调度申请退备。

(4) 待检修处理完后，恢复♯1机组开机至空转，检查机组正常后交系统

备用。

2.2.5.7 回油箱油温高

1. 现象

上位机报"回油箱油温升高动作",现地检查油温 50 多摄氏度,调速器油泵频繁启动。

2. 处理

(1) 现地检查是否为误报警,可在调速器回油箱上用手测试。

(2) 确认为油温高后,检查是否为投 AGC,调速器油泵启动频繁,则向调度申请该机组带固定负荷。

(3) 检查是否为调速器油压回路少量漏油。

(4) 以上均无问题,则为油泵出口安全阀组问题,通知检修人员处理。

(5) 查清原因后,根据负荷情况首先选择停机。

(6) 如不能停机,则可采取风扇或水对油箱进行降温。

第 3 章

配电系统

3.1 主变压器系统

3.1.1 基本知识

3.1.1.1 作用及原理

1. 作用

变压器是根据电磁感应原理工作的一种静止电器,是用来改变电力系统电压(电流,阻抗参数)大小的电气设备,利用变压器使得电力系统经济地输送电能,方便地分配电能,安全地应用电能。它只能进行电能传递,不能产生电能,遵循了能量转换和守恒定律;文字符号:T(B);图形符号如图3-1所示。

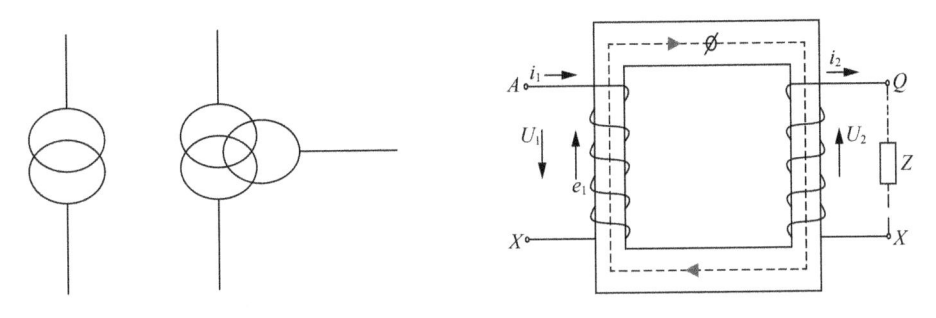

图 3-1 变压器图形符号

2. 工作原理

就是电磁感应原理,当原绕组(一次绕组)接通交流电源,在原绕组中流过交变电流产生磁势,使铁芯中产生磁通ϕ(电生磁),这一交变磁通ϕ在原副边绕组中就感生出电势E_1和E_2,当二次绕组接入负载,就有电流I_2流通(磁生电)。变压器原副边绕组匝数不同,所产生的感应电压也不同,这就是变压器变换电压、电流的基本原理。

$$U_1 = E_1 = 4.44 f N_1 B_m S$$
$$U_2 = E_2 = 4.44 f N_2 B_m S$$

式中,N_1——一次绕组匝数;

B_m——铁芯中磁通密度最大值;

N_2——二次绕组匝数;

S——铁芯截面积(m^2)。

$$\therefore \frac{U_1}{U_2} = \frac{E_1}{E_2} = \frac{N_1}{N_2} = K$$

式中,K——变压比电压比等于匝数比。

当变压器在负载运行时,原、副边电流数量关系式:

$\because$ 总磁势 $F_1 - F_2 = 0$,$\therefore I_1 N_1 - I_2 N_2 = 0$,$\frac{I_1}{I_2} = \frac{N_2}{N_1} = \frac{1}{K}$,

电流比等于匝数反比

又设变压器效率为100%,则输入功率P_1等于输出功率P_2,$P_1 \approx P_2$,即$U_1 I_1 \approx U_2 I_2$,则$\frac{I_1}{I_2} = \frac{U_2}{U_1} = \frac{N_2}{N_1} = \frac{1}{K}$。

3.1.1.2 变压器结构

变压器主要由器身、油箱、冷却装置、保护装置、出线装置等组成,结构如图3-2所示。

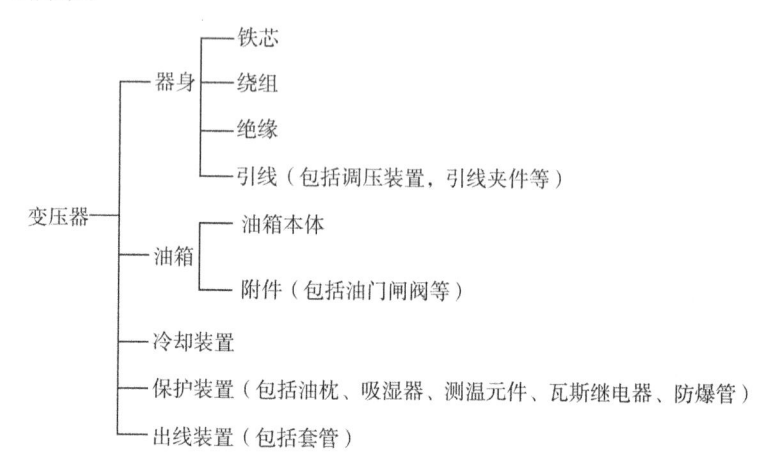

```
变压器 ┬ 器身 ┬ 铁芯
       │     ├ 绕组
       │     ├ 绝缘
       │     └ 引线(包括调压装置,引线夹件等)
       ├ 油箱 ┬ 油箱本体
       │     └ 附件(包括油门闸阀等)
       ├ 冷却装置
       ├ 保护装置(包括油枕、吸湿器、测温元件、瓦斯继电器、防爆管)
       └ 出线装置(包括套管)
```

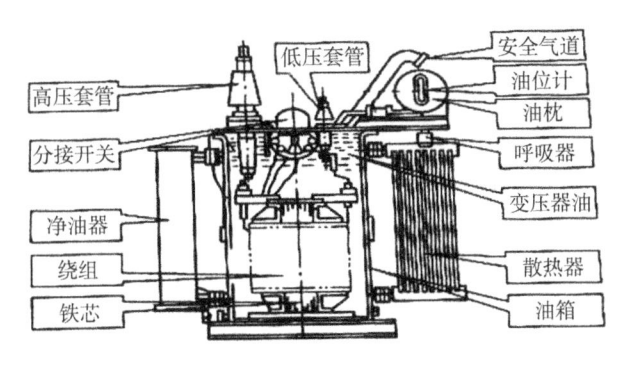

图 3-2　变压器结构

1. 铁芯

铁芯在变压器中构成一个闭合的磁路,又是安装绕组的骨架,对变压器电磁性能和机械强度来说是极为重要的部件。

2. 绕组

绕组是变压器的电路部分,它与外界的电网和负载直接相连,是变压器中最重要的部件,常把绕组比作变压器的心脏。

3. 油箱

变压器运行时,铁芯、绕组、引线和钢结构件均产生损耗,这些损耗转变成热量发散于周围介质中,当热量增大到周围空气介质不能将温度降下来时,则需将器身放到以油为介质的容器内,通过油的循环使器身降温。这种用于盛装变压器器身和变压器油的容器就叫油箱。

4. 冷却器

油水冷却器工作原理是直接把变压器热油输送到冷却器的冷却管束外周,并使冷却水通过散热管内周,油水两种介质不断循环通过冷却管壁进行热交换,达到变压器冷却的目的。

5. 油枕

油箱内的油温改变时,油面要发生变化。如无油枕,随着油面的升高或降低,油箱就要排出或吸入部分空气,使油受潮或氧化。设油枕后,油与空气的接触面积减小,从而减少了油受潮和氧化,另油枕内油温低于油箱内油温,故油的氧化过程也慢。

6. 吸湿器

为防止空气中的水分浸入油枕的油内,油枕是经过一个吸湿器与外界空气相连通的,吸湿器内装有硅胶,用于吸收潮气。干燥状态下呈蓝色,吸收潮气后渐渐地变为淡红色(玫瑰色)。

7. 防爆管

作为油箱内部发生故障而产生过高压力时的保护。由防爆膜、视窗及导油管组成。

3.1.1.3 基本参数

1. 工作频率

变压器铁芯损耗与频率关系很大,故应根据使用频率来设计和使用,这种频率称工作频率。

2. 额定功率

在规定的频率和电压下,变压器能长期工作而不超过规定温升的输出功率。

3. 额定电压

指在变压器的线圈上所允许施加的电压,工作时不得大于规定值。

4. 电压比

指变压器初级电压和次级电压的比值,有空载电压比和负载电压比的区别。

5. 空载电流

变压器次级开路时,初级仍有一定的电流,这部分电流称为空载电流。空载电流由磁化电流(产生磁通)和铁损电流(由铁芯损耗引起)组成。对于50 Hz电源变压器而言,空载电流基本上等于磁化电流。

6. 空载损耗

指变压器次级开路时,在初级测得功率损耗。主要损耗是铁芯损耗,其次是空载电流在初级线圈铜阻上产生的损耗(铜损),这部分损耗很小。

3.1.2 概述

我厂♯1、♯3主变压器选用特变电工衡阳变压器有限公司生产160 MVA的两圈电力变压器。主变压器高压侧中性点经接地刀闸接地。强迫油循环水冷却,油浸三相双圈升压/降压变压器,♯1、♯3主变压器各有3组冷却器。

♯2、♯4主变压器选用中山ABB变压器有限公司生产160 MVA的三圈有载调压电力变压器。主变压器高压侧及中压侧中性点经接地刀闸接地。强迫油循环水冷却,油浸三相三线圈升压/降压变压器,♯2、♯4主变压器各有4组冷却器。

3.1.3 主变压器及辅助设备规范

3.1.3.1 ♯1、♯3主变压器规范

表 3.1

型式	强迫油循环水冷却,油浸三相双线圈升压变压器		
型号	SSP10-160000/220	冷却方式	强迫油循环水冷却
额定容量	160 MVA	额定频率	50 Hz
额定电压 高压侧	242 kV	额定电流 高压侧	382 A
额定电压 低压侧	13.8 kV	额定电流 低压侧	6 694 A
高压中性点接地方式	直接接地	无载分接电压	242±2×2.5% kV
连接组别	YD11	变压器油类型	DB-25♯
制造厂家	特变电工衡阳变压器有限公司	变压器油生产厂家	克拉玛依炼油厂

分接开关位置	高压绕组连接	高压侧电压(kV)	高压侧电流(A)	低压侧电压(kV)	低压侧电流(A)
1	A—B	254.10	363.54	13.8	6 693.92
2	B—C	248.05	372.41		
3	C—D	242.00	381.72		
4	D—E	235.95	391.51		
5	E—F	229.90	401.81		

注:我厂♯1、♯3主变高压侧分接开关位置放置于第4档。

3.1.3.2 ♯2、♯4主变压器规范

表 3.2

型式	强迫油循环水冷却,油浸三相三线圈升压/降压变压器		
型号	SSPSZ9-160000/220	冷却方式	强迫油循环水冷却
额定容量	160 MVA	额定频率	50 Hz
额定电压 高压侧	242 kV	额定电流 高压侧	381.7 A
额定电压 中压侧	121 kV	额定电流 中压侧	763.4 A
额定电压 低压侧	13.8 kV	额定电流 低压侧	6 693.9 A
油箱机械强度 真空残压	正压	调压范围	242±8×1.25% kV
133 Pa	100 Pa		

续表

运行方式	负载损耗(kW)	75℃下的短路百分比		
		分接头 1	分接头 9B	分接头 17
高压-中压	493.4	23.29	22.74	22.51
高压-低压	496.0	13.58	13.11	13.01
中压-低压	465.8	8.15		

空载电流(%)	0.06	连接组别	YNyn0d11
空载损耗 P_0(kW)	80.8		
制造厂家	中山 ABB 变压器有限公司	变压器油类型	DB-25#
		变压器油生产厂家	克拉玛依炼油厂
变压器绝缘耐热等级	A 级	线圈/顶层油温升	50.8/49.8 k 油面温升:28.8 k
最高环境温度	40℃	冷却水最高温度	28℃

分接开关位置	高压绕组连接	高压侧电压(kV)	高压侧电流(A)	低压侧电压(kV)	低压侧电流(A)
1	A—B	266.2	347.0		
2	B—C	263.18	351.0		
3	C—D	260.15	355.1		
4	D—E	257.13	359.3		
5	E—F	254.1	363.5		
6	F—G	251.08	367.9		
7	G—H	248.05	372.4		
8	H—I	245.3	377.0		
9	I—J	242	381.7	13.8	6 693.9
10	J—K	238.98	386.6		
11	K—L	235.95	391.5		
12	L—M	232.93	396.6		
13	M—N	229.9	401.8		
14	N—O	226.88	407.2		
15	O—P	223.85	412.7		
16	P—Q	220.83	418.3		
17	Q—R	217.8	424.1		

注:我厂#2、#4 主变高压侧分接开关位置放置于第 9C-11 档。

3.1.3.3 主变压器冷却器规范

表 3.3

离心式油泵			
型号	6BP1.80-7/3B	额定电流	9.0 A
电源	AC 380 V	额定功率	3.0 kW
流量	80 m^3/h	扬程	7.0 m
转速	900 r/min	额定频率	50 Hz
油水冷却器			
冷却器型号	YSPG-250	额定油流	80 m^3/h
设计水压	1.0 MPa	额定水流	28 m^3/h
入口油温	70℃	入口水温	30℃

3.1.4 运行定(限)额及注意事项

3.1.4.1 电压限值

主变压器在正常运行时应保持电流、电压在额定范围内,不得超过。♯1、♯3 主变过激磁(以额定电压为基准额定频率下)见下表。

表 3.4

运行条件	空载				满载		
过电压倍数	1.1	1.2	1.3	1.4	1.05	1.1	1.4
连续运行时间	连续	30 min	1 min	5 s	连续	20 min	5 s

主变压器电压变动范围在分接头额定电压的±5%以内时,其额定容量不变,最高运行电压不得大于分接头额定值的 105%。

3.1.4.2 温升限值

主变连续负载下温升限值见下表。

表 3.5

顶层油升	绕组平均温升	油箱及结构件表面局部最高温升
55℃	65℃	65℃

3.1.4.3 绝缘电阻规定

主变检修后或备用超过 10 天,送电前应测量其低压侧绕组对地绝缘电阻、吸收比,并将绝缘值填入绝缘登记本中,并备注测量时的环境温湿度。

绝缘电阻换算到同一温度下,与前一次测试结果相比应无明显变化,一般不低于上次测量值的70%,当温度为20℃时,绕组连同套管的绝缘电阻1 min稳定值应不小于2 000 MΩ。在10~30℃范围内,主变压器的吸收比（K＝R60 s/R15 s）一般不低于1.3或极化指数（PI＝R10 min/R1 min）不低于1.5。

测量主变绝缘电阻应使用合格且电压等级为5 000 V兆欧表。测量绝缘电阻的步骤为:停电→验电→放电→测量→放电。测量变压器绝缘电阻前必须进行验电并将设备对地放电,测量前后必须将设备对地放电,放电时间应持续半分钟以上,同时要注意静电电压对人身、仪表的危险。刚停电的主变需要静置30 min以上,使油温与绕组温度趋于相等后再进行测量工作,油温以主变上层油温为准,每次绝缘测量温湿度尽量相近。

当绝缘电阻不合格时应汇报有关领导,需要将该主变投入运行时,应请示总工程师或主管生产副厂长批准。

3.1.4.4 瓦斯保护装置的运行规定

主变运行时瓦斯保护装置应根据规定投信号或跳闸位置。正常运行时重瓦斯保护装置应投跳闸位置,轻瓦斯保护装置应投信号位置。运行中变压器瓦斯保护继电器的试验探针严禁按动。

主变在运行中补油、更换油泵,应将主变保护C柜重瓦斯压板退出,此时其他保护仍应投跳闸。运行24小时,打开放气阀,无气体排出后方可投至跳闸位置。

新安装、大修、事故检修或换油后的主变静置48小时后恢复运行,充电时应将重瓦斯保护投跳闸,充电结束主变带电正常后,立即将其重瓦斯改投信号,运行24小时,打开排气阀排气,无气体排出后方可投至跳闸位置。

3.1.4.5 主变其他参数设定

表3.6

名称	设定值	功能
主变绕组温度	115℃	报警
	130℃	跳闸
压力释放装置	73 kPa	跳闸
主变油温	85℃	报警
	105℃	跳闸

3.1.4.6 主变负荷关系

(1)♯1、♯3主变水冷却器投运台数与变压器允许运行负荷关系如下表。

表 3.7

冷却器投运台数	主变压器负荷	运行时限
0 台	空载	连续 6 h(温升不超过 50 K)
0 台	100%	30 min
1 台	60%	连续
2 台	100%	连续

注:冷却器全停,油温不超过 75℃,变压器允许运行 60 min。

(2)♯2、♯4主变水冷却器投运台数与变压器允许运行负荷关系如下表。

表 3.8

水冷器投运台数	0	1	2	3	4
连续运行负荷	0%	35%	70%	100%	100%
满负荷运行时间(之前为 100%负荷运行,并基于正常温升限值)	20 min	50 min	120 min	长期	长期

3.1.5 变压器运行方式

主变压器中性点的运行方式应按中调命令执行,相关保护也随中性点改变而改变,主变压器中性点切换原则:先投后切。

3.1.5.1 主变压器冷却器的运行方式

1. 主变压器冷却器电源运行方式

每台主变压器冷却器系统设有两个独立的Ⅰ段和Ⅱ段工作电源,其中Ⅰ段工作电源取自 400 V 机组自用电Ⅰ段母线,Ⅱ段工作电源取自 400 V 机组自用电Ⅱ段母线。

2. 冷却器电源设有"手动"和"程控"控制方式

(1)"手动"控制方式:Ⅰ段、Ⅱ段电源靠手动切换实现电源的投入与切除。

(2)"程控"控制方式:电源自动投入和退出,两路电源互为备用自动切换。正常时Ⅰ段电源工作时,当Ⅰ段电源消失,Ⅱ段电源自动投入工作;在Ⅱ

段电源工作时,当Ⅱ段电源消失,Ⅰ段电源自动投入工作。Ⅰ段电源与Ⅱ段电源不能同时投入。

(3) 正常时,两路电源应在"程控"控制方式,主变带电后,冷却器电源自动投入,主变停电 30 min 后,冷却器电源自动退出。

3. 主变压器冷却器的运行方式

(1) ♯2、♯4 主变压器冷却器

①♯2、♯4 主变压器冷却系统有四台冷却器,其冷却器有三种控制方式手动、程控、停止。正常运行时四台冷却器均放"程控",冷却器油泵电动机启动(停运)时其相应电动进水阀自动打开(关闭)。

②"手动"方式不受 PLC 的控制,直接由各自的控制开关控制冷却器投入(退出)。

③"程控"方式冷却器按"工作""辅助1""辅助2""备用"顺序自动循环投入(退出),3 天为一循环周期;冷却器的投入(退出)是受变压器是否带电控制;变压器带电时投入"工作"冷却器,当变压器停电时经 30 min 退出全部冷却器;变压器 If>0.6 Ie 时投入"辅助1"冷却器,当变压器 If<0.6 Ie 时经 5 min 延时退出"辅助1"冷却器;变压器顶部油温>45℃时投入"辅助1"冷却器,当变压器顶部油温<45℃时经 5 min 延时退出"辅助1"冷却器;变压器顶部油温>55℃时投入"辅助2"冷却器,当变压器顶部油温<45℃时退出"辅助1、辅助2"冷却器;"工作""辅助"冷却器故障退出或变压器顶部油温>65℃时投入"备用"冷却器,当"工作"、"辅助"冷却器故障消除或变压器顶部油温<55℃两条件都满足时退出"备用"冷却器。

④冷却器自循环周期表如下表。

表 3.9

冷却器名称	循环顺序			
	顺序1	顺序2	顺序3	顺序4
♯1	工作	辅助2	辅助1	备用
♯2	备用	工作	辅助2	辅助1
♯3	辅助1	备用	工作	辅助2
♯4	辅助2	辅助1	备用	工作

(2) ♯1、♯3 主变压器冷却器

①♯1、♯3 主变压器冷却系统有三组冷却器,其冷却器有三种控制方式手动、程控、停止。正常运行时三台冷却器均放"程控",冷却器油泵电动机启

动(停运)时其相应电动进水阀自动打开(关闭)。

②"手动"方式不受 PLC 的控制,直接由各自的控制开关控制冷却器投入(退出)。

③"程控"方式冷却器按"工作""辅助""备用"顺序自动循环投入(退出),3 天为一循环周期;冷却器的投入(退出)是受变压器是否带电控制;变压器带电时投入"工作"冷却器,当变压器停电时经 30 min 退出全部冷却器;变压器 If>0.6 Ie 时投入"辅助"冷却器,当变压器 If<0.6 Ie 时经 5 min 延时退出"辅助"冷却器;变压器顶部油温>45℃时投入"辅助"冷却器,当变压器顶部油温<45℃时经 5 min 延时退出"辅助"冷却器;变压器顶部油温>55℃时投入"备用"冷却器,当变压器顶部油温<45℃时退出"备用"冷却器;"工作""辅助"冷却器故障退出或变压器顶部油温>55℃时投入"备用"冷却器,当"工作""辅助"冷却器故障消除或变压器顶部油温<45℃两条件都满足时退出"备用"冷却器。

④♯1、♯3 主变冷却器自循环周期表如下表。

表 3.10

冷却器名称	循环顺序		
	顺序 1	顺序 2	顺序 3
♯1	工作	辅助	备用
♯2	备用	工作	辅助
♯3	辅助	备用	工作

3.1.5.2 主变压器冷却器特殊运行方式

该运行方式针对当某一冷却器退出运行时,在自循环周期内,其作为"工作"冷却器时,程序无法判断其已退出运行,默认其运行(其实主变无冷却器运行),直到满足条件启动"辅助"或"辅助 1"冷却器时,才有冷却器运行,造成主变室温度及主变绕组、油温温度较高。为避免该情况出现,处理方法如下:当退出运行冷却器在循环周期内为"工作"时,应将其对应的"备用"或"辅助 2"冷却器控制方式切至"手动"。例如:♯4 主变♯4 冷却器退出运行,可将♯1 或♯3 冷却器控制方式轮切至"手动"。

3.1.6 变压器运行操作

3.1.6.1 投运前准备工作

(1) 检修后的变压器,相关工作票全部收回,检修人员将工作内容向运行人员交代清楚,各项试验数据合格,经有关部门组织检验人员验收合格,工作现场清洁干净,检修人员全部撤离现场,拆除检修时所做的措施,恢复常设遮栏。

(2) 测量变压器绕组绝缘电阻值合格。

(3) 主变压器保护均按要求投入。

(4) 对主变压器进行以下检查:

①油枕和冷却器的阀门全开。

②油位温度计指示正常,瓦斯继电器良好,压力释放阀在"关闭"状态,不漏油不渗油。

③主变压器冷却器装置全部正常;油流指示正常。

④变压器分接头位置正确,三相一致。

⑤主变压器外壳接地良好。

⑥主变压器的消防装置完备。

⑦主变压器中性点接地开关分/合正常,信号指示正确。

主变压器大修后或刚投运前冲击试验应进行3~5次,投运前需做空载全电压冲击合闸试验,冲击合闸次数为5次,第一次受电后持续时间不应少于10 min,每次间隔时间为5 min,应无异常现象;对主变冲击合闸试验前还应用发电机对其进行零起升压正常,对主变零起升压和冲击合闸试验时主变中性点必须接地良好。

3.1.6.2 ♯1、♯3主变压器无载分接头切换(♯1、♯3主变压器无载分接头放四档)

(1) 主变压器分接头切换操作按调度命令执行。

(2) 切换前,主变各侧断路器和隔离开关必须全部断开,并做好安全措施。

(3) 切换后由检修测量分接头接触电阻是否合格,并检查分接头位置的正确性。

3.1.6.3 ♯2、♯4主变压器有载分接头切换(♯2、♯4主变压器有载分接头放9C—11档)

(1) ♯2、♯4主变未经带电试验,需停电切换。

(2) 主变压器分接头切换操作按调度命令执行。

(3) 切换前,主变各侧断路器和隔离开关必须全部断开,并做好安全措施。

(4) 切换后由检修测量分接头接触电阻是否合格,并检查分接头位置的正确性。

3.1.6.4 主变压器充电原则

(1) 主变压器充电操作由高压侧进行,不允许从低压侧进行充电(除零起升压试验外)。

(2) 充电前各保护应按正常运行状态投入。

(3) 主变压器检修后或事故原因不明时,应先做零起升压试验,正常后,再进行充电操作。

3.1.6.5 ♯4主变压器由运行转检修

(1) 倒换厂用电。

(2) 检查♯4机组在停机状态。

(3) 断开♯4主变压器高压、中压侧断路器。

(4) 断开♯3厂用变高压侧负荷开关并拉出至检修位置。

(5) 拉开♯4主变压器高压、中压侧断路器隔离开关。

(6) 拉开♯4机组出口隔离开关。

(7) 拉开♯4主变压器高压、中压侧中性点接地开关。

(8) 分别测量♯4主变压器高压、中压、低压侧绝缘值。

(9) 分别合上♯4主变压器高压、中压、低压侧接地开关。

(10) 退出♯4主变压器冷却器系统。

(11) 退出♯4主变压器所有保护。

3.1.6.6 ♯4主变压器由检修转运行

(1) 确认检修工作已完毕,相应的工作票已收回。

(2) 拉开♯4主变压器高压、中压、低压侧接地开关。

(3) 确认♯4主变压器高压、中压侧中性点接地开关在断开位置后,分别测量♯4主变压器高压、中压、低压侧绝缘值。

(4) 恢复♯4主变压器冷却器系统。

(5) 恢复♯4主变压器所有保护。

(6) ♯4主变压器大修后应进行零起升压试验,试验正常后,对♯4主变压器充电。

(7) 合上♯4主变压器中压侧隔离开关及断路器。

(8) 倒换厂用电。

3.1.6.7 单台冷却器退出运行

(1) 将冷却器控制方式切至"停止"位置。

(2) 断开该冷却器工作电源开关。

（3）关闭该冷却器进水阀。

（4）关闭该冷却器排水阀。

（5）关闭该冷却器进油阀。

（6）关闭该冷却器出油阀。

3.1.7 变压器异常运行及事故处理

3.1.7.1 负荷转移处理

主变压器出现下列情况之一，先将负荷转移，再联系调度停电处理：

（1）内部声音异常，但未有爆裂声。

（2）压力释放阀有漏油现象。

（3）油温不正常升高，超过95℃。

（4）油枕油面下降至最低极限。

（5）主变压器漏油。

3.1.7.2 立即停电处理

主变有下列情况之一时如未跳闸应立即停电处理：

（1）当发生危及主变安全的故障，而主变有关保护装置拒动时。

（2）主变严重漏油或喷油，不能及时消除。

（3）压力释放装置动作，向外喷油、喷火。

（4）主变套管严重破损或有严重放电现象。

（5）主变声音明显不正常或内部有放电声、炸裂声。

（6）冷却器运行正常，负荷变化不大，主变油温、线圈温度异常上升不能控制。

（7）主变附近设备着火、爆炸或发生对主变构成严重威胁的情况。

（8）主变冒烟着火。

3.1.7.3 温度不正常升高

主变压器在正常负荷及正常冷却方式情况下，温度不正常的升高，应进行下列处理：

（1）变压器声音有无异常。

（2）有功、无功、电流是否超过额定值。

（3）检查三相负荷是否平衡。

（4）检查监控系统与现场温度表指示是否一致，并利用红外线测温仪器进行比较。

（5）检查主变油位是否在正常范围，是否有渗漏油。

(6) 检查冷却器是否启动运行正常,或对冷却器进行切换。

(7) 检查冷却水是否正常,水压是否满足运行要求,各阀门是否开启到位。

(8) 转移负荷。

(9) 如以上均未检查发现问题,应认为系变压器内部故障,联系调度申请退出主变压器,通知检修人员检查处理。

3.1.7.4 主变压器油面下降处理

(1) 检查主变压器是否有明显的漏油点。

(2) 转移负荷。

(3) 向调度汇报,申请退出主变压器。

(4) 通知检修人员处理。

3.1.7.5 主变压器火灾保护动作后处理(消防喷淋自动未投)

(1) 应立即到现场查看变压器是否着火,但防火门不得随意打开。可由防火门观察窗、门缝或其他缝隙有无浓烟冒出及有无异味或其他现象判断变压器是否着火。

(2) 主变压器着火时,值班员应按以下步骤处理:

①将着火变压器各侧断路器断开。

②拉开主变各侧隔离开关。

③关闭主变室的风机盘管、防火阀等所有通风设备。

④汇报 ON-CALL 值长、厂领导、调度。

⑤手动打开主变消防供水手动阀进行灭火。

⑥按《主变着火事故应急预案》处理。

3.1.7.6 主变压器零序过电流保护动作处理

(1) 检查接地主变压器及相邻线路是否有明显的单相接地短路故障,若有异常,则隔离主变压器并通知检修人员处理。

(2) 检查保护装置是否正常。

(3) 如上述检查未发现异常,用发电机对主变零起升压,查找故障点。

3.1.7.7 轻瓦斯保护动作处理

(1) 对主变压器进行外部检查。

(2) 检查是否因漏油而导致油面下降。

(3) 检查是否二次回路故障或保护误动。

(4) 检查是否进入空气,若气体是无色无味,不可燃,确认是空气时,可排尽空气,主变压器可继续运行。

(5) 若气体是可燃气,应迅速向调度汇报并申请停电处理。

（6）通知检修人员处理。

气体与故障性质关系见下表。

表 3.11

气体颜色	故障性质
黄色不易燃烧	木质故障
淡灰色带强烈臭味可燃	纸或纸板故障
灰色和黑色易燃烧	油故障

3.1.7.8 重瓦斯保护动作处理

（1）检查主变压器跳闸，各侧断路器动作正常。

（2）检查主变压器外部有无异常，如有无喷油、压力释放阀是否喷油、着火现象，若有异常，则隔离主变压器并通知检修人员处理。

（3）检查是否误动。

（4）检查是否由于二次回路故障引起的。

（5）检查瓦斯继电器是否有可燃气体；若有可燃气体，则隔离主变压器并通知检修人员处理。

（6）如检查均未见异常，测量主变压器绝缘电阻良好，对主变零起升压正常后，经厂领导同意，方可并网运行。

（7）在未查明原因，未进行处理前主变压器不允许再投入运行。

3.1.7.9 主变压器差动保护动作处理

（1）主变压器跳闸，检查各侧断路器动作正常。

（2）检查主变压器差动保护范围内的一次设备有无异常和明显故障点。（通常有瓦斯保护同时动作）；若有异常或者有明显故障点，则隔离主变压器，并通知检修人员处理。

（3）检查是否误动，或二次回路故障所引起。

（4）如未发现任何故障，测量变压器绝缘电阻良好，对主变压器零起升压正常后，方可并网运行，经厂领导同意，恢复送电。

3.1.7.10 主变低压侧 PT 断线报警处理

主变低压侧 PT 作用：计量、保护。

主变 PT 端子箱空开用途：QA1（保护回路）、QA2（计量回路）、QA3 端子箱交流电源（端子箱内加热及照明电源）、QA4 直流控制回路电源（电力谐振诊断消除装置和电压监视继电器电源）。

(1) 主变低压侧 PT 断线,将闭锁主变低压侧相关保护(主变低压侧复合电压、主变低压侧复压过流、主变低压侧接地保护、失灵启动保护)动作,应尽快查找故障原因,并及时处理,以防止事故扩大。处理方法:

①PT 二次侧电压,正常情况下每相相电压应为 57.7 V。

②测量公用继电器柜内的主变低压侧 PT 电压,测量主变低压侧端子箱内 PT 二次侧电压,如果电压异常,需查找判断异常原因。一般有两个方面的原因:一是 PT 一次侧故障,二是 PT 二次侧故障。

③如果是一次侧故障,即 PT 熔断器接触不良或熔断;如果是二次侧故障,即空开损坏、接线端子接触不良或二次侧断线。

(2) 更换主变低压侧 PT 熔断器的操作方法:

①机组在停机状态。

②断开故障相 PT 二次侧空开。

③穿绝缘靴、戴绝缘手套和护目镜,拔出 PT 二次插头,并拉出故障相 PT 至"检修"位置,更换合格熔断器(电阻值约为:85～110 Ω)。

④恢复 PT 时,检查更换的熔断器安装正确,牢固可靠,将 PT 推入至"工作"位置,插入 PT 二次插头,合上 PT 二次侧空开,测量 PT 二次侧电压就恢复正常。

3.1.7.11 主变冷却器"冷却水中断"报警动作

1. 现象

上位机有主变冷却器故障信号,现场控制柜"水流中断"信号灯亮。

2. 处理

(1) 检查确认主变冷却器冷却水压力是否低,冷却水流量是否正常,如果压力低,流量显示不正常,则进行如下处理:

①启动、检查辅助或备用冷却器投入运行正常;

②加强变压器温度监视,必要时转移变压器负荷。

③检查冷却器冷却水电动阀阀体实际开度是否为 100%。

④检查冷却器冷却水电动阀控制柜阀门控制器开度显示是否正常。

⑤通知检修人员处理,检查主变冷却水管路是否有堵塞或者其他原因。

(2) 如果主变冷却水压力正常,则进行如下处理:

①检查冷却器冷却水电动阀控制柜对应的示流器电源是否正常。

②将工作冷却器控制方式由"程控"切至"停止"。

③过 1～2 min 之后将工作冷却器"停止"切至"手动",观察冷却器运行是否正常,报警是否消失。

④如果切换一次正常,将工作冷却器由"手动"切至"程控",如果"冷却水中断"报警仍然存在,则汇报值长,由值长通知相关人员处理。

3.1.7.12 主变冷却器"油流中断"报警动作处理

1. 现象

上位机有主变冷却器故障信号,现场控制柜"油流中断"信号灯亮。

2. 处理

(1)检查辅助/备用冷却器投入正常,若无备用冷却器,则应加强变压器温度监视,必要时转移变压器负荷。

(2)现场检查冷却器Ⅰ、Ⅱ段电源监视交流电源开关是否投入正常。

(3)检查相应冷却器油流是否正常,油流示流器电源是否正常。

(4)通知检修人员检查处理。

(5)如果主变全部冷却器油流中断,则汇报值班领导,向调度申请关停对应机组,检查处理。

3.1.7.13 主变冷却器电源故障处理

冷却器电源故障是指冷却器交流动力电源消失。当两段动力电源全部消失,上位机报主变冷却器全停故障;当绕组温度到115℃时,上位机报主变绕组温度报警;当油温85℃,上位机报主变油面温度升高报警。

1. 现象

上位机有主变冷却器电源故障信号,现场控制柜冷却器电源监视灯灭,冷却器停。

2. 处理

(1)向调度申请转移主变压器负荷。

(2)加强变压器温度监视。

(3)现场检查Ⅰ、Ⅱ段交流电源控制开关、所有冷却器电源开关是否投入,检查双电源切换装置是否正常,上一级电源400 V自用电室主变冷却器电源开关是否投入。

(4)尽快设法恢复冷却器电源。

(5)如无法短时恢复,向调度申请关停对应机组,通知检修人员处理。

3. 现象

上位机有主变冷却器Ⅰ(Ⅱ)段电源故障信号,现场控制柜Ⅰ(Ⅱ)段电源监视灯灭。

4. 处理

(1)检查主变冷却器运行正常,并加强主变温度监视。

(2) 检查备用Ⅱ(Ⅰ)段电源自动投入正常。

(3) 现场检查Ⅰ(Ⅱ)段交流电源开关是否投入,检查 400 V 自用电室主变冷却器Ⅰ(Ⅱ)段供电开关是否正常投入。

(4) 设法恢复Ⅰ(Ⅱ)段电源。

(5) 通知检修人员检查处理。

3.1.7.14 主变冷却器电动机故障处理(待核实)

当任意一组冷却器油泵出现电机过载故障后,将切除对应组的冷却器油泵,同时报电机过载故障。

1. 现象

上位机有主变冷却器故障信号,现场控制柜"电动机故障"指示灯亮。

2. 处理

(1) 检查辅助/备用冷却器投入正常,若无备用冷却器,则应加强变压器温度监视,必要时转移变压器负荷。

(2) 现场检查相应油泵工作电源开关是否投入正常。

(3) 检查油泵电机运行是否正常。

(4) 通知检修人员检查处理。

3.1.7.15 主变冷却器渗漏处理

当任意一组冷却器出现渗漏故障后立即报渗漏故障并切除对应冷却器油泵。

1. 现象

上位机有主变冷却器故障信号,现场控制柜"冷却器渗漏"指示灯亮。

2. 处理

(1) 加强变压器温度监视。

(2) 检查辅助/备用冷却器自动投入正常。

(3) 将故障冷却器退出运行,关闭故障冷却器的进、出水阀和油阀(注意关闭顺序)。

(4) 通知检修人员检查处理。

3.1.8 保护的配置

3.1.8.1 ♯1、♯3 主变保护保护报警与动作后果一览表

表 3.12

名称	动作后果	处理措施
差动保护	跳各侧断路器	参照 3.1.7.9

续表

名称	动作后果	处理措施
零序过流保护	第一时限跳 220 kV 分段断路器,第二时限跳各侧断路器	参照 3.1.7.6
间隙零序保护	跳各侧断路器	检查不接地变压器及相邻线路是否有明显的单相接地故障。并做好有关隔离措施,检修人员进一步检查处理。
低压侧复合电压过电流保护	第一时限跳 220 kV 分段断路器,第二时限跳各侧断路器	检查主变及相邻母线和线路之间是否有明显的相间短路故障,并做好隔离措施,检修人员检查处理。
高压侧复合电压过电流保护	跳高压侧断路器	检查主变及相邻母线和线路之间是否有明显的相间短路故障,并做好隔离措施,检修人员检查处理。
断路器非全相保护	跳高压侧断路器	检查断路器失灵保护是否已经启动,若动作则做好隔离,检修人员检修处理。尽快恢复相邻机组。
断路器失灵保护	第一时限解除复压闭锁 第二时限启动失灵	做好隔离,检修人员检修处理。尽快恢复相邻机组
主变轻瓦斯保护	发报警信号	参照 3.1.7.7
主变重瓦斯保护	跳各侧断路器	参照 3.1.7.8
主变绕组温度保护(高/低压侧)(压板取消)	跳各侧断路器	一级报警时,查找温度上升的原因,检查三相是否过负荷,冷却器是否正常;二级跳机时做好安全措施,检修人员检查处理。
主变油温保护(压板取消)	发报警信号	检查主变冷却器,油泵是否正常工作,电动阀是否全开。
主变冷却系统故障(压板取消)	发报警信号,延时跳断路器	检查是否由于冷却器电源中断引起的,处理时动作应迅速,主变冷却器全停时间不允许超过 3.1.7.13、3.1.7.14 条规定。
主变压力释放动作(压板取消)	跳各侧断路器	检查变压器油压释放阀排油情况及排油量;迅速将故障变压器隔离,尽快恢复相邻机组及变压器运行;通知检修人员检修处理。
主变火灾保护(压板取消)	启动消防喷淋	参照 3.1.7.5

3.1.8.2 ♯2、♯4 主变保护保护报警与动作后果一览表

表 3.13

名称	动作后果	处理措施
差动保护	跳各侧断路器	参照 3.1.7.9 条,另外检查厂用电是否倒换成功。

第 3 章 配电系统

续表

名称	动作后果	处理措施
零序方向过电流保护	第一时限跳 220 kV 分段断路器,第二时限跳各侧断路器	检查接地主变及相邻线路是否有明显的单相接地短路故障。若有则做好相关隔离措施,检修人员进一步检查处理。
主变间隙保护	跳各侧断路器	检查不接地变压器及相邻线路是否有明显的单相接地故障。并做好有关隔离措施,检修人员进一步检查处理。
低压侧复合电压过电流保护	跳 220 kV 母线分段断路器 跳各侧断路器	检查主变及相邻母线和线路之间是否有明显的相间短路故障,并做好隔离措施,检修人员检查处理。检查厂用电是否倒换成功。
高、中压侧复合电压方向过电流保护	第一时限跳本侧分段开关 第二时限跳本侧主变开关	检查主变及相邻母线和线路之间是否有明显的相间短路故障,并做好隔离措施,检修人员检查处理。检查厂用电是否倒换成功。
断路器非全相保护	跳高压开关	检查断路器失灵保护是否已经启动,若动作则做好隔离,检修人员检修处理。尽快恢复相邻机组。检查厂用电是否倒换成功。
断路器失灵保护	第一时限解除复压闭锁 第二时限启动失灵	做好隔离,检修人员检修处理。尽快恢复相邻机组。检查厂用电是否倒换成功。
厂变高压侧限时速断保护	跳主变各侧断路器	检查厂用电是否倒换成功。做好隔离,待检修人员检查处理。
厂变高压侧复合电压过流保护	跳主变各侧断路器	检查厂用电是否倒换成功。做好隔离,待检修人员检查处理。
厂变低压侧复合电压过流保护	第一时限跳厂变低压侧开关 第二时限跳主变各侧开关	检查厂用电是否倒换成功。做好隔离,待检修人员检查处理。
主变轻瓦斯保护	报警	参照 3.1.7.7 条
主变重瓦斯保护	跳各侧断路器 跳厂用电	参照 3.1.7.8 条
主变绕组温度保护(高/低压侧)(压板取消)	跳各侧断路器	一级报警时,查找温度上升的原因,检查三相是否过负荷,冷却器是否正常;二级跳机时做好安全措施,检修人员检查处理。
主变油温保护(压板取消)	发报警信号	检查主变冷却器、油泵是否正常工作,电动阀是否全开。
主变冷却系统故障(压板取消)	发报警信号,延时跳断路器	检查是否由于冷却器电源中断引起的,处理时动作应迅速
主变压力释放动作(压板取消)	跳各侧断路器	检查变压器油压释放阀排油情况及排油量;联系调度将变压器停电,迅速将故障变压器隔离,尽快恢复相邻机组及变压器运行;通知检修人员检修处理。
主变火灾保护动作(压板取消)	启动消防喷淋	参照 3.1.7.5

3.2 220 kV/110 kV 系统设备

3.2.1 GIS 基础知识

GIS 系统组成及特点：

GIS 将断路器、隔离开关、接地开关、电压互感器、电流互感器、避雷器、母线、电缆终端、进出线套管等组合成一个整体，并封闭于金属壳内，充压缩的 SF_6 气体作为灭弧和绝缘介质，克服了常规敞开式开关设备的许多限制。GIS 结构示意图如图 3-3、3-4 所示。

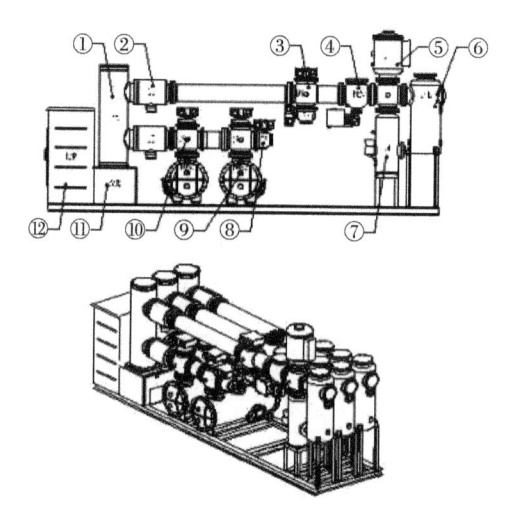

1-断路器　2-电流互感器　3-GL 型隔离形状　4-快速接地开关　5-电压互感器　6-电缆终端
7-避雷器　8-接地开关　9-母线　10-GR 型隔离开关　11-断路器操动机构　12-LCP 柜

图 3-3　GIS 示意图

GIS 具有如下优点：

（1）缩小了配电设备的尺寸，大大地减小了开关设备的占地面积和空间，电压等级愈高，效果愈显著。特别适合于变电站征地特别困难的场所。

（2）既可以户外布置也可以户内布置，特别是利用进出线穿墙套管或电缆筒可方便实现户内布置，因此适用于城市变电站、地下变电站、水电站升压站（坝内或洞内）。

（3）GIS 由于带电部分封闭在金属筒外壳内，完全不受大气条件的影响。

（4）运行可靠性高，水封气体为不燃的惰性气体，不致发生火灾，一般不

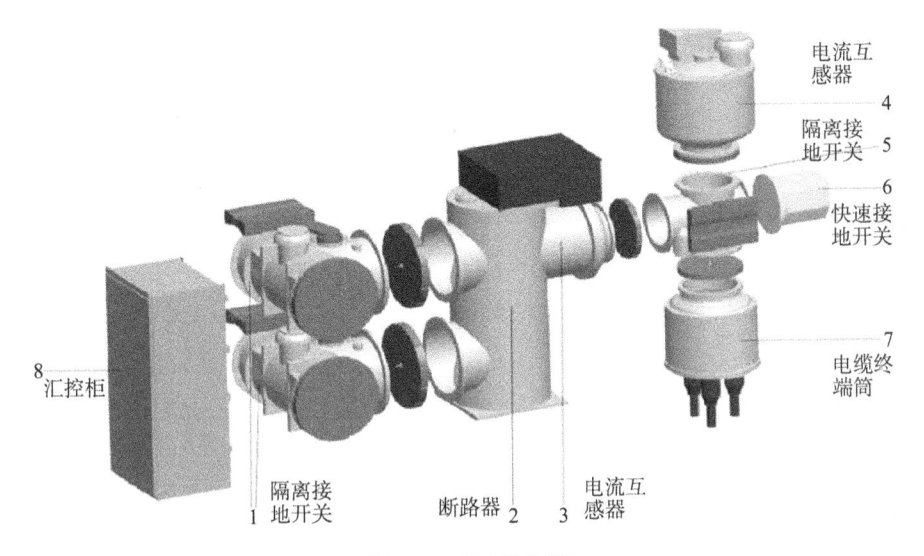

图 3-4 GIS 结构图

会发生爆炸事故。

（5）维护工作量小，检修周期长，安装工期短。检修周期一般为 10~20 年，先进产品可保证 25 年不检修。除对安装时的气候环境要求比较高外，安装工期只有常规敞开式变电站的一半或者三分之一，安装工种减少，安装工作量也大大减少。

（6）由于封闭金属筒外壳的屏蔽作用，消除了无线电干扰、静电感应和噪声，适用于敏感区域。

（7）抗震性能好，所以也适宜在地震频发地区使用。

3.2.2 系统组成

（1）220 kV 系统采用单母线分段接线方式，共有 3 回出线，其中 Ⅰ 段母线有一回出线至百色沙坡变电站（右沙 Ⅱ 线），Ⅱ 段母线有两回出线，其中一回出线至百色沙坡变电站（右沙 Ⅰ 线），一回出线至百色 500 kV 变电站（右松线），主接线图见附件 C1.1。

（2）110 kV 系统采用单母线分段接线方式，未投运。

（3）220 kV/110 kV 设备采用 SF_6 气体绝缘金属封闭开关设备（GIS）。它由断路器、隔离开关、接地开关、电流/电压互感器、避雷器等组成，布置在地下厂房主变洞中▽139.45 m；220 kV 阻波器、线路侧避雷器、电容式电压互感器和耦合电容器等设备布置于主坝▽214.00 m 出线平台。

（4）SF_6 在线监测系统。

3.2.3 设备规范

3.2.3.1 220 kV 断路器规范

表 3.14

型号		LWG5-252	
设备编号		2051、2012、2052、2053、2001、2002、2003、2004	
额定电压	252 kV	额定频率	50 Hz
额定电流	2 000 A	额定短路开断电流	40 kA
额定雷击冲电电压	950 kV	SF6 正常压力(20℃)	0.6 MPa
额定合闸电压	220 V DC	额定分闸电压	220 V DC
辅助回路额定电压	220 V AC	额定电机电压	220 V DC
额定操作顺序		O-0.3 S-CO-180 S-CO	
操作机构			
型式	电动弹簧机构及现地手动	额定操作电压	220 V DC

3.2.3.2 220 kV 隔离开关规范

表 3.15

型号		GWG5-252	
设备编号		20511、20516、20121、20122、20522、20526、20532、20536、20011、20016、219、20021、20026、229、20032、20036、20042、20046	
额定电压	252 kV	额定电流	2 000 A
额定雷击冲击耐受电压	1 050 kV	额定短时耐受电流	40 kA
操作机构			
型式	电动及手动操作	额定操作电压	220 V AC

3.2.3.3 220 kV 接地开关规范

表 3.16

型号		JWG2-252(Ⅰ)	
设备编号		205117、205167、200117、200167、2001617、20027、200267、2002617、201217、201227、200327、200367、2003617、200427、200467、2004617、205227、205267、205327、205367	
额定电压	252 kV	额定短时耐受电流	40 kA

续表

额定雷击冲击耐受电压	1 050 kV		
操作机构			
型式	电动弹簧机构及现地手动	额定操作电压	220 V AC
加热器额定电压	220 V AC	额定控制电压	220 V DC

3.2.3.4　220 kV 快速接地开关规范

表 3.17

型号	JWG2－252(Ⅱ)		
设备编号	2051617、2052617、2053617		
额定电压	252 kV	额定短时耐受电流	40 kA
额定雷击冲击耐受电压	1 050 kV		
操作机构			
型式	电动弹簧机构及现地手动	额定操作电压	220 V AC
加热器额定电压	220 V AC	额定控制电压	220 V DC

3.2.3.5　220 kV 金属氧化物避雷器(单相)

表 3.18

型号	Y10WF－216/562	
设备编号	216F、226F、236F、219F、229F、210F、220F、230F、240F	
额定电压	216 kV	持续运行电压	168.5 kV
直流 1 mA 参考电压(≥)	314 kV	标称放电电流(8/20 μs)	10 kA
标称放电电流下残压(≤)	562 kV	额定气压	0.4 MPa(20 ℃)

表 3.18（规范化）

型号	Y10WF－216/562	
设备编号	216F、226F、236F、219F、229F、210F、220F、230F、240F	
额定电压	216 kV	持续运行电压 168.5 kV
直流 1 mA 参考电压(≥)	314 kV	标称放电电流(8/20 μs) 10 kA
标称放电电流下残压(≤)	562 kV	额定气压 0.4 MPa(20 ℃)

3.2.3.6　220 kV 电压互感器规范

表 3.19

型号	JDQX8－220ZHA1(X)	标准代号	GB 1207	
额定绝缘水平	252/460/1 050 kV	相数	单相	户外装置
额定一次电压	220 000/$\sqrt{3}$ V	额定频率	50 Hz	
额定电压因数	1.2　　1.5	SF$_6$ 额定值(20 ℃)	0.50 MPa	
相应额定时间	连续 30 s	最小运行压力	0.45 MPa	

续表

编号	PT二次绕组电压	精度	容量
VT11(219TV)、VT81(229TV)	$0.1/\sqrt{3}$ kV	0.2	10 VA
	$0.1/\sqrt{3}$ kV	0.5	150 VA
	0.1 kV	3P	300 VA

3.2.3.7　220 kV电流互感器规范

表3.20

编号	用途	CT变比	精度	容量	间隔号
CT1	线路保护1（故障录波）	600-800-1 000-1 200/1 A	5P20	600/1档15 VA，800/1档20 VA，其余30 VA	4,7线路间隔
CT2	线路保护2（联锁切机）	600-800-1 000-1 200/1 A	5P20		
CT3	联锁切机	600-800-1 000-1 200/1 A	5P20		
CT4	测量	600-800-1 000-1 200/1 A	0.5		
CT5	母差保护2	600-800-1 000-1 200/1 A	5P20		
CT6	母差保护1（失灵保护）	600-800-1 000-1 200/1 A	5P20		
CT7	计量2	600-800-1000-1200/1 A	0.2 S	5 VA	
CT8	计量1	600-800-1000-1200/1 A	0.2 S	5 VA	

表3.21

编号	用途	CT变比	精度	容量	间隔号
CT1	线路保护1（故障录波）	600-750-1 000/1 A	5P20	600/1档15 VA，750/1档20 VA，其余30 VA	9线路间隔
CT2	线路保护2（联锁切机）	600-750-1 000/1 A	5P20		
CT3	联锁切机	600-750-1 000/1 A	5P20		
CT4	测量	600-750-1 000/1 A	0.5		
CT5	母差保护2	600-750-1 000/1 A	5P20		
CT6	母差保护1（失灵保护）	600-750-1 000/1 A	5P20		
CT7	计量2	600-750-1 000/1 A	0.2 S	5 VA	
CT8	计量1	600-750-1 000/1 A	0.2 S	5 VA	

表 3.22

编号	用途	CT 变比	精度	容量	间隔号
CT1	变压器纵差保护 1(录波)	400-600-800-1 000/1 A	5P20	400/1 档 15 VA,600/1 档 20 VA,其余 30 VA	2,3,6,10 主变间隔
CT2	变压器纵差保护 2(录波)	400-600-800-1 000/1 A	5P20		
CT3	计量	400-600-800-1 000/1 A	0.2		
CT4	母差保护 1(失灵保护)	400-600-800-1 000/1 A	5P20		
CT5	母差保护 2	400-600-800-1 000/1 A	5P20		
CT6	测量	400-600-800-1 000/1 A	0.5		

表 3.23

编号	用途	CT 变比	精度	容量	间隔号
CT1	分段保护(故障录波)	800-1 000-1 200-1 400/1 A	5P20	30 VA	5 分段间隔
CT2	测量	800-1 000-1 200-1 400/1 A	0.5	30 VA	
CT3	母差保护 1(失灵保护)	800-1 000-1 200-1 400/1 A	5P20	30 VA	
CT4	母差保护 2	800-1 000-1 200-1 400/1 A	5P20	30 VA	

3.2.3.8　220 kV 气隔定额(20℃)

表 3.24

断路器气隔 SF_6 压力			
额定值	0.6 MPa	报警值	0.55 MPa
闭锁(最小工作压力)	0.5 MPa		
电压互感器气隔			
额定值	0.5 MPa	报警值	0.45 MPa
其他 SF_6 气隔压力			
额定值	0.4 MPa	报警值	0.35 MPa

3.2.3.9　110 kV 断路器规范

表 3.25

安装地点及编号		105、106、100、107、102、104、108	
型号	LWG2-126	额定频率	50 Hz
额定电压	126 kV	额定电流	2 000 A
额定雷电冲击耐受电压	550 kV	额定短路开断电流	31.5 kA
额定分闸电压	220 V DC	额定合闸电压	220 V DC
控制回路额定电源电压	220 V DC	SF6 正常压力(20℃)	0.5 MPa
额定操作顺序		O-0.3 S-CO-180 S-CO	
操作机构			
型式	电动弹簧机构及现地手动	额定操作电压	220 V DC

3.2.3.10　110 kV 隔离开关规范

表 3.26

安装地点及编号		1051、1053、1061、1063、1001、1002、1072、1073、0151、1021、1024、1042、1044、1082、1084、0152	
型号	GWG1-126/T	额定电压	126 kV
额定电流	2 000 A	额定频率	50 Hz
额定雷电冲击耐受电压	550 kV	额定短路开断电流	31.5 kA
额定控制电压	220 DC	电机额定电压	220 DC
加热器额定电压	220 DC		
操作机构			
型式	电动弹簧机构及现地手动	额定操作电压	220 V AC

3.2.3.11　110 kV 快速接地开关规范

表 3.27

安装地点及编号		10538、10638、10738	
型　号		JWG1-126I/T	
额定电压	126 kV	额定关合电流	80 kA
额定短路耐受电流	31.5 kA	额定雷电冲击耐受电压	550 kV
操作机构			

续表

型号	CJG1	额定控制电压	220 V DC
型式	电动及手动操作	电机额定电压	220 V AC
		加热器额定电压	220 V AC

3.2.3.12　110 kV 接地开关规范

表 3.28

安装地点及编号	10517、10537、10617、10637、10017、10027、10727、10737、10018、01517、10217、10247、10248、10427、10447、10448、10827、10847、10848、10028、01527		
型号	JWG1-126Ⅱ/J		
额定电压	126 kV	额定关合电流	80 kA
额定短路耐受电流	31.5 kA	额定雷电冲击耐受电压	550 kV
操作机构			
型号	CJG1	额定控制电压	220 V DC
型式	电动及手动操作	电机额定电压	220 V AC
		加热器额定电压	220 V AC

3.2.3.13　110 kV 电压互感器规范

表 3.29

型号	JSQX8-110ZHA1(X)		标准代号	GB1207	
额定绝缘水平	126/230/550 kV		相数	单相	户外装置
额定一次电压	110 000/$\sqrt{3}$ V		额定频率	50 Hz	
额定电压因数	1.2	1.5	SF_6 额定值(20℃)	0.40 MPa	
相应额定时间	连续 30 s		最小运行压力	0.35 MPa	
编号	PT 二次绕组电压		精度	容量	
VT21(0151TV)、VT81(0152TV)	0.1/$\sqrt{3}$ kV		0.2	10 VA	
	0.1/$\sqrt{3}$ kV		0.5	120 VA	
	0.1 kV		3P	300 VA	

3.2.3.14　110 kV 电流互感器规范

表 3.30

编号	用途	CT 变比	精度	容量	间隔号
CT*1	线路保护（故障录波）	150－250－350/1 A	5P20	150/1 A 档 10 VA，250/1 A 档 15 VA，其余 20 VA	1,3,7 线路间隔
CT*2	测量	150－250－350/1 A	0.5		
CT*3	母差保护	150－250－350/1 A	5P20		
CT*4	备用	150－250－350/1 A	5P20		
CT*5	计量 2	150－250－350/1 A	0.2 S	5 VA	
CT*6	计量 1	150－250－350/1 A	0.2 S	5 VA	

表 3.31

编号	用途	CT 变比	精度	容量	间隔号
CT*1	厂用变差动保护（故障录波）	150－200－300/1 A	5P20	150/1 A 档 10 VA，200/1 A 档 15 VA，其余 20 VA	6 高压厂变间隔
CT*2	后备保护（故障录波）	150－200－300/1 A	5P20		
CT*3	计量	150－200－300/1 A	0.2		
CT*4	母线差动保护	150－200－300/1 A	5P20		
CT*5	冷却器启动	150－200－300/1 A	5P20		
CT*6	测量	150－200－300/1 A	0.5		

表 3.32

编号	用途	CT 变比	精度	容量	间隔号
CT*1	变压器纵差保护 1（故障录波）	800－1 000－14 000/1 A	5P20	30 VA	4,9 主变间隔
CT*2	变压器纵差保护 2（故障录波）	800－1 000－14 000/1 A	5P20	30 VA	
CT*3	计量	800－1 000－14 000/1 A	0.2	30 VA	
CT*4	母差保护	800－1 000－14 000/1 A	5P20	30 VA	
CT*5	备用	800－1 000－14 000/1 A	5P20	30 VA	
CT*6	测量	800－1 000－14 000/1 A	0.5	30 VA	

表 3.33

编号	用途	CT 变比	精度	容量	间隔号
CT*1	分段保护（故障录波）	600-800-1 000/1 A	5P20	30 VA	5 分段间隔
CT*2	母差保护	600-800-1 000/1 A	5P20	30 VA	
CT*3	测量	600-800-1 000/1 A	0.5	30 VA	
CT*4	备用	600-800-1 000/1 A	0.5	30 VA	

3.2.3.15　110 kV 气隔定额(20℃)

表 3.34

断路器气隔 SF_6 压力			
额定值	0.5 MPa	报警值	0.45 MPa
闭锁(最小工作压力)	0.4 MPa		
电压互感器气隔			
额定值	0.4 MPa	报警值	0.35 MPa
其他 SF_6 气隔压力			
额定值	0.4 MPa	报警值	0.3 MPa

3.2.3.16　避雷器规范

表 3.35

电压等级	126 kV	252 kV
型号	Y10WF-108/268	Y10WF-216/562
型式	SF_6 气体绝缘,无间隙金属氧化锌	SF_6 气体绝缘,无间隙金属氧化锌
额定频率	50 Hz	50 Hz
系统额定电压	110 kV	220 kV
避雷器额定电压	108 kV	216 kV
持续运行电压	84 kV	168.5 kV
标称放电电流	10 kA	10 kA
绝缘耐压水平	1/10 μs10 kA 陡波冲击电流残压(峰值)≤315 kV 8/20 μs10 kA 雷电冲击电流残压(峰值)≤281 kV 30/60 μs500 A 操作冲击电流残压(峰值)≤239 kV	1/10 μs10 kA 陡波冲击电流残压(峰值)≤628 kV 8/20 μs10 kA 雷电冲击电流残压(峰值)≤562 kV 30/60 μs500 A 操作冲击电流残压(峰值)≤478 kV

续表

直流 1 mA 参考电压	157 kV	314 kV
标称放电电流下残压(Peak≤)	268 kV	562 kV
额定气压 (4 kgf/cm^2)(20℃)	0.4 MPa	0.4 MPa

3.2.3.17 阻波器规范

表 3.36

电压等级	220 kV
电感	0.5 mH
额定电流	800 A
额定动稳定电流(峰值)	51 kA

3.2.3.18 高压电缆规范

表 3.37

额定电压	64/110 kV	127/220 kV
最高运行电压	126 kV	252 kV
额定电流	185 A	772 A
最大持续电流	700 A	1 045 A
最高运行温度	90℃	90℃
绝缘材料	XLPE(交联聚乙烯)	XLPE(交联聚乙烯)

3.2.4 运行方式

3.2.4.1 220 kV 系统运行方式

1. 正常运行方式

(1) 母联断路器的运行方式由中调确定。

(2) 右沙Ⅱ线由 220 kV Ⅰ段母线送电,右沙Ⅰ线、右松线均由 220 kV Ⅱ段母线送电。

(3) ♯1、♯2 主变压器给 220 kV Ⅰ段母线供电,♯3、♯4 主变压器给 220 kV Ⅱ段母线供电。

(4) 220 kV 所有断路器、隔离开关均有"现地"和"远方"两种控制方式,正常运行所有断路器、隔离开关控制方式均投"远方";因右沙Ⅰ线和右沙Ⅱ线断路器控制方式放"就地"时其控制回路存在寄生回路,故右沙线线路正常运行时,应保持CB控制方式在"远方",严禁将控制方式切至"就地",线路正常运行时,如工作需要将控制方式切至"就地",须征得厂领导同意后方可执行。

(5) 220 kV 所有接地开关只能"现地"操作。

(6) 电气操作闭锁系统应正常投入。

(7) 220 kV 线路的重合闸方式须根据中调令执行。

220 kV 系统电气闭锁逻辑图见附件C1.2,220 kV 系统电气闭锁条件如下表。

表 3.38

间隔	设备	操作	联锁条件(以下所列设备的状态均为"分闸"状态)
H1 Ⅰ段PT	219	分合闸	(2117)&(2197)
	2117	分合闸	(219)&(20511)&(20011)&(20021)&(20121)
	2197	分合闸	(219)
H2 #1主变 进线	20011	合闸分闸	(200117)&(200167)&(2117)&(2001 A)&(2001B)&(2001C)
	20016	合闸分闸	(200117)&(200167)&(2001617)&(81117) &(2001 A)&(2001B)&(2001C)
	200117	分合闸	(20011)&(20016)
	200167	分合闸	(20011)&(20016)
	2001617	分合闸	(20016)&(8111)
H3 #2主变 进线	20021	合闸分闸	(200217)&(200267)&(2117)&(2002 A)&(2002B)&(2002C)
	20026	合闸分闸	(200217)&(200267)&(2002617)&(10248) &(81217)&(2002 A)&(2002B)&(2002C)
	200217	分合闸	(20021)&(20026)
	200267	分合闸	(20021)&(20026)
	2002617	分合闸	(20026)&(1024)&(8121)
H4 右沙 Ⅱ线	20516	合闸分闸	(2051617)&(205167)&(205117)&(2051 A)&(2051B)&(2051C)
	20511	合闸分闸	(205117)&(205167)&(2117)&(2051 A)&(2051B)&(2051C)
	2051617	分合闸	(20516)&(线路无压)
	205167	分合闸	(20516)&(20511)
	205117	分合闸	(20516)&(20511)
H5 分段断 路器	20121	合闸分闸	(201217)&(201227)&(2117)&(2012 A)&(2012B)&(2012C)
	20122	合闸分闸	(201217)&(201227)&(2217)&(2012 A)&(2012B)&(2012C)
	201217	分合闸	(20121)&(20122)
	201227	分合闸	(20121)&(20122)

续表

间隔	设备	操作	联锁条件(以下所列设备的状态均为"分闸"状态)
H6 #3主变 进线	20032	合闸分闸	(200327)&(200367)&(2217)&(2003A)&(2003B)&(2003C)
	20036	合闸分闸	(200327)&(200367)&(2003617)&(81317) &(2003A)&(2003B)&(2003C)
	200327	分合闸	(20032)&(20036)
	200367	分合闸	(20032)&(20036)
	2003617	分合闸	(20036)&(8131)
H7 右沙 Ⅰ线	20526	合闸分闸	(2052617)&(205267)&(205227)&(2052A)&(2052B)&(2052C)
	20522	合闸分闸	(205227)&(205267)&(2217)&(2052A)&(2052B)&(2052C)
	2052617	分合闸	(20526)&(线路无压)
	205267	分合闸	(20526)&(20522)
	205227	分合闸	(20526)&(20522)
H8 Ⅱ段PT	229	分合闸	(2217)&(2297)
	2217	分合闸	(229)&(20522)&(20532)&(20032)&(20042)&(20122)
	2297	分合闸	(229)
H9 右松线	20536	合闸分闸	(2053617)&(205367)&(205327)&(2053A)&(2053B)&(2053C)
	20532	合闸分闸	(205327)&(205367)&(2217)&(2053A)&(2053B)&(2053C)
	2053617	分合闸	(20536)&(线路无压)
	205367	分合闸	(20536)&(20532)
	205327	分合闸	(20536)&(20532)
H10 #4主变 进线	20042	合闸分闸	(200427)&(200467)&(2217)&(2004A)&(2004B)&(2004C)
	20046	合闸分闸	(200427)&(200467)&(2004617)&(10448) &(81417)&(2004A)&(2004B)&(2004C)
	200427	分合闸	(20042)&(20046)
	200467	分合闸	(20042)&(20046)
	2004617	分合闸	(20046)&(1044)&(8141)

2. 非正常运行方式

(1) 当220 kV Ⅰ段或Ⅱ段母线中任一段母线退出运行时,另一条可单独运行,但要考虑厂用电的供电情况。

(2) 当右沙Ⅱ线退出运行时,#1、#2机负荷可通过母联断路器合闸向系统送电。

(3) 当三回输电线路只有一回运行时,需考虑线路的极限输送容量(导线 J-240×2,35℃时,极限输送容量为414.0 MVA)。

3.2.4.2　110 kV系统运行方式(110 kV暂未投入运行)

1. 正常运行方式

(1) 单母线分段运行,母联断路器在断开位置,母联断路器两侧隔离开关在断开位置。

(2) ♯2、♯4主变压器分别给110 kV Ⅰ段母线和Ⅱ段母线供电。

(3) 110 kVGIS所有断路器均有"现地"和"远方"两种控制方式,正常运行所有断路器、隔离开关控制方式均投"远方"。

(4) 110 kVGIS室所有接地开关只能"现地"操作。

(5) 电气操作闭锁系统应正常投入。

(6) 110 kV线路的重合闸方式须根据中调令执行。

110 kV系统电气闭锁逻辑图见附件C1.2,110 kV系统电气闭锁条件如下表。

表 3.39

间隔	设备	操作	联锁条件(以下所列设备的状态均为"分闸"状态)
M1 备用Ⅰ回	1053	分合闸	(10538)&(10537)&(10517)&(105)
	1051	分合闸	(10517)&(10537)&(10018)&(105)
	10538	分合闸	(1053)&(线路无压)
	10537	分合闸	(1053)&(1051)
	10517	分合闸	(1053)&(1051)
M2 ♯2主变 进线	1021	分合闸	(10217)&(10247)&(10018)&(102)
	1024	分合闸	(10217)&(10247)&(10248)&(2002617)&(81217)&(102)
	10217	分合闸	(1021)&(1024)
	10247	分合闸	(1021)&(1024)
	10248	分合闸	(1024)&(20026)&(8121)
M3 备用 Ⅱ回	1063	分合闸	(10638)&(10637)&(10617)&(106)
	1061	分合闸	(10617)&(10637)&(10018)&(106)
	10638	分合闸	(1063)&(线路无压)
	10637	分合闸	(1063)&(1061)
	10617	分合闸	(1063)&(1061)
M4 Ⅰ段PT	10018	分合闸	(0151)&(1051)&(1061)&(1021)&(1001)
	01517	分合闸	(0151)

续表

间隔	设备	操作	联锁条件(以下所列设备的状态均为"分闸"状态)
M5 分段断路器	1001	分合闸	(10017)&(10027)&(10018)&(100)
	1002	分合闸	(10017)&(10027)&(10028)&(100)
	10017	分合闸	(1001)&(1002)
	10027	分合闸	(1001)&(1002)
M6 #2厂 高变	1082	分合闸	(10827)&(10847)&(10028)&(108)
	1084	分合闸	(10847)&(10848)&(10827)&(108)
	10827	分合闸	(1082)&(1084)
	10847	分合闸	(1082)&(1084)
	10848	分合闸	(1082)&(#2厂高变无压)
M7 备用 Ⅲ回	1073	分合闸	(10738)&(10737)&(10727)&(107)
	1072	分合闸	(10727)&(10737)&(10028)&(107)
	10738	分合闸	(1073)&(线路无压)
	10737	分合闸	(1073)&(1072)
	10727	分合闸	(1073)&(1072)
M8 Ⅱ段PT	0152	分合闸	(10028)&(01527)
	10028	分合闸	(0152)&(1072)&(1082)&(1042)&(1002)
	01527	分合闸	(0152)
M9 #4主变 进线	1042	分合闸	(10427)&(10447)&(10028)&(104)
	1044	分合闸	(10427)&(10447)&(10448)&(2004617)&(81417)&(104)
	10427	分合闸	(1042)&(1044)
	10447	分合闸	(1042)&(1044)
	10448	分合闸	(1044)&(20046)&(8141)

2．非正常运行方式

(1) 当110 kV Ⅰ段母线退出运行时，110 kV Ⅱ段母线可单独运行。

(2) 当110 kV Ⅱ段母线退出运行时，全厂失去后备电源(备注：目前，厂用电10 kV Ⅱ段电源引自施工变911线路，作为厂用电的备用电源)。

3.2.4.3 SF_6 在线监测系统简介

SF_6 在线监测系统采用河南日立信公司的NA1000MRSF_6气体泄漏监测系统，装置分以下六部分：NA-1 000MR 监控主机、NA-1 000FD 传感单元(SF_6/O_2)、温湿度传感单元、人体红外开关、声光报警器。

GIS室220 kV系统安装11个传感器(包含1个显示SF_6、O_2含量及温湿度传感器)，110 kV系统安装9个传感器(包含1个温湿度传感器)，GIS管道层安装 7 个传感器(包含 1 个温湿度传感器),共计 27 个传感器进行监测,各传感器按照主机显示对应编号并贴上标签,GIS 管道层为 1~7(7 号为温湿度传感器)、220 kV 系统为 8~18(10 号为温湿度传感器)、110 kV 系统为 19~27(22 号为 SF_6、O_2 含量及温湿度传感器)。

该系统具备以下功能:

(1) SF_6 气体泄漏在线监测装置满足 SF_6 气体浓度、含氧量、温度、湿度监测功能,并能在主机显示上述四项值。

(2) 满足声光报警功能,当 SF_6 气体及含氧量超限时,在 GIS 层和 GIS 管道层各进门入口处均能听到报警声。

(3) SF_6 气体浓度、含氧量超限时,能通过电厂升压站 LCU 装置,上送开关量信号至计算机监控系统,实现上位机监视。

(4) 主机能显示各传感器的通信状况,如发生通信故障,能在主机界面显示故障传感器编号。

(5) 具备人体红外感应、语音提示、LED 文字显示功能:当进入 GIS 室,红外感应器动作,主机会发出提示语音;LED 显示室内情况。

(6) 主机具备数据显示、数据保留、历史查询、自检、自愈等功能。

3.2.5 运行操作

若执行远方倒闸操作,必须有专人现地检查,确认无误后,才能执行下一步操作。

当 220 kV/110 kV 设备间隔控制柜上"远方/就地"控制旋钮切换后,需认真检查旋钮触点是否接触正常,同时必须有专人监护的情况下,用万用表测量控制回路是否正常。

在现地操作隔离开关或接地开关时,必须取得监护权的人员作为监护人,严格执行操作票制度。

220 kV/110 kV 设备隔离开关和接地开关的机械闭锁装置正常运行时,应处于"解锁"位置(即可电动操作和手动摇杆操作);若需将机械闭锁装置置于"闭锁"位置(即不能电动和手动摇杆操作),须经厂部领导同意后,方可操作。

无论是在远方还是在现地操作中,若发生操作令发出后设备不执行的情况,严禁强行操作,只有在找出原因并得到检修专业人员确认后方可继续操作。

3.2.5.1 接地开关操作

(1) 220 kV/110 kVGIS 设备中所有接地开关的合上和断开,必须按照中调值班员的命令执行。

（2）分、合接地开关后，必须现地检查接地开关的实际位置是否正确、可靠。

（3）分、合接地开关后，必须在《临时接地线（接地开关）悬挂/拆除登记本》上记录接地开关编号、操作人、监护人等相关内容。

（4）合上接地开关后必须在中控室模拟屏上确认地刀的状态指示灯指示正确（绿灯→红灯）；反之，接地开关断开后，也必须在中控室模拟屏上确认地刀的状态指示灯指示正确（红灯→绿灯）。

3.2.5.2　隔离开关操作

（1）严禁用隔离开关断开或合上带负荷的线路或设备。

（2）允许用隔离开关断开或合上电压互感器和避雷器。

3.2.5.3　右沙Ⅰ线由运行转检修（右沙Ⅰ线线路检修）

（1）应调度令断开右沙Ⅰ线出线断路器及隔离开关。

（2）投入右江电厂安稳装置A柜和B柜右沙Ⅰ线检修LP11压板。

（3）向调度确认右沙Ⅰ线对侧断路器及隔离开关已断开。

（4）应调度令合上右沙Ⅰ线快速接地开关及右沙Ⅰ线出线断路器两侧接地开关。

（5）退出右沙Ⅰ线相应保护。

3.2.5.4　右沙Ⅰ线由检修转运行（右沙Ⅰ线线路检修完毕）

（1）确认右沙Ⅰ线检修工作已完毕。

（2）应调度令，检查右沙Ⅰ线快速接地开关及右沙Ⅰ线出线断路器两侧接地开关在断开位置。

（3）恢复右沙Ⅰ线保护，用系统对右沙Ⅰ线充电。

（4）退出右江电厂安稳装置A柜和B柜右沙Ⅰ线检修LP11压板。

（5）应调度令，合上右沙Ⅰ线隔离开关及断路器。

3.2.5.5　220 kVⅠ段母线由运行转检修（220 kVⅠ段母线检修）

（1）倒换厂用电。

（2）确认＃1、＃2机组在停机状态。

（3）应调度令将＃1、＃2主变压器由"运行"转"冷备用"。

（4）应调度令将右沙Ⅱ线出线断路器2051QF由"运行"转"冷备用"。

（5）应调度令断开220 kVⅠ、Ⅱ段母线联络断路器2012QF及其两侧隔离开关20121QS，20122QS。

（6）退出220 kVⅠ段母线保护。

(7) 拉开 220 kV Ⅰ 段母线 TV 隔离开关 219QF 后合上 220 kV Ⅰ 段母线接地开关。

3.2.5.6　220 kV Ⅰ 段母线由检修转运行（220 kV Ⅰ 段母线检修完毕）

(1) 确认 220 kV Ⅰ 段母线检修工作已完成。

(2) 断开 220 kV Ⅰ 段母线接地开关并投入 220 kV Ⅰ 段母线 TV。

(3) 投入 220 kV Ⅰ 段母线保护。

(4) 根据需要可对 220 kV Ⅰ 段母线零起升压。

(5) 应调度令对右沙Ⅱ线充电。

(6) 应调度令对 220 kV Ⅰ 段母线充电。

(7) 应调度令对#1、#2 主变压器充电。

(8) 倒换厂用电。

3.2.5.7　停用 220 kV 右松线线路保护重合闸装置

(1) 将 220KV 右松线线路主一保护柜重合闸装置切"停用"并将主一保护柜保护压板"重合闸"ILP4 退出。

(2) 将 220 kV 右松线线路主二保护柜重合闸装置切"停用"并将主二保护柜保护压板"重合闸"ILP4 退出。

3.2.5.8　投入 220 kV 右松线线路保护重合闸装置

(1) 投入 220 kV 右松线线路主一保护柜保护压板"重合闸"ILP4，并将主一保护柜"重合闸"旋钮切至"单重"位置。

(2) 投入 220 kV 右松线线路主二保护柜保护压板"重合闸"ILP4，并将主二保护柜"重合闸"旋钮切至"单重"位置。

3.2.5.9　110 kV Ⅰ 段母线由运行转检修（110 kV Ⅰ 段母线检修）

(1) 应调度令断开 110 kV Ⅰ、Ⅱ 段母线联络断路器及隔离开关。

(2) 应调度令断开#2 主变压器中压侧断路器及隔离开关。

(3) 退出 110 kV Ⅰ 段母线保护。

(4) 拉开 110 kV Ⅰ 段母线 TV 隔离开关并合上 110 kV Ⅰ 段母线接地开关。

3.2.5.10　110 kV Ⅰ 段母线由检修转运行（110 kV Ⅰ 段母线检修完毕）

(1) 确认 110 kV Ⅰ 段母线检修工作已完成。

(2) 断开 110 kV Ⅰ 段母线接地开关并投入 110 kV Ⅰ 段母线 TV。

(3) 投入 110 kV Ⅰ 段母线保护。

(4) 根据需要可对 110 kV Ⅰ 段母线零起升压。

(5) 应调度令对 110 kV Ⅰ 段母线充电。

(6) 应调度令合上#2 主变压器中压侧隔离开关及断路器。

3.2.6 异常运行及事故处理

3.2.6.1 220 kV/110 kV SF_6 气室出现压力降低报警

220 kV/110 kV SF_6 断路器气室出现压力降低报警,应通知 ON-CALL 人员佩戴好氧气呼吸器,进入现场检查确认该气室 SF_6 压力值是否真正下降至压力低报警值,如确认压力确实已降低,但无明显下降的趋势,则通知检修人员对该气室补充 SF_6 气体至正常压力;如 220 kV/110 kV SF_6 断路器气室出现压力降低闭锁分闸时或现场查看气室有明显的泄漏点,且压力值继续下降时,应在 3 min 内将有关信息汇报中调值班员,按中调值班员要求做好相关隔离措施。

我厂隔离开关不具备拉开空载母线、线路的条件,隔离时应将故障断路器各侧停电后,再无压拉开故障断路器各侧隔离开关将其隔离。

断路器闭锁分闸故障是系统安全稳定运行的重大隐患,隔离处置过程中可不填写操作票,隔离后的维修工作按现场工作要求履行相关许可手续。

其他绝缘气体 SF_6 气室出现压力降低报警,应佩戴好氧气呼吸器,进入现场检查确认该气室 SF_6 压力值是否真正下降至压力低报警值,如确认压力确实已降低,但无明显下降的趋势,则通知检修人员对该气室补充 SF_6 气体至正常压力。如检测到气室有明显的泄漏点,且压力值继续下降时,应通知 ON-CALL 值长、值班领导,并征得调度同意后,把压力降低的气室退出运行,并通知检修检查处理。

3.2.6.2 220 kV/110 kV 断路器操作时拒动

(1) 检查操作电源是否正常。

(2) 检查控制回路及有关继电器是否断线。

(3) 检查 SF_6 气体压力是否过低。

(4) 检查操作机构有无异常。

(5) 若 220 kV/110 kV 断路器操作时出现分闸失败或出现影响 220 kV/110 kV 断路器分闸动作的报警信息时,运行值班人员应 3 分钟内向中调值班员汇报,同时通知 ON-CALL 人员进行必要检查和故障分析。如果由操作机构异常、控制回路故障等其他原因导致,现场应尽快采取措施恢复断路器正常,若采取措施后仍不能恢复正常时,应向调度申请隔离。若由 SF_6 气体压力降低导致断路器分闸动作失败,汇报中调值班员检查情况,按中调值班员要求做好相关隔离措施。

3.2.6.3 220 kV 断路器失灵保护动作处理

(1) 检查拒动断路器是由何种保护跳闸出口,确认何段母线或线路属越级跳闸,并报告调度。

(2) 将拒动断路器两侧的隔离开关拉开。

(3) 将拒动断路器控制柜内的所有操作及控制电源空开断开。

(4) 尽快恢复因越级跳闸停电的线路或母线。

(5) 通知检修人员处理。

3.2.6.4 处理 SF_6 气体外逸的措施

(1) 所有人员应迅速撤离现场,检查通风装置全部投入。

(2) 在事故发生 15 分钟以内,所有人员不准进入室内(除佩戴氧气呼吸器的抢救人员外);15 分钟以后,4 小时以内任何人员进入室内都必须佩戴氧气呼吸器,并随时检测 SF_6 气体浓度;检测 SF_6 气体浓度降低以后,进入室内虽然可不用上述措施,但在检修时仍须采取上述安全措施。

(3) 若故障时有人被外逸气体侵袭,应立即清洗后送医院诊治。

3.2.6.5 线路所经山头发生火灾,火势迅猛,对 220 kV 右沙Ⅱ线运行造成威胁

(1) 紧急联系调度。

(2) 通知线路所属单位。

(3) 应调度令,将 220 kV 右沙Ⅱ线出线断路器 2051QF 由热备用转冷备用。

(4) 应调度令,退出 220 kV 右沙Ⅱ线出线断路器 2051QF 启动失灵压板。

(5) 确认 220 kV 右沙Ⅱ线对侧断路器已由热备用转冷备用。

(6) 待火势得以控制或消除后,再根据调度令恢复右沙Ⅱ线运行。

3.2.6.6 220 kV/110 kV 母线保护动作处理

(1) 现地检查母线保护盘柜,确认母线动作的保护及跳闸的开关,并向调度汇报。

(2) 若保护动作,母线相应的开关均跳开。根据保护范围,检查母线及相关一次设备的外观检查。通知检修人员处理,并对故障的母线隔离。

(3) 尽快恢复其他母线或线路供电。

(4) 查明原因并经处理后,经调度同意,可恢复设备运行。

3.2.6.7 220 kV 线路保护动作处理

(1) 现地检查线路保护盘柜,确认线路以什么保护动作,线路两侧开关是否已经跳开,并向调度汇报。

(2) 若保护动作,线路两侧开关均跳开,则通知检修人员处理,并对故障的线路隔离。

(3) 尽快恢复其他母线或线路供电。

(4) 检查重合闸是否正常。

(5) 经调度同意后，可试送电一次。

3.2.6.8　220 kV 右沙Ⅱ线线路主一保护装置异常处理

(1) 现地检查 220 kV 右沙Ⅱ线线路主一保护装置故障情况，查看相关报警信息。

(2) 询问线路对侧单位，是否存在相关报警信息。

(3) 立即向中调申请退出右沙Ⅱ线线路主一保护运行，并确保主二保护正常投运。

(4) 根据调度安排，做好右沙Ⅱ线停电准备工作，并进一步处理主一保护装置故障问题。

3.2.7　保护的配置

3.2.7.1　线路保护动作后果一览表

表 3.40

线路	保护名称		动作后果	处理措施
右沙Ⅰ线	主保护	光纤差动主保护（主一保护）	跳右沙Ⅰ线出线断路器	1. 现地检查保护是否动作，右沙Ⅰ线断路器是否跳开。 2. 若保护正确动作，则隔离故障线路，通知检修人员检查处理。 3. 尽快恢复其他母线或线路供电。
		纵联距离主保护（主二保护）		
	后备保护	零序过流保护		
		相间距离保护		
		接地距离保护		
		失灵保护		
右沙Ⅱ线	主保护	光纤差动主保护（主一保护）	跳右沙Ⅱ线出线断路器	1. 现地检查保护是否动作，右沙Ⅱ线断路器是否跳开。 2. 若保护正确动作，则隔离故障线路，通知检修人员检查处理。 3. 尽快恢复其他母线或线路供电。
		纵联距离主保护（主二保护）		
	后备保护	零序过流保护		
		相间距离保护		
		接地距离保护		
		失灵保护		

续表

线路	保护名称		动作后果	处理措施
右松线	主保护	光纤差动主保护1 光纤差动主保护2 （主一保护）	跳右松线出线断路器	1. 现地检查保护是否动作，右松线断路器是否跳开。 2. 若保护正确动作，则隔离故障线路，通知检修人员检查处理。 3. 尽快恢复其他母线或线路供电。
		光纤差动主保护 （主二保护）		
	后备保护	零序过流保护		
		相间距离保护		
		接地距离保护		
		失灵保护		
		远跳开入保护		

注：右沙Ⅰ线、右沙Ⅱ线保护装置配置的区别在于：
(1) 右沙Ⅱ线保护装置采用RCS-902A保护装置，右沙Ⅰ线保护装置采用RCS-902C保护装置。
(2) RCS-902A由三段式相间和接地距离及两个延时段零序方向过流构成全套的后备保护；RCS-902C设有分相命令，纵联保护的方向按相比较，使用于同塔并架双回线，后备保护同RCS-902A。
右松线保护装置采用PCS-931N2保护装置，设有分相电流差动和零序电流差动继电器全线速跳功能。后备保护增设远跳开入保护，利用数字通道交换两侧开关量信息来实现辅助功能，其他后备保护同RCS-902A。

3.2.7.2 母线保护动作后果一览表

表3.41

母线	保护名称	动作后果	处理措施
220 kV母线	母差保护	跳220 kV母线上各侧断路器	1. 现地检查保护是否动作，母线各侧断路器是否跳开。 2. 若保护正确动作，则隔离故障点，通知检修人员检查处理。
	充电保护		
	过流保护		
	母线联络断路器失灵保护		
110 kV母线	母差保护	1. 跳110 kV母线上各侧断路器。 2. 110 kV Ⅱ段母线失电，造成厂用电备用电源消失（目前，110 kV系统未投运）。	1. 现地检查保护是否动作，母线各侧断路器是否跳开。 2. 若保护正确动作，则隔离故障点，通知检修人员检查处理。
	充电保护		
	过流保护		
	母线联络断路器失灵保护		

3.2.7.3 220 kV系统充电保护压板投退的说明

(1) 当我厂220 kV母线对线路充电时，应投入被充电线路保护柜的充电保护压板。

(2) 当我厂220 kV一条有压母线向另一条无压母线充电时，应投入220 kV母联断路器保护柜的充电保护压板。

（3）当线路对侧向我厂 220 kV 母线充电时，应投入 220 kV 母线保护柜的充电保护压板。

3.3　13.8 kV 系统设备

3.3.1　系统概述

13.8 kV 系统主要设备位于厂房▽123.45 m 高程，发电机机端额定电压为 13.8 kV，母线为离相式封闭母线结构，主要设备包括：

（1）金属封闭母线额定电压 15 kV，型号 QLFM-20/10000-Z，由镇江华东电力设备制造厂生产，其辅助设备有封闭母线干燥装置和线路上的红外测温装置。

（2）发电机出口断路器与机组出口隔离开关、机组出口接地开关、主变低压侧接地开关用金属外壳共同组合为一整体装置。断路器操作机构为液压弹簧操作机构，机组出口隔离开关和接地开关为电机操作机构，由 ABB 厂家生产。

（3）电压互感器在机组出口、主变低压侧共有 4 组，作用分别为 1 TV 励磁及保护，2 TV 保护、计量、消谐装置，3 TV 励磁、调速器，4 TV 计量、保护。

（4）电流互感器共有 25 组，主要用于发电组保护、励磁、故障录波、计算、测量。

（5）在机组出口、主变低压侧各有 1 组避雷器，主要作用防止操作过电压和雷电侵入过电压。

（6）#1、#3 高厂变高压侧负荷开关为移开式金属封闭开关（布置于主变洞▽128.1 m 高程），可以切断负荷电流及一般过载电流，不能切断短路电流。但配合高压限流熔断组合保护装置（由限流熔断器、高能氧化锌电阻组成）就能快速有效断开短路电流，避免发电机、变压器发电机母线及厂高变遭受强大的短路电流冲击。因我厂#1、#3 高厂变高压侧负荷开关存在三相（不一致）故障，故正常情况下尽量避免带电时进行分合闸操作。

3.3.2　13.8 kV 母线设备规范

3.3.2.1　发电机出口断路器

表 3.42

发电机出口开关型号	HA1914-10	生产厂家	ABB
最高工作电压	23 kV	额定频率	50 Hz

开断额定短路开断电流时	CO-30 min-CO	额定电流	10 kA
额定短路开断电流	交流分量(有效值)80 kA	雷电冲击耐压	150 kV
	直流分量(百分数)75%	额定频率	50 Hz
开关正常工作时 SF_6 气体密度	40.7 kg/m³	额定开断时间	60 ms

3.3.2.2 发电机出口断路器操作机构

表 3.43

型号	HA1914-11	类型	HMB4.5
额定操作电压	220 V DC	液压操作机构电源	220 V DC
合闸及跳闸电流	1.4 A	液压操作机构电流	3.2 A

3.3.2.3 发电机出口隔离开关

表 3.44

型号	HA1914-20	额定电流	10 000 A
额定电压	23 kV	额定短时耐受电流	3 s,80 kA
雷电冲击耐压	相对地:150 kV	额定工频耐压	相对地:80 kV
	断口间:165 kV		断口间:88 kV
操作电源	AC220 V	控制电源	DC220 V
额定峰值耐受电流	220 kA		

3.3.2.4 发电机出口接地开关

表 3.45

型号	HA1914-30/HA1914-40	额定电压	23 kV
工频耐压	80 kV	额定热稳定电流	80 kA
雷电冲击耐压	150 kV	额定峰值耐受电流	220 kA
操作电源	AC220 V	控制电源	DC220 V
额定短时耐受电流	1 s,80 kA		

3.3.2.5 电流互感器

表 3.46

设备编号	类型	用途	变比
1BA	5P20	发电机不完全纵差 1、失磁、保护 A 柜及故障录波	12 000/1
2BA	5P20	发电机不完全纵差 2、失磁、保护 A 柜	12 000/1
3BA	5P20	主变压器纵差保护 1、后备(A 柜)去故障录波	10 000/1
4BA	5P20	主变压器纵差保护 2、后备(B 柜)	10 000/1
5BA	0.5	励磁 1	10 000/1
6BA	0.5	励磁 2	10 000/1
7BA	0.5	测量	10 000/1
8BA	0.2	计量	10 000/1
9BA	5P20	联锁切机	10 000/1
10BA	5P20	备用	10 000/1
11BA	5P20	后备 A 柜,故障录波	10 000/1
12BA	5P20	后备 B 柜	10 000/1
13BA	5P20	发电机不完全纵差 1(故障录波)	4 000/1
14BA	5P20	发电机不完全纵差 2	4 000/1
15BA、17BA	5P20	零序横差保护 A 柜、故障录波	1 000/1
16BA、18BA	5P20	零序横差保护 B 柜	1 000/1
XXBA	5P20	故障录波、定子接地保护(A、B 柜)	100 V 电源
1BA	5P20	厂变后备保护 1(故障录波)	150/1
2BA	5P20	厂变后备保护 2	150/1
3BA	5P20	主变差动保护 1	10 000/1
4BA	5P20	主变差动保护 2	10 000/1
5BA	0.2	计量	150/1
6BA	0.5	测量	150/1

3.3.2.6 电压互感器

表 3.47

设备编号	型式	额定电压	原边电压	副边电压	二次线圈用途
1TV	户内、环氧树脂浇注绝缘、单相、三绕组	13.8 kV	13.8/$\sqrt{3}$ kV	0.1/$\sqrt{3}$ kV 0.1/$\sqrt{3}$ kV	分别用于励磁及保护
2TV	户内、环氧树脂浇注绝缘、单相、四绕组	13.8 kV	13.8/$\sqrt{3}$ kV	0.1/$\sqrt{3}$ kV 0.1/$\sqrt{3}$ kV 0.1/$\sqrt{3}$ kV	分别用于保护、计量及电压监视回路、消谐装置
3TV	户内、环氧树脂浇注绝缘、单相、三绕组	13.8 kV	13.8/$\sqrt{3}$ kV	0.1/$\sqrt{3}$ kV 0.1/$\sqrt{3}$ kV	分别用于励磁、调速器
4TV	户内、环氧树脂浇注绝缘、单相、四绕组	13.8 kV	13.8/$\sqrt{3}$ kV	0.1/$\sqrt{3}$ kV 0.1/$\sqrt{3}$ kV 0.1/$\sqrt{3}$ kV	分别用于计量、保护

3.3.2.7 避雷器柜

表 3.48

型号		额定频率	50 Hz
额定电压(有效值)	13.8 kV	环境温度	−10→+45℃
防护等级	IP31	海拔高度	≥1 000 m
相对温度	≥90%		

3.3.2.8 发电机封闭母线

表 3.49

序号	项目名称		主母线	分支回路
(1)	额定电压(kV)		15	15
(2)	最高工作电压(kV)		18	18
(3)	额定电流(A)		8 000	1 500
(4)	额定频率(Hz)		50	50
(5)	额定动稳定电流(kA)		300	300
(6)	额定热稳定电流及耐受时间(kA/s)		100/4	100/4
(7)	绝缘水平	工频耐压(有效值)(kV)	57	57
		冲击耐压(峰值)(kV)	105	105
		爬电比距 cm/kV	1.7	1.7

续表

序号	项目名称		主母线	分支回路
(8)	最高允许温度(℃)	母线导体	≤90	≤90
		镀银接头	≤105	≤105
		外壳	≤70	≤70
		外壳支撑结构	≤70	≤70
		绝缘件	≤155	≤155
(9)	最高允许温升(K)	母线导体(额定运行状态)	≤50	≤50
		母线导体(热稳定电流时)	≤160	≤160
		镀银接头	≤65	≤65
		外壳	≤30	≤30
		外壳支撑结构	≤30	≤30
(10)	冷却方式		自冷	自冷
(11)	外壳连接方式		全连式	全连式

3.3.2.9 厂变高压侧负荷开关

表 3.50

型号	BA1-24(1)01	防护等级	30
额定电压	24 kV	技术条件	KX0.536.050
额定电流	250 A	图样编号	J-5052
额定短时耐受电流	25 kA	工厂编号	12B7-1
短时峰值耐受电流	73 kA		

3.3.2.10 母线上的红外测温装置

表 3.51

名称	型号	发射率	测温范围	输出信号
数字显示调节仪	XTMF-100		0～500	4～20 mA
在线红外测温仪	MID10	0.8	0～500	4～20 mA
熔断器	4 A			

3.3.2.11 封闭母线除湿度装置

表 3.52

空气循环干燥量	≥45 m³/h	干燥后出气相对湿度	≤20%RH(一个工作周期后)
分子刷用量	40 kg×2	吸附筒最大吸水量	9.40 kg×2(一个工作周期后)
分子刷使用寿命	≥4 年	吸附筒循环工作周期	16 h
工作电源	AC380 V(3P+N)	总功率	4.0 kW
风机功率	1.1 kW	电加热器功率	2.4 kW

3.3.3 运行方式

3.3.4 机组出口断路器运行状态

(1) 热备用:机组出口断路器断开,隔离开关合上。

(2) 冷备用:机组出口断路器断开,隔离开关拉开。

(3) 检修状态:机组出口断路器断开,隔离开关拉开,断路器两侧接地开关合上。

3.3.5 母线干燥装置

1. 工作原理

(1) 干燥流程:B 相母线内空气—罗茨风机—吸附筒 A(B)—干燥空气回冲入 A、C 相母线—B 相母线。

(2) 再生流程:外部空气—罗茨风机—吸附筒 B(A)—排出潮湿空气。

(3) 每循环工作周期中,A、B 筒每 8h 互换一次。

2. 运行方式

(1) 自动运行方式

当母线内空气湿度超过设置的上限值 70%RH,则干燥装置启动加热器对母线内的空气进行干燥,当温度高于 230℃,加热器停止加热,当温度低于 150℃,加热器启动。当母线内空气湿度超过设置的下限值 35%RH,则干燥装置停止运行。

(2) 手动运行方式

通过"启动"和"停止"按钮人为给"PLC"发出启停信号,代替湿度控制器的节点信号。

(3) 停止运行方式

当装置在"自动"或"手动"运行方式时,转换开关打至停止位置或按下"停止"按钮后装置均停止。

3.3.6 运行操作

3.3.6.1 机组出口断路器检修(以♯4机为例)

（1）确认♯4机在停机稳态。

（2）按下♯4机组LCUA1柜"调试"按钮,并在门把手上悬挂"禁止操作"标示牌。

（3）将♯4机组出口断路器控制柜控制方式切换钥匙至"LOCAL"位置。

（4）检查♯4机组出口断路器814QF在"分闸"位置。

（5）断开♯4机组出口隔离开关8141QS。

（6）检查♯4机组出口隔离开关8141QS在断开位置。

（7）合上♯4机组出口地刀81437QS。

（8）断开♯4机组出口断路器柜内空开F1、F2、F3、F4、F5、F11、F12、Q900、Q810。

3.3.6.2 机组出口断路器运行操作

（1）机组出口断路器控制方式分"Remote"和"Local",作用机组出口断路器、出口隔离开关。

（2）在Remote方式下,在上位机下达指令,经机组LCU对设备进行分/合闸操作;在Local方式下,只能在现地对设备进行分/合闸操作。

（3）机组出口断路器操作要严格执行五防要求。

（4）机组出口断路器接地开关合闸操作,需确认机组出口隔离开关分闸及机组侧无压(机组停机且机组出口PT柜内4QA合闸)。

3.3.6.3 机组出口PT及机组出口避雷器

（1）在机组检修或测量定子绝缘时,先拔出PT二次插头,再将机组出口PT拉出;恢复时,先将PT推入至工作位置,再插入PT二次插头。

（2）机组出口避雷器的作用,防止操作过电压和雷电侵入过电压。

3.3.6.4 主变低压侧PT及机组出口避雷器

（1）在主变检修或低压侧测量定子绝缘时,先拔出PT二次插头,再将机组出口PT拉出;恢复时,先将PT推入至工作位置,再插入PT二次插头。

（2）主变低压侧避雷器的作用,防止操作过电压和雷电侵入过电压。

3.3.6.5 ♯1(或♯3)厂变高压侧负荷开关

（1）操作厂高变负荷开关时,应采用"远方"操作方式进行操作。

(2) 合上厂高变负荷开关时,必须保证 10 kV 进线断路器二次插头插入。

(3) 人为断开厂高变负荷开关 02CG01QF(或 04CG01QF),10 kV 备自投不会动作,人为动作 2002QF(或 2004QF),10 kV 备自投才会动作。

(4) 厂高变负荷开关因存在故障,带电时尽量不对其进行分合闸操作。

注意:♯1、♯3 高压厂变高压侧接地开关操作不灵活,严禁操作。正常厂变清扫时,高压侧采用挂地线的形式接地。

3.3.7 常见故障及处理

3.3.7.1 机组运行时巡检发现出口断路器 SF_6 气压低报警

1. 现象

巡检机组出口断路器柜上发现报警信号 SF_6 气压低。

2. 处理

(1) 现地检查 SF_6 气体压力表是否低。

(2) 检查是否有 SF_6 气体泄漏,如无气体泄漏,则通知检修人员补气至正常压力。

(3) 如发现 SF_6 气体泄漏(以♯4 机组为例),且已达到闭锁分闸动作值时,应采取的措施有。

①运行值班员应在 3 分钟内向值班调度员汇报出口断路器分闸闭锁信号。

②向调度申请换机,并申请♯4 主变临时退备。

③降负荷至 10 MW,断开 2004QF,检查 10 kV 备自投动作正常。10 kV Ⅲ段进线断路器 93CG01QF 分闸,并将其摇至试验位置。

④断开 20046QS 和 20042QS。

⑤用风机对♯4 机母线廊道通风 15 分钟,再通知检修人员处理。

3.3.7.2 机组运行时,上位机出现 PT 断线报警

当机组在运行中出现 PT 断线报警时,首先向调度申请退出机组 AGC。然后检查 PT 端子箱上的二次空气开关,在确认不是二次空气开关跳闸之后,通过 *2PT 面板上的带电指示器判别熔断的 PT 相。在采取安全措施的情况下可拉出熔断相进行保险更换,更换保险期间不能调整负荷。

注意事项:在操作 PT 柜和更换一次熔断器时必须戴绝缘手套,注意保持与带电部位的安全距离,同时需断开故障 PT 所对应的二次空开。1QA 跳闸,41TV 断线;2QA 跳闸,42TV 断线(保护用);3QA 跳闸,42TV 断线(用于计量及电压监测)。

3.3.7.3 机组出口断路器合闸闭锁,分闸闭锁

(1) 检查机组出口开关控制柜内空开 F05 在合闸位置。
(2) 用万用表检查开关控制柜内空开 F05 电压是否正常。
(3) 通知检修检查储能电机是否正常。
(4) 检查出口断路器分合闸回路是否正常。
(5) 检查出口断路器 SF_6 气体压力是否正常。
(6) 以上均正常则可能为开关本体故障,报值班领导处理。

机组出口断路器运行时出现分闸闭锁信号或其他影响机组出口断路器分闸操作的报警信号,运行值班员应在3分钟内向中调值班员汇报有关情况,并通知 ON－CALL 人员尽快进行必要检查和故障分析,将现场检查结果汇报中调值班员。若故障是由操作机构异常、控制回路故障等其他原因导致时,ON－CALL 人员应尽快采取措施恢复断路器正常。若采取措施后仍不能恢复正常时,汇报中调,按中调要求隔离发变组工作;若故障是由断路器 SF_6 压力降低闭锁时,应立即汇报中调,按中调要求做好隔离发变组工作。

3.3.7.4 ♯1(或♯3)高厂变高压侧负荷开关不能正常合闸处理

(1) 检查高厂变高压侧负荷开关本体是否有明显故障。
(2) 检查是否有报警未复归,如:三相不一致保护。
(3) 检查是否有 SF_6 气压低闭锁,若气压低则需补气解除闭锁。
(4) 检查是否为低电压闭锁。
(5) 检查 10 kV 进线开关位置是否在工作或试验位置(备注:若 10 kV 进行断路器二次插头未插入,则高厂变负荷开关无法检测到 10 kV 进线开关的状态,高厂变负荷开关则无法操作合闸)。
(6) 检查高厂变高压侧负荷开关合闸控制回路是否正常。

3.4 厂用电系统

3.4.1 系统概述

10 kV 厂用电系统采用三段母线供电方式,其中Ⅰ、Ⅲ段分别取自♯2、♯4 机发电机 13.8 kV 系统,作为厂用电主用电源(原Ⅱ段母线作为备用电源取自施工变的 911 线路目前已取消)。Ⅰ段母线和Ⅱ段母线设有联络开关 91ML02QF,Ⅱ段母线和Ⅲ段母线设有联络开关 92ML02QF,经联络柜Ⅰ段或Ⅲ段为Ⅱ段母线供电。高压厂用电供电系统图见附件 C1.3。

厂用电系统由母线、高压厂用变压器、断路器（真空开关）、隔离开关、接地刀关和各种自动装置组成。

400 V厂用电系统包括机组自用电、全厂公用电、主坝、进水塔、照明五个独立系统，每个系统均由两回电源供电，电源分别取自厂用10 kVⅠ、Ⅲ段两段母线；设有备自投装置。另10 kV负荷还有：Ⅱ段厂区生活（921线路）对降压站供电（由原Ⅰ段副坝技改至Ⅱ段）。

400 V机组自用电系统采用双层辐射式供电，即由主屏成辐射状供给分屏，再由分屏供给负荷，正常时400 V机组自用电两段母线分段运行，两段母线间设母联开关。机组自用电母线Ⅰ、Ⅱ段供给的负荷有：♯1～♯4主变冷却器控制箱电源、♯1～♯4机组机旁动力盘、技术供水塔前进水过滤器控制箱、高低压空压机电源等。♯1～♯4机组机旁动力盘采用双电源进线方式，设置备自投装置；各机组水轮机层，母线层动力配电箱都取自本机组机旁动力盘母线；部分重要负荷如：♯1和♯2调速器油泵、顶盖排水泵、漏油泵等，属于自动启动负荷。

照明系统400 V电源分为Ⅰ、Ⅱ段母线供电，两段母线之间设母联开关。Ⅰ段、Ⅱ段电源分别从10 kVⅠ段真空断路器91ZM10QF、10 kVⅢ段真空断路器93ZM09QF引接，经照明变压器接至进线开关41ZM01QF、42ZM01QF。同时，为了保证厂内的事故照明，还设有交、直流自动切换供电的事故照明电源装置。

进水塔400 V电源由Ⅰ、Ⅱ段母线供电，两段母线之间设母联开关。Ⅰ段、Ⅱ段电源分别从10 kVⅠ段真空断路器91JT05QF、10 kVⅢ段真空断路器93JT03QF引接，分别经断路器91JT01QF、93JT01QF及进水塔变压器接至进线开关41ZM01QF、42ZM01QF。

全厂400 V公用电供电系统Ⅰ、Ⅱ段母线供电，两段母线之间设母联开关。Ⅰ段、Ⅱ段电源分别从10 kVⅠ段真空断路器91GY09QF、10 kVⅢ段真空断路器93GY08F引接，经公用变压器接至进线开关41GY01QF、42GY01QF。其主要供电负荷有：渗漏、检修排水泵电源、计算机UPS电源、直流系统交流供电电源、通讯室电源、冷水机组电源及其他公用设备电源配电箱等。

主坝供电系统400 V电源由Ⅰ、Ⅱ段母线供电，两段母线之间设母联开关。Ⅰ段、Ⅱ段电源分别从10 kVⅠ段真空断路器91ZB04QF、10 kVⅢ段真空断路器93ZB02QF引接，分别经断路器91ZB01QF、93ZB01QF及主坝变压器接至进线开关41ZB01QF、42ZB01QF。厂外主坝供电系统已移交枢纽管理中心负责管理。

10 kV及以上电压等级设备,必须在上位机进行带电操作,特殊情况下,经厂部值班领导同意后,方可在现地进行操作。

3.4.2 设备规范

3.4.2.1 变压器规范

1. ♯1、♯3高压厂变规范

表3.53

设备编号	\multicolumn{3}{c|}{02CG01TM、04CG03TM}		
型式及型号	\multicolumn{3}{c|}{单相干式无载调压电力变压器,DC10-850/13.8/$\sqrt{3}$}		
一次侧	额定电压(V)	额定电流(A)	短路阻抗(%)
	(1) 14 490		
	(2) 14 145	107	
	(3) 13 800		5.96
	(4) 13 455		
	(5) 13 110		
二次侧	10 500	140	
冷却方式	AN/	额定容量	3*850 kVA
数量	2台	出厂序号	20044297
连接方式	Yd11	产品代号	SDD826-2C
绝缘水平	LI105·AC45/LI75AC35	绝缘等级	F
防护等级	IP20	主体重	3*2 965 kg
额定电压	高压侧:13.8/$\sqrt{3}$ kV	温升限值	100 K
	低压侧:10.5 kV	额定频率	50 Hz

2. ♯2高压厂变规范

表3.54

型号	SF10-25 000/110	形式	油浸式有载调压
绝缘水平	LI480 AC200-LI325AC 140/LI75AC35	连接方式	YNd11
额定频率	50 Hz	绝缘等级	F
额定电压	高压侧:(121±2×2.5%)kV	顶层油温升	55 K
	低压侧:10.5 kV	空载损耗	18.5 kW

续表

冷却方式	ONAN/ONAF 63/100%	负载损耗	108.7 kW
短路阻抗	最正:10.25%;	额定:10.46%;	最负:10.78%

开关位置	接法	高压侧 电压(V)	电流(A)	低压侧 电压(V)	电流(A)	分 接 容量(kVA)
1	K−+	$X_1-Y_1-Z_1$	127 050	113.61			
2		$X_2-Y_2-Z_2$	124 025	116.38	10 500	1 374.64	25 000
3		$X_3-Y_3-Z_3$	121 000	119.29			
4	K−−	$X_2-Y_2-Z_2$	117 975	122.35			
5		$X_3-Y_3-Z_3$	114 950	125.57			

3. 照明变压器

表 3.55

设备编号	91ZM01TM、93ZM02TM		
型式及型号	SCZ10−315/10.5		
	额定电压(V)	额定电流(A)	短路阻抗(%)
一次侧	(1) 115 00		
	(2) 11 250		
	(3) 11 000		
	(4) 10 750		
	(5) 10 500	17.3	4.33%
	(6) 10 250		
	(7) 10 000		
	(8) 9 750		
	(9) 9 500		
二次侧	400	455	
使用条件	户内式	额定容量	315 kVA
数量	2 台	绝缘水平	LI75AC35/LI0AC3
冷却方式	AN	绝缘等级	F
防护等级	IP20	温升限值	100 K
额定频率	50 Hz	接线组别	Dyn11
主体重	1 315 kg	总重量	1 970 kg

4. 进水塔变压器

表 3.56

设备编号	91JT01TM、93JT02TM		
型式及型号	SC10-315/10.5		
一次侧	额定电压(V)	额定电流(A)	短路阻抗(%)
	(1) 11 000		4.34
	(2) 10 750		
	(3) 10 500	17.3	
	(4) 10 250		
	(5) 10 000		
二次侧	400		455
使用条件	户内式	额定容量	315 kVA
数量	2 台	绝缘水平	LI75AC35/LI0AC3
冷却方式	AN/	绝缘等级	F
防护等级	IP20	温升限值	100 K
额定频率	50 Hz	接线组别	Dyn11
主体重	1 325 kg	总重量	1 560 kg

5. 机组自用电变压器

表 3.57

设备编号	91JZ01TM、93JZ02TM		
型式及型号	树脂浇注干式电力变压器,SC10-400/10.5		
一次侧	额定电压(V)	额定电流(A)	短路阻抗(%)
	(1) 11 000		4.17
	(2) 10 750	22.0	
	(3) 10 500		
	(4) 10 250		
	(5) 10 000		
二次侧	400		577
使用条件	户内式	额定容量	400 kVA
数量	2 台	绝缘水平	LI75AC35/LI0AC3
冷却方式	AN/	绝缘等级	F
防护等级	IP20	温升限值	100 K
额定频率	50 Hz	接线组别	Dyn11
主体重	1 830 kg	总重量	1 940 kg

6. 主坝变压器

表 3.58

设备编号	91ZB01TM、93ZB02TM		
型式及型号	SCB10-800/10.5		
	额定电压(V)	额定电流(A)	短路阻抗(%)
一次侧	(1) 11 000		5.8
	(2) 10 750		
	(3) 10 500	44	
	(4) 10 250		
	(5) 10 000		
二次侧	400	1 155	
使用条件	户内式	额定容量	800 kVA
数量	2 台	绝缘水平	LI75AC35/LI0AC3
冷却方式	AN/	绝缘等级	F
防护等级	IP20	温升限值	100 K
额定频率	50 Hz	接线组别	Dyn11
主体重	2 570 kg	总重量	2 840 kg

7. 全厂公用电厂变压器

表 3.59

设备编号	91GY01TM、93GY02TM		
型式及型号	树脂浇注干式电力变压器,SCB10-1600/10.5		
	额定电压(V)	额定电流(A)	短路阻抗(%)
一次侧	(1) 11 000		5.99
	(2) 10 750	88.0	
	(3) 10 500		
	(4) 10 250		
	(5) 10 000		
二次侧	400	2 309	
使用条件	户内式	额定容量	1 600 kVA
数量	2 台	绝缘水平	LI75AC35/LI0AC3
冷却方式	AN/	绝缘等级	F
防护等级	IP20	温升限值	100 K
额定频率	50 Hz	接线组别	Dyn11
主体重	4 610 kg	总重量	4 920 kg

3.4.2.2　厂用配电开关设备规范

1. 10 kV 开关规范

表 3.60

设备型号	VD4-12/630 A-25 A	型式	户内、真空、可抽式
额定电压	10 kV	额定电流	630 A
额定频率	50/60 Hz	额定 1 min 共频耐受电压	42 kV
额定雷电冲击耐受电压	75 kV	额定短路开断电流	25 kA
额定短时耐受电流(4 s)	25 kA	瞬态恢复电压(TRV)峰值	20.6 kV
额定操作顺序	O-3 min-CO-3 min-CO	额定频率	50 Hz
储能时间	15 s	储能电机电压(AC/DC)	220 V
瞬态恢复电压上升率	0.34 kV/μs	额定自动重合闸操作顺序	O-0.3 s-CO-3 min-CO
非对称短路开断电流	27.3 kA	额定短路关合电流	63 kA
极间距	150/120 mm	合闸时间	55～67 ms
分闸时间	33～45 ms	燃弧时间(50 Hz)	小于等于 15 ms
重量	83/88 kg	开断时间	小于等于 60 ms
最小的合闸指令持续时间	20 ms(二次回路额定电压下);120 ms(如果继电器接点不能开断脱扣线圈动作电流)		
最小的分闸指令持续时间	20 ms(二次回路额定电压下);80 ms(如果继电器接点不能开断脱扣线圈动作电流)		

2. 10 kV 开关柜参数

表 3.61

型号	KYN48-12	最高工作电压	12 kV
额定电压	10 kV	额定电流	630 A
额定频率	50 Hz	防护等级	IP4X
控制电压	DC220 V	额定开断电流	25 kA
工频耐压	相间、相对地:42 kV	雷电冲击耐压(峰值)	相间、相对地:75 kV
	断口间:48 kV		断口间:85 kV

3. 400 V 开关规范

表 3.62

3-1	型式:户内、0.4KV交流固定分隔式或抽出式封闭低压开关	
3-2	额定电压	380 V
3-3	额定绝缘电压	660 V
3-4	额定电流	
3-5	主母线额定电流	3 200 A
	分支母线额定电流	2 000 A
	额定短时耐受电流及持续时间(有效值)	50 kA/1 s
3-6	额定峰值耐受电流	105 kA
3-7	额定频率	50 Hz
3-8	额定绝缘水平	
	主电路 1 min 工频耐受电压(有效值)	2.5 kV
	分、合闸机构和辅助回路 1 min 工频耐受电压(有效值)	2 kV
3-9	分、合闸机构和辅助电路额定电压	DC220 V
3-10	相数	三相(三相五线制)

3.4.2.3 电压互感器

表 3.63

设备编号	型式	原边电压	副边电压	二次线圈用途
91CG11TV 92CG01TV 93CG01TV	户内、环氧树脂浇注绝缘、单相、三绕组	$10/\sqrt{3}$ kV	$0.1/\sqrt{3}$ kV $0.1/3$ kV 两个副边绕组	10 kV 母线电压测量及保护
14TV 24TV 34TV 44TV		$13.8/\sqrt{3}$ kV	$0.1/\sqrt{3}$ kV $0.1/\sqrt{3}$ kV $0.1/3$ kV 三个副边绕组	保护及计量

3.4.2.4 10 kV 电流互感器

表 3.64

设备编号	类型	用途	变比
1TA	5P20	厂变后备保护1、故障录波	150/1
2TA	5P20	厂变后备保护2	150/1
3TA	5P20	主变差动保护1	10 000/1

续表

设备编号	类型	用途	变比
4TA	5P20	主变差动保护2	10 000/1
5TA	0.2	计量	150/1
6TA	0.5	测量	150/1
7TA	5P20	10 kV进线保护	200/5
8TA	5P20	故障录波	200/5
9TA	0.2	测量	200/5

3.4.2.5　10 kV氧化锌避雷器

表3.65

型式、型号、编号	户内、四极式、氧化锌无间隙合成绝缘材料外套;Y5 SC-15/40.5;42F		
额定电压	10 kV	避雷器额定电压	15 kV	1.2/50 μs冲击放电电压不大于(峰值)	43 kV
方波通流能力(2 ms)	150 kA	工频放电电压不小于	26 kV	雷电冲击电流残压不大于(峰值)	38 kV

3.4.2.6　10 kV熔断器

表3.66

型式	户内、管型	编号	02CG01FU、04CG01FU
型号	RN2-10/0.5	额定电压	10 kV
额定电流	0.5 A	三相最大开断容量	1 000 MVA
最大开断电流	50 kA	分断极限短路电流时限流峰值	100 kA

3.4.3　运行方式

3.4.3.1　厂用电系统正常运行方式

10 kV厂用电系统分三段运行,正常运行时,由Ⅰ段或Ⅲ段带Ⅱ段母线运行,Ⅱ段母线取自911线路作为10 kV厂用电Ⅰ、Ⅲ段母线的备用电源;Ⅰ、Ⅱ段间和Ⅱ、Ⅲ段间装设有备用电源自动投入装置。备用电源自动投入装置根据进线开关的状态及电压监测进行启动,动作时首先动作进线开关进行分闸,然后动作母联开关进行合闸。(注意事项:10 kVⅠ、Ⅱ、Ⅲ段进线断路器都有二次插头,当拔出二次插头的时候,厂高变负荷开关无法检测到进线断路器的位置状态而导致厂高变负荷开关无法合闸。例如:10 kV Ⅰ段进线开关91CG01QF已分闸并拉至检修位置,二次插头已拔出,若此时合上♯1厂高变负荷开关02CG01QF,因无法检测到91CG01QF开关状态而不能合闸,只有把91CG01QF的二次插头插入之后,检测到91CG01QF在分闸状态,就可以成功合上♯1厂高变负荷开关02CG01QF。)

400 V厂用电系统正常运行时,400 V厂用母线(包括全厂公用电系统、主坝供电系统、机组自用电系统、进水塔用电系统及全厂照明系统母线)均采用分段运行。

400 V自用电、公用电、照明、进水塔及主坝系统备自投装置动作设定值为:430 V为过压;340 V为欠压;当上端电压达到或者超过430 V时,视为过电压备自投动作;当上端电压低于340 V时,视为欠压备自投动作。

3.4.3.2 厂用电系统异常运行方式

10 kV Ⅰ段母线失压,400 V Ⅰ-Ⅱ段母线备用电源自动投入装置动作,400 V各系统Ⅰ段母线进线开关跳开,母联开关合上,由400 V Ⅱ段母线给Ⅰ段供电。

10 kV Ⅲ段母线失压,400 V Ⅰ-Ⅱ段母线备用电源自动投入装置动作,400 V各系统Ⅱ段母线进线开关跳开,母联开关合上,由Ⅰ段母线给Ⅱ段供电。在正常情况下,各段备用电源自动投入装置均应投入。

若10 kV Ⅱ段母线失压,根据911线路情况而定,是不是降压站有工作需让911停电,如果是有意停电,则将10 kV Ⅰ-Ⅱ段母线联络断路器备自投以及10 kV Ⅱ-Ⅲ段母线联络断路器备自投退出。否则优先合上10 kV Ⅰ-Ⅱ段母线联络断路器。

10 kV备自投方案不考虑单台高压厂用变带三段母线的运行方式。当人为操作,使10 kV系统Ⅰ段带Ⅲ段母线运行时,要将10 kV Ⅰ、Ⅱ段母联断路器控制柜面板上的"与Ⅱ、Ⅲ段母联断路器连锁/解锁"控制把手放"解除"位置,10 kV Ⅱ、Ⅲ段母联断路器控制柜面板上的"与Ⅰ、Ⅱ段母联断路器连锁/解锁"控制把手放"解除"位置,同时要减负荷,以免出现高压厂变过负荷的情况。

人为断开10 kV进线、母联断路器时,10 kV备自投不动作;人为断开400 V进线、母联断路器时,400 V备自投不动作(限于两进线一母联的系统)。

3.4.3.3 厂用电系统断路器控制方式

10 kV厂用电系统断路器控制方式有远方、就地两种控制方式,通过10 kV盘柜上SAH旋钮来实现,正常运行时所有断路器控制方式放"远方"。

400 V厂用电系统(二进线一母联)断路器的控制方式有手动、远方两种控制方式,正常运行时进线断路器及母联断路器控制方式放"远方"。

四台机组机旁盘进线(双电源)断路器控制方式有自动、手动,正常运行时控制方式放"自动"。

如要退出 10 kV Ⅰ、Ⅱ母线备自投功能,只要将 10 kV Ⅰ、Ⅱ段母联断路器控制柜面板上的备自投投/退控制把手切到"退"即可;如要退出 10 kV Ⅱ、Ⅲ母线备自投功能,只要将 10 kV Ⅱ、Ⅲ段母联断路器控制柜面板上的备自投投/退控制把手切到"退"即可。

5 400 V 厂用电系统(二进线一母联)、四台机组机旁盘进线如要退出备自投,只要把任一开关的控制把手切到"手动"即可。

部分 400 V 双电源的配电柜(GIS 层♯1 动力柜 4CSB),如要退出备自投,只需将其面板上的控制按钮"自动控制"按起即可;进水塔♯1 液压泵站动力配电柜、进水塔♯2 液压泵站动力配电柜如要退出备自投,需将操作手柄插入转换开关后即可。

3.4.3.4　10 kV 厂用电系统闭锁逻辑关系

闭锁逻辑关系见附件 C1.2。

表 3.67

设备	操作	联锁条件
91CG01QF	合闸	或条件 1:91ML02QF 分闸
		或条件 2:92CG01QF 分闸、92ML02QF 分闸
		或条件 3:92CG01QF 分闸、93CG01QF 分闸
92CG01QF	合闸	或条件 1:91CG01QF 分闸、93CG01QF 分闸
		或条件 2:91CG01QF 分闸、92ML02QF 分闸
		或条件 3:91ML02QF 分闸、93CG01QF 分闸
		或条件 3:91ML02QF 分闸、92ML02QF 分闸
93CG01QF	合闸	或条件 1:92ML02QF 分闸
		或条件 2:92CG01QF 分闸、91CG01QF 分闸
		或条件 3:92CG01QF 分闸、91ML02QF 分闸
91ML02QF	合闸	或条件 1:91CG01QF 分闸
		或条件 2:92CG01QF 分闸、93CG01QF 分闸
		或条件 3:92CG01QF 分闸、92ML02QF 分闸
92ML02QF	合闸	或条件 1:93CG01QF 分闸
		或条件 2:92CG01QF 分闸、91CG01QF 分闸
		或条件 3:92CG01QF 分闸、91ML02QF 分闸

3.4.3.5　400 V厂用电系统闭锁逻辑关系

表 3.68

系统	设备	操作	联锁条件
机组自用电	41JZ01QF	合闸	条件1:41JZ02QF 分闸或条件2:42JZ01QF 分闸
	41JZ02QF	合闸	条件1:41JZ01QF 分闸或条件2:42JZ01QF 分闸
	42JZ01QF	合闸	条件1:41JZ01QF 分闸或条件2:41JZ02QF 分闸
全厂公用电	41GY01QF	合闸	条件1:41GY02QF 分闸或条件2:42GY01QF 分闸
	41GY02QF	合闸	条件1:41GY01QF 分闸或条件2:42GY01QF 分闸
	42GY01QF	合闸	条件1:41GY01QF 分闸或条件2:41GY02QF 分闸
主坝	41ZB01QF	合闸	条件1:41ZB02QF 分闸或条件2:42ZB01QF 分闸
	41ZB02QF	合闸	条件1:41ZB01QF 分闸或条件2:42ZB01QF 分闸
	42ZB01QF	合闸	条件1:41ZB01QF 分闸或条件2:41ZB02QF 分闸
照明用电	41ZM01QF	合闸	条件1:41ZM02QF 分闸或条件2:42ZM01QF 分闸
	41ZM02QF	合闸	条件1:41ZM01QF 分闸或条件2:42ZM01QF 分闸
	42ZM01QF	合闸	条件1:41ZM01QF 分闸或条件2:41ZM02QF 分闸
进水塔用电	41JT01QF	合闸	条件1:41JT02QF 分闸或条件2:42JT01QF 分闸
	41JT02QF	合闸	条件1:41JT01QF 分闸或条件2:42JT01QF 分闸
	42JT01QF	合闸	条件1:41JT01QF 分闸或条件2:41JT02QF 分闸

3.4.3.6　10 kV母线联络断路器备自投运行方式

10 kV Ⅰ段、Ⅱ段、Ⅲ段母线分段运行,各进线断路器、母联断路器控制方式放"远方";当检测到10 kV任意一段母线失压,如满足其他备自投动作条件,则自动断开失压母线的进线断路器,再自动合上10 kV Ⅰ-Ⅱ段或Ⅱ-Ⅲ段母联断路器。

如要恢复Ⅰ段、Ⅱ段、Ⅲ段母线分段运行方式,则上位机断开10 kV Ⅰ-Ⅱ段或Ⅱ-Ⅲ段母联断路器,再上位机合上失压母线的进线断路器。

3.4.3.7　400 V二进线一母联自投自复运行方式

400 V Ⅰ段、Ⅱ段母线分段运行,400 V Ⅰ段进线断路器、母联断路器和400 V Ⅱ段母线控制方式均放"远方"位置,当检测到400 V Ⅰ段或Ⅱ段母线失电,另满足备自投动作的其他相关条件时,则进线断路器分闸,400 V 母联断路器自动合上;当检测400 V Ⅰ段或Ⅱ段进线断路器无失压信号,母联断路器在合闸,另满足备自投的其他动作条件时,400 V 母联断路器分闸,进线断路器合闸,恢复分段运行方式。

3.4.3.8　400 V 双电源（机组机盘）自投自复方式

＃1、＃2 机旁盘以取自 400 VⅠ段母线电源为主用，取自 400 VⅡ段母线电源为备用；＃3、＃4 机旁盘与之相反。当检测机旁盘主用断路器失压，并满足其他备自投的条件时，分主用断路器，合备用断路器；当主用断路器电压恢复正常后，分备用断路器，合主用断路器。

3.4.3.9　400 V 双电源配电箱、配电柜自投自复方式

主用电源正常时，以主用电源供电；若主用电源故障，则为备用电源供电；主用电源恢复正常后，又切换为主用电源供电。因我厂双电源配电箱、配电柜的备自投装置动作不可靠，厂用电倒换后要及时检查其动作情况。

3.4.3.10　10 kV 厂用电系统通信系统（未投运）

10 kV 厂用电系统通信系统路径：各开关信号送至其柜内综合保护装置（S40、T40、B21），再通过各柜内通信模块 ACE949-2 送到 10 kV 厂用电公用屏的通信管理机，最后送到计算机监控系统公用 LCU 柜。其中 10 kV 厂用电公用屏由 10 kV 通信管理机、接地选线装置、PLC、UPS 及蓄电池组、开关电源 1BU 等组成。因目前柜内通信管理机故障，故 10 kV 系统通信量信号未送至计算机监控系统。

3.4.4　运行操作

3.4.4.1　＃1 高压厂变 02CG01TM 检修操作步骤

（1）退出 10 kVⅠ-Ⅱ段母联断路器的备自投装置。

（2）在上位机断开 10 kVⅠ段母线进线断路器，合上 10 kVⅠ-Ⅱ段母线断路器。

（3）检查厂用电正常。

（4）断开＃1 高压厂变负荷开关 02CG01QF，并将 A、B、C 三相断路器拉出至检修位置。

（5）对＃1 高压厂变高、低压侧验电确认无压，测绝缘及放电。

（6）在＃1 高压厂变高、低压侧各挂一组三相短路接地线。

（7）退出＃1 高压厂变相关保护。

（8）复归机组励磁、调速器及其他相关设备故障信号。

3.4.4.2　低压厂用变检修操作步骤（以机组自用电＃1 变压器 91JZ01TM 由运行转检修为例）

（1）检查 400 V 机组自用电备自投装置正常投入。

(2) 在上位机断开 10 kV I 段母线机组自用电供电断路器 91JZ08QF，并摇出至检修位置。

(3) 检查 400 V 机组自用电倒换正常，检查♯1、♯2 机组机旁动力盘电源倒换正常。

(4) 复归机组励磁、调速器故障信号。

(5) 检查 400 V 机组自用电 I 段母线进线断路器 41JZ01QF 在分闸，并摇出至检修位置。

(6) 在机组自用电♯1 变压器高压侧验电确认无压，并测量绝缘值。

(7) 投入机组自用电♯1 变压器高压侧的地刀及挂低压侧地线。

3.4.4.3　10 kV 厂用电倒换操作步骤

1. 10 kV Ⅲ 段带 10 kV Ⅱ 段运行，倒换厂用电步骤

(1) 断开 10 kV Ⅱ 段进线断路器，手动合上 10 kV Ⅱ-Ⅲ 段母线联络断路器。

(2) 检查厂用电正常。

2. 10 kV I 段带 10 kV Ⅱ 段运行，倒换厂用电步骤

(1) 检查 10 kV Ⅱ-Ⅲ 段母联断路器在"分闸"位置。

(2) 合上 10 kV I-Ⅱ 段母联断路器。

(3) 检查 10 kV I-Ⅱ 段母联在"合闸"位置。

(4) 检查 10 kV Ⅱ 段带电正常。

3.4.4.4　400 V 厂用电倒换操作步骤（机组自用电 400 V Ⅱ 段向 400 V I 段倒换）

(1) 退出机组自用电 I-Ⅱ 段母线联络断路器的备自投装置。

(2) 断开机组自用电 I 段母线进线断路器。

(3) 手动合上机组自用电 I-Ⅱ 段母线联络断路器。

(4) 检查 400 V I 段以下负荷正常。

3.4.4.5　10 kV、400 V 联络开关备自投装置投运操作

1. 10 kV 联络开关备自投装置投运操作

将 10 kV I-Ⅱ 段或 Ⅱ-Ⅲ 段联络断路器备自投装置开关控制方式切至"I"位置。

2. 10 kV 联络开关备自投装置退出操作

将 10 kV I-Ⅱ 段或 Ⅱ-Ⅲ 段联络断路器备自投装置开关控制方式切至"O"位置。

3. 400 V 联络开关备自投装置投运操作

将400 V I-II段联络断路器备自投装置开关控制方式切至"远方"位置。

4. 400 V联络开关备自投装置退出操作

将400 V I-II段联络断路器备自投装置开关控制方式切至"手动"位置。

3.4.4.6　全厂供用电400 V冷水机组开关操作方法（开关合闸）

（1）拆除锁定杆的锁定螺栓。

（2）将锁定杆下压。

（3）将操作杆插入开关中，保持锁定杆下压并顺时针转动操作杆，当锁定杆不能下压时即为操作到位。

（4）检查开关位置正确并恢复锁定杆的锁定螺栓。

3.4.4.7　遇到下列情况时，应停用备用自投装置

（1）某一段母线停电检查。

（2）某一段母线上电压互感器停电检查。

（3）备自投装置自身故障。

（4）厂用电倒闸操作。

3.4.4.8　降压站10 kV II段928线路停电

（1）检查10 kV II段前方营地供电开关928QF控制方式在"工作"位置。

（2）在中控楼断开10 kV II段前方营地供电开关928QF。

（3）检查中控楼10 kV II段前方营地供电开关928QF在"分闸"位置。

（4）将10 kV II段前方营地供电开关928QF操作把手打至"分断闭锁"位置。

（5）在高压室拉开10 kV II段前方营地供电开关928QF负荷侧隔离开关928-2QS。

（6）在高压室拉开10 kV II段前方营地供电开关928QF负荷侧隔离开关928-2QS。

（7）合上高压室10 kV II段前方营地供电开关928QF接地刀928-7QS。

（8）将10 kV II段前方营地供电开关928QF操作把手打至"检修"位置。

3.4.4.9　厂变检修后投入运行的一般注意事项

（1）相关检修工作结束，所有安全措施（临时接地线、标示牌、临时遮栏等）全部拆除。

（2）对变压器进行一次全面检查，干式变压器内部清洁无杂物，油浸变压器的油位、油质及呼吸器硅胶均正常。

（3）测量变压器的绝缘电阻合格。

3.4.4.10　厂用电系统运行时一般注意事项

（1）各开关盘柜无故障信号，各负载开关处于正常状态。

(2) 当厂用电因正常操作或故障引起倒换时,应全面检查厂用电自动倒换是否正确。

(3) 厂用电正常运行时,备用自投装置按现场要求投入,当任一母线失压时,装置应正常动作,如自投装置未投或故障时,手动倒换恢复厂用电正常供电。

3.4.4.11　厂用电系统操作注意事项

厂用电倒换后,需将机组调速器故障信号,机组励磁调节柜故障信号,各高程送风机和排风机,高低压空压机,通风疏散洞冷水机组,通风疏散洞组合式空调机组,冷冻式除湿机(已不用)等信号复归,并检查重要双电源倒换是否正常。

厂用电系统的倒闸操作和运行方式的改变,应由值长发令,并通知有关人员:比如水利枢纽管理中心管辖的主坝及相关的重要负荷。

(1) 开关分合闸操作以远方计算机操作为主,以现地手动操作为辅。

(2) 除紧急操作及事故处理外,一切正常操作均按照规程填写操作票,并严格执行操作监护及复诵制度。

(3) 厂用电系统的倒闸操作,一般应避免在高峰负荷或交班时进行。操作当中不应进行交接班。只有当操作全部终结或告一段落时,方可进行交接班。

(4) 倒闸操作应考虑变压器有无过载的可能性,运行系统是否可靠。

(5) 厂用电系统送电操作时,应先合电源侧隔离开关,后合负荷侧隔离开关;先合电源侧断路器,后合负荷侧断路器。停电操作顺序与此相反。

(6) 倒闸操作中,应考虑继电保护和自动装置的投、切情况,并检查相应仪表变化,指示灯及有关信号情况。

(7) 厂用电倒换或中断时,应密切监视机组调速器运行状况、励磁情况、保护动作情况、压油槽油压、集水井水位、气系统压力的变化以及主变温度和冷却器的运行情况,及时恢复其正常供电,保证各值在规定的范围内。

(8) 厂用电倒换应先停后送,并注意停电时对有关负荷的影响,倒换后应检查负荷的运行情况。厂用变压器禁止在低压侧并列运行。

3.4.5　故障及事故处理

3.4.5.1　厂用电中断

1. #1(或#3)高压厂变失电

(1) 两台高压厂变中一台失电后,应立即检查厂用电 10 kV 和 400 V 系统自动倒换是否正常。

(2) 如果有机组运行时,应对机组的运行情况进行全面检查。

(3) 保护引起的厂用电系统开关跳闸,检查保护动作情况,检查一次设备有无异常。

(4) 联系检修人员处理,恢复厂用电正常运行方式。

2. 1♯、3♯高压厂变同时失电

(1) 密切监视调速器油罐压力,尽量不改变机组负荷。

(2) 检查判明失电及故障原因,尽快恢复 10 kV Ⅰ 段或 Ⅲ 段母线送电。

(3) 联系检修人员处理,恢复厂用电正常运行方式。

(4) 如 10 kV Ⅰ 段或 Ⅲ 段母线短时间内无法恢复时,设法恢复厂用电。

3. 厂用电全部消失(黑启动方案)

(1) 应尽快从系统或机组恢复厂用电,短时无法恢复停机。密切监视调速器油罐油压及高压气罐气压和顶盖水位。

(2) 检查判明失电及故障原因,如为系统引起,则参照《右江水力发电厂黑启动应急预案》执行。

(3) 联系调度恢复线路送电。

3.4.5.2 高压厂变电流速断,过流保护动作

(1) 检查保护动作情况。

(2) 现场检查一次设备有无明显故障。

(3) 如母线无明显故障,测绝缘合格后,手动倒换厂用电,恢复停电母线供电。

(4) 判明故障点后,联系尽快恢复主变充电。

(5) 作好安全措施,汇报领导,通知检修人员处理。

3.4.5.3 10 kV Ⅰ、Ⅱ、Ⅲ 段中某段母线失电

(1) 检查故障母线带电情况,备投装置及保护动作情况,厂用电系统是否正常。

(2) 检查故障母线负荷的带电情况。

(3) 检查与故障母线相联系的厂高变保护动作情况及一次设备状况。

(4) 检查故障母线电压互感器一、二次保险是否完好。

(5) 汇报有关部门。

3.4.5.4 400 V 厂用母线失电

(1) 检查故障母线带电情况,备投装置动作是否正常,厂用电系统是否正常。

(2) 检查保护动作情况,若保护动作,检查一次部分,测量绝缘电阻,判明故障点。

(3) 做好安全措施,联系检修人员处理。

3.4.5.5 干式变压器着火处理

(1) 立即断开变压器高、低压侧开关。

(2) 火势较小时,可组织现场人员使用二氧化碳灭火器灭火。

(3) 当变压器室内烟雾大时,应做好戴防毒面具等必要措施。

(4) 禁止用泡沫灭火器和水灭火。

3.4.5.6 ♯2高压厂用变压器差动保护动作

(1) 检查厂用电切换是否正常。

(2) 进行差动保护范围内的一次设备外部检查。

(3) 测量变压器绝缘电阻。

(4) 对保护装置及二次回路进行检查。

(5) 联系检修人员处理。

(6) 若系差动保护误动作,处理正常后,经厂部同意方可投入运行。

3.4.5.7 ♯2高压厂变重瓦斯保护动作

(1) 检查厂用电切换是否正常。

(2) 检查差动保护是否也已经动作。

(3) 对♯2高压厂变外部进行仔细检查。

(4) 检查重瓦斯继电器是否动作。

(5) 测量变压器绝缘电阻。

(6) 联系检修人员处理。

(7) 若为保护误动作,处理正常后,经厂部同意方可投入运行。

3.4.5.8 ♯2高压厂变轻瓦斯保护动作

(1) 轻瓦斯保护动作后,应密切监视变压器的电流、电压、温度变化。

(2) 检查变压器外部有无异常漏油现象或油位是否降低。

(3) 如系轻瓦斯动作频繁,应联系检修人员进行检查处理。

3.4.5.9 ♯2高压厂变油面降低

(1) 当油位下降至最低油位时,应将变压器退出进行处理。

(2) 当油位急速下降时,应将变压器退出进行处理。

3.4.5.10 ♯2高压厂变油浸变压器油压释放阀动作处理

(1) 现地检查变压器油压释放阀动作情况。

（2）如果油压释放阀动作复归后检查未发现异常，经厂部同意后，可将变压器恢复运行。

（3）如果有其他保护同时动作跳闸，按变压器内部故障处理。

3.4.5.11 ♯2高压厂变温度不正常升高

（1）变压器三相电流是否不平衡。

（2）变压器是否过负荷运行。

（3）检查冷却系统是否正常。

（4）检查温度计指示是否正常。

（5）环境温度及通风是否异常。

（6）如以上检查均未发现问题，而温度继续上升，则将变压器退出运行。

（7）联系检修人员检查处理。

3.4.5.12 ♯2高压厂变零序过流保护动作处理

（1）全面检查♯2高压厂变高压侧一次部分。

（2）测量♯2高压厂变高压侧绝缘。

（3）如绝缘正常，经厂部同意后可试送电一次，如保护仍动作，通知检修处理。

3.4.5.13 ♯2高压厂变过电流保护

（1）检查保护动作情况。

（2）检查变压器低压侧一次部分。

（3）测量变压器低压侧（带 10 kV Ⅱ 段母线）绝缘。

（4）如绝缘正常，复归保护后，经厂部同意可试送电一次。

（5）试送电不成功，通知检修人员处理。

3.4.5.14 10 kV Ⅰ、Ⅱ、Ⅲ 段中某段电压互感器一次熔断器熔断故障处理

（1）退出备自投装置。

（2）断开电压互感器二次空气开关。

（3）将 PT 小车拉出，检查 PT 高压保险是否熔断。

（4）更换相同规格的熔断器，恢复运行。

3.4.6 10 kV 五防闭锁要求

10 kV 断路器柜具有可靠的机械联锁装置，为操作人员与设备提供可靠的安全保护，其功能如下：

（1）当接地开关及断路器在分闸位置时，手车才能从试验位置移至工作位置；而接地开关在合闸位置时，手车不能从试验位置移至工作位置。

（2）只有手车处于试验位置或移开位置时，接地开关才能操作。

（3）断路器只有在断路器手车处于试验位置或工作位置时才能进行合闸操作。

（4）手车在工作位置时，二次插头被锁定，不能拔出。

（5）只有接地开关合闸时，前下门及后封板才能打开，防止误入带电间隔。

3.5 直流系统及交流不停电电源

3.5.1 概述

我厂直流系统电压等级为 220 V，作为全厂断路器直流操作机构的分/合闸、继电保护、自动装置、信号装置等使用的操作电源及控制电源和事故照明，主要由交流配电单元、充电模块、直流馈电、集中监控单元、绝缘监测单元、降压单元和蓄电池组等部分组成。直流系统为两段单母线，每段母线各连接一组蓄电池，统由一套微机型集中监控器进行数据收集和管理。在直流屏室、各机组分电屏、升压站分电屏每段母线上各设一套独立的在线绝缘监测仪。有输入/输出过压保护、输入/输出欠压报警、防雷保护、雷击浪涌吸收保护。

我厂 220 kV 升压站直流系统电压等级为 220 V，专供 220 kV 设备直流操作机构的分/合闸、继电保护、自动装置、信号装置等使用的操作电源及控制电源，主要由交流配电单元、充电模块、直流馈电、微机监控单元、绝缘监测单元、降压单元和蓄电池组等部分组成。220 kV 升压站直流系统为两段单母线，每段母线上各连接一组蓄电池及配置一套微机监控单元、绝缘监测单元进行数据收集和管理。220 kV 升压站直流系统共配置 3 台充电机，♯1(♯2)充电机作为Ⅰ(Ⅱ)段直流系统母线交流进线电源，♯3 充电机作为Ⅰ、Ⅱ段母线热备用电源。有输入/输出过压保护、输入/输出欠压报警、防雷保护、雷击浪涌吸收保护。

我厂 UPS 电压等级为 220 V，主要由双 APC 主机、并机柜、配电柜和蓄电池组成，作为计算机监控系统电源，是一种含有储能装置（即蓄电池组），以逆变器为主要组成部分的恒压恒频的不间断电源。当市电输入正常时，UPS 将市电稳压后供应给负载使用，此时的 UPS 就是一台交流市电稳压器，同时它还向机内蓄电池充电；当市电中断（事故停电）时，UPS 立即将蓄电池组的电能，通过逆变转换的方法向负载继续供应 220 V 交流电，使负载维持正常工作并保护负载软、硬件不受损坏。

3.5.2 设备规范

3.5.2.1 交流配电单元

1. 单路交流检测回路(交流状态检测)

正常运行时间,三相交流电处于相对平衡的状态,三相交流电中心点与零线之间无电势差,内部继电器J1不动作,告警继电器J3励磁,J3常闭接点断开,无交流故障告警信号输出,同时指示"电源正常"的LED点亮。当交流任一相发生缺相或三相严重不平衡时,三相交流中心与零线之间产生电势差,J1动作,J3失磁,发出"交流故障"告警信号,同时"电源正常"的LED熄灭。

2. 雷击浪涌吸收器

雷击浪涌吸收器具有防雷和抑制电网瞬间过压双重功能,最大通流量40 kA,动作时间小于25 ns,由原理图可见,相线与相线之间、相线与零线之间的瞬间干扰脉冲均可被压敏电阻和气体放电管吸收,功能优于单纯的防雷器。

3. 防雷保护电路

雷击分为直击雷和感应雷两种,线路直接遭雷击时,电缆中流过很大电流,同时引起数千伏的过电压直接加到线路装置和电源设备上,持续时间达若干微秒,直接危害用电设备。感应雷通过雷云之间或雷云对地的放电,在附近的电缆或用电设备上产生感应过电压,危害用电设备的安全。

我厂直流系统所装的为C级防雷,设在交流配电单元入口(D级设在充电模块内),通流量为40 kA,动作时间小于25 ns,当防雷器故障时,C级防雷器的工作状态窗口由绿变红,提醒更换防雷模块,防雷模块为插拔式。

3.5.2.2 充电模块

充电模块采用(N+1)冗余方式,即在用N个模块满足电池组的充电电流($0.1C_{10}$)加上经常性负荷电流的基础上,增加1个备用模块,我厂1 000 Ah电池组,经常性负荷(I_j)除了事故照明用电200 A外远小于100 A。最大输出电流 $I_{CN}=0.1C_{10}+I_j=0.1×1 000+100=200(A)$ 所以,我厂每组配备 20 A×10=200 A 的充电模块完全可以满足要求。充电模块的保险规格为:20 A;每段直流母线充电模块组数:10组;充电模块启动时,先合充电模块面板上的三相交流输入空气开关,再按开机按钮,关机则相反。

充电模块与监控器通信接口采用光隔离电流环串口,20个充电模块的TXD、+5 V、GND、RXD并在一起与监控器上的DB15(公)串口连接。巡检时注意：

（1）充电模块的风扇工作是否正常。

（2）工作指示灯"输入"亮绿灯；"均充"亮黄灯；"正常"亮绿灯；"故障"灯熄灭。

（3）输出显示窗交替显示充电模块的输出电压和输出电流。

（4）输出限流状态指示灯 III 档黄灯亮（因为监控器中设定为 III 档），若输出电流超过 75% ICN，IV 档黄灯亮，处于第 2 重限流保护（100% ICN）范围内。

（5）充电模块上"均充"按钮应处于弹起状态（因为日常的浮/均充切换设置由监控器通过设定改变电流大小来完成），若处于按下状态，监控器会报"充电机故障"信号。

（6）故障的充电模块可以在监控器上强制掉。

3.5.2.3　直流馈线单元

根据各回路所用负荷选用专用直流断路器，分断能力在 6 kA 以上，负荷小开关右上角的小按钮提起时，表该开关故障跳闸（此时该开关的位置状态有可能不是很明显，可通过右上角的小按钮来判断），同时监控器上也会有故障信号报警。

3.5.2.4　绝缘监测单元

（1）原理：通过对比正、负电流差的大小来判断（正常时$|I_{正}-I_{负}|<0.1$ A）。

（2）可在绝缘监测画面查看支路的绝缘状态，可选出绝缘电阻值小于 500 K 的支路，对于单极一点接地、单极多点接地、两极同时接地、蓄电池回路接地、交流窜电故障、直流互窜（环网故障）等各类接地故障，能确保 100% 告警并选出故障支路。

（3）共有 1 台绝缘主机（装于 #1 母联柜）、5 台绝缘分机（4 台机组用，1 台升压站用），5 台绝缘分机通过盘柜间的转接端子并联后接入绝缘监测主机。

3.5.2.5　UPS 蓄电池主要参数

（1）容量：1 000 Ah。

（2）型式：胶体阀控式密封铅酸蓄电池。

（3）单体电池额定电压：2.2 V。

（4）蓄电池数量（每组）：103 只。

（5）单体电池浮充电压：2.25 V（25 ℃）。

（6）单体电池均充电压：2.33 V（25 ℃）。

(7) 单体电池放电终止电压(10 h 率):1.80 V(表明该节电池有故障)。

(8) 使用:25℃下,浮充使用寿命≥15 年,在此期间不需检查电解液比重或加水。

3.5.2.6　直流蓄电池主要参数

(1) 容量:1 000 Ah。

(2) 型式:固定型阀控密封式密封铅酸蓄电池。

(3) 单体电池额定电压:2 V。

(4) 蓄电池数量(每组):103 只。

(5) 单体电池浮充电压:2.23±0.01 V(25℃)。

(6) 初始充电电流:150 A(最大)。

3.5.2.7　220 kV 升压站蓄电池主要参数

(1) 容量:1 000 Ah。

(2) 型式:固定型阀控密封式胶体蓄电池。

(3) 单体电池额定电压:12 V。

(4) 蓄电池数量(每组):18 只。

(5) 单体电池浮充电压:13.62 V(25℃)。

(6) 温度补偿系数:-0.018 V/℃/只。

(7) 浮充最大充电电流:30.0 A。

3.5.3　运行方式

3.5.3.1　直流系统主屏正常运行方式

直流系统主屏♯1 组直流电源充电模块装置电源取自 400 V 全厂公用电系统Ⅰ段,通过 41GY502QF 供电开关供电;♯2 组直流电源充电模块装置电源取自 400 V 全厂公用电系统Ⅱ段,通过 42GY502QF 供电开关供电。

正常运行时,直流系统主屏母线分段运行,分别有两种方式:

第一种:♯1 组直流电源充电模块通过 11QDT 再通过充电母线向♯1 组蓄电池浮充电,同时通过 12QDT 向Ⅰ段母线供电;♯2 组直流电源充电模块通过 21QDT 再通过充电母线向♯2 组蓄电池浮充电,同时通过 22QDT 向Ⅱ段母线供电。

第二种:♯1 组直流电源充电模块通过 11QDT 向Ⅰ段母线供电,同时♯1 组蓄电池通过 12QDT 向Ⅰ段母线供电,♯2 组直流电源充电模块通过 21QDT 向Ⅱ段母线供电,同时♯2 组蓄电池通过 22QDT 向Ⅱ段母线供电。

直流系统Ⅰ段和Ⅱ段母线分别向四台机组直流分屏、升压站直流分屏Ⅰ

段和Ⅱ段母线供电,并同时向主坝及进水塔直流分电箱供电(其分电箱进线开关采用切换开关,Ⅰ段电源主用,Ⅱ段电源备用)。

3.5.3.2 直流系统主屏异常运行方式

1. 原运行方式为第一种的情况

当#1组蓄电池需退出运行进行检修时,先切换11QDT使#1组直流电源充电模块通过11QDT向Ⅰ段母线供电,后切换12QDT使#2组直流电源充电模块装置通过Ⅱ段母线向Ⅰ段母线供电,再切换11QDT使#1组直流电源充电模块装置向#1组蓄电池进行均充等维护,整个切换过程不会造成停电。Ⅱ段母线操作方式与Ⅰ段母线相同。

当#1组直流电源充电模块装置退出运行检修时,先切换11QDT使#1组直流电源充电模块通过11QDT向Ⅰ段母线供电,后切换12QDT或22QDT使#2组直流电源充电模块装置通过Ⅱ段母线向Ⅰ段母线供电,再断开12QA及11QA使#1组直流电源充电模块装置与系统隔离,整个切换过程不会造成停电。Ⅱ段母线操作方式与Ⅰ段母线相同。

2. 原运行方式为第二种的情况

当#1组蓄电池需退出运行进行检修时,直接切换12QDT使#2组直流电源充电模块装置通过Ⅱ段母线向Ⅰ段母线供电,再切换11QDT使#1组直流电源充电模块装置向#1组蓄电池进行均充等维护,整个切换过程不会造成停电。Ⅱ段母线操作方式与Ⅰ段母线相同。

当#1组直流电源充电模块装置退出运行检修时,直接切换12QDT或22QDT使#2组直流电源充电模块装置通过Ⅱ段母线向Ⅰ段母线供电,再断开12QA及11QA使#1组直流电源充电模块装置与系统隔离,整个切换过程不会造成停电。Ⅱ段母线操作方式与Ⅰ段母线相同。

3.5.3.3 220 kV升压站直流系统正常运行方式

220 kV升压站直流系统充电模块为双电源转换开关,#1(#2)组直流电源充电模块装置主用电源取自400 V全厂公用电系统Ⅰ(Ⅱ)段,通过41GY304QF(42GY301QF)供电开关供电,备用电源自400 V全厂公用电系统Ⅱ(Ⅰ)段,通过42GY301QF(41GY304QF)供电开关供电。

正常运行时,220 kV升压站直流系统母线分段运行:#1组直流电源充电模块通过ZK11/ZK12向Ⅰ段母线供电,同时#1组蓄电池通过ZK3向Ⅰ段母线供电,#2组直流电源充电模块通过ZK22/ZK21向Ⅱ段母线供电,同时#2组蓄电池通过ZK4向Ⅱ段母线供电,ZK5断开,#3充电机作为热备用。

3.5.3.4 220 kV 升压站直流系统异常运行方式

当♯1组蓄电池需退出运行进行检修维护时,先合上 ZK5 使Ⅱ段母线向Ⅰ段母线供电,然后断开 ZK3,再切换 ZK11/ZK12 使♯1组直流电源充电模块装置向♯1组蓄电池进行均充等维护,整个切换过程不会造成停电。Ⅱ段母线操作方式与Ⅰ段母线相同。

3.5.3.5 主坝直流分电箱运行方式

正常运行时,主坝直流分电箱通过 QDT 由直流系统主屏Ⅰ段母线通过 106QA 供电。

若直流系统主屏Ⅰ段母线供电出现故障时,切换 QDT 使主坝直流分电箱通过 QDT 由直流系统主屏Ⅱ段母线通过 206QA 供电(切换时主坝直流分电箱将短时停电)。

3.5.3.6 进水塔直流分电箱运行方式

正常运行时,进水塔直流分电箱通过 QDT 由直流系统主屏Ⅱ段母线通过 106QA 供电。

若直流系统主屏Ⅱ段母线供电出现故障时,切换 QDT 使进水塔直流分电箱通过 QDT 由直流系统主屏Ⅰ段母线通过 206QA 供电(切换时进水塔直流分电箱将短时停电)。

3.5.3.7 升压站直流分屏运行方式

正常运行时,升压站♯1直流分屏母线通过 1QDT 由直流系统主屏Ⅰ段母线通过 105QA 供电;升压站♯2直流分屏母线通过 2QDT 由直流系统主屏Ⅱ段母线通过 205QA 供电。

若直流系统主屏某段母线故障,切换 1QDT 或 2QDT 使升压站直流分屏内的两段母线并联。

3.5.3.8 UPS 运行方式

UPS 电源分别取自 400 V 全厂公用电系统Ⅰ段和 400 V 全厂公用电系统Ⅱ段形成双冗余电源供电给 APCUPS1 和 APCUPS2,然后再由 APCUPS1 和 APCUPS2 逆变整流为 220 V 交流电源并联运行。

3.5.4 故障及事故处理

3.5.4.1 直流系统接地故障处理

1. 现象

直流系统微机绝缘监视装置显示:正控母一、负控母一电压(或正控母二、负控母二电压)相差过大且母线(正控母一、负控母一、正控母二、负控母二)绝缘值显示异常小于报警值 25 kΩ(正常时应无穷大,显示为 999.99 kΩ)。

2. 处理

(1) 检查直流系统微机绝缘监视装置,判断故障性质及故障回路。

(2) 检查接地原因。

(3) 在保证电源正常供电情况下,将接地负荷切除。

(4) 联系检修处理。

(5) 检查直流系统接地故障应注意的事项:

①当直流系统发生接地时,应禁止在二次回路上工作。

②选切中调管辖设备的操作、保护电源时,应经中调值班员同意。

③为防止保护误动作,在选切保护、操作电源前,应解除可能误动的保护,电源恢复后再投入保护。

④检查直流系统一点接地时,应小心谨慎,防止引起直流另一点接地而造成直流短路或开关误跳闸。

⑤在寻找及处理接地故障时,必须保证至少有两人才能进行工作。

⑥查找故障点时,运行人员不得打开继电器箱和保护箱。

3.5.4.2 直流蓄电池单节或欠压/过压故障处理

1. 现象

集中监控器(微机监控装置)发出"第 * 组蓄电池单节欠压/过压报警"信号。

2. 处理

(1) 根据报警在集中监控器上报警信号,查看欠压/过压电池属第几组第几节。

(2) 戴绝缘手套及护目镜,至蓄电池室检查此节蓄电池检测保险是否爆裂或熔断。

(3) 若保险已爆裂,更换新的保险及接线。

(4) 更换时,必须戴绝缘手套和护目镜。

3.5.4.3 蓄电池着火的处理

(1) 根据着火情况,尽量维持一组运行。

(2) 切除故障蓄电池组输出开关。

(3) 尽量维持母线供电。

(4) 关闭室内送/排风机。

(5) 用二氧化碳灭火器灭火,灭火时必须戴防毒面具。

第 4 章
继保及通信系统

4.1 继电保护

4.1.1 系统概述

我厂继电保护装置为微机型保护装置,保护设备包括四台水轮发电机、两台双圈变压器、两台三圈变压器、一台 110 kV 高压厂用变压器、220 kV 和 110 kV 母线保护、三回 220 kV 线路、厂用电系统。其中发电机、主变、220 kV 母线、#1 和 #3 高压厂变保护为双重配置(非电量保护除外)。除 220 kV 母线保护由许继电气股份有限公司提供及三回线路主二保护由北京四方继保自动化股份有限公司提供外,其他保护均由南京南瑞继保电气有限公司提供。因 110 kV 系统未投运,故其相关保护装置未投运。

4.1.2 运行规范

4.1.2.1 新投运、检修、技改后的保护装置

投运前保护专业人员必须做出详细的书面交代,预先将有关图纸、资料交运行人员熟悉掌握,并注明可以投入,经由当值人员验收方可投入运行。

4.1.2.2 定值通知单

(1)继电保护整定值通知单是运行现场调整定值的书面依据,中调管辖的保护装置的定值按中调下达的定值通知单执行。定值整定试验完毕并验收合格后,经厂部同意,方可投入运行。

(2)运行方案临时变动,保护专业编制相应的临时定值单,中调管辖的设

备按中调值班调度员的指令执行。运行方式恢复时,临时定值单即行作废。

(3) 定值单应注明所使用电压、电流互感器变比,应注意与现场相一致。

4.1.2.3 一次设备不允许无保护运行

220 kV 线路无主保护运行时,原则上应停运该线路。如电网运行方式不能安排停运,对稳定有要求的线路,应按调度令更改有关保护后备段及重合闸的动作时间。

运行中的变压器,其重瓦斯、差动保护不得同时停用。

中调管辖的保护装置作业须退出时,必须得到调度员的许可,由运行值长接令后执行,且应做好详细记录,记清时间及发令人,具体如下:

(1) 220 kV 系统、110 kV 系统及主变压器保护装置的投入或退出,应按中调命令执行。

(2) 发电机组的保护和 10 kV、400 V 厂用电保护装置的投入或退出,应按厂部命令执行。

4.1.2.4 继电保护及自动装置检修作业完毕的检查

继电保护及自动装置检修作业完毕,工作负责人应详细、正确填写好继电保护作业交代本,并向当值人员交代,值班人员应与检修人员一起进行如下检查:

(1) 检查在试验中连接的临时接线是否全部拆除。

(2) 检查作业中所断开和短接的线头是否全部恢复。

(3) 工作场所是否清理完毕,有无遗留工具。

(4) 交代清楚后由当值值长在交代本上签名后方能办理工作票结束手续。

4.1.2.5 重合闸装置停用的条件

重合闸装置在以下情况应向中调值班调度员申请停用:

(1) 装置不能正常工作时。

(2) 装置所接电流互感器,电压互感器停用时。

(3) 会造成不允许的非同期合闸时。

(4) 长期对线路充电时。

(5) 线路上带电作业有要求时。

4.1.3 运行操作

4.1.3.1 保护投、退原则

(1) 先投入保护功能压板,再检查保护装置状态是否正确,然后投保护的

出口压板。

(2) 退出保护装置运行先退出口压板,再退功能压板。

4.1.3.2 重合闸投、退操作按中调令执行

1. 调度术语

停用××线路的重合闸。(说明:重合闸方式开关置停用位置,且重合闸的合闸出口压板退出;如对应线路保护中有"沟通三跳"压板时,厂站值班员应按现场规程要求先自行投入"沟通三跳"压板。)

2. 具体操作

(1) 220 kV 右沙Ⅰ(Ⅱ)线:先将右沙Ⅰ(Ⅱ)线线路主一保护柜内的"沟通三跳"压板 1LP21 投入;重合闸装置旋钮切至"停用"位置;退出"合闸出口"压板 1LP4。主二保护柜也按上述操作,操作完毕后按要求汇报中调并按要求在《保护压板投退登记本》上做好登记。

(2) 220 kV 右松线:先将右松线线路主一保护柜重合闸装置旋钮切至"停用"位置;退出"重合闸"压板 1LP4。主二保护柜也按上述操作,操作完毕后按要求汇报中调并按要求在《保护压板投退登记本》上做好登记。

3. 调度术语

投入××线路的重合闸。(说明:重合闸方式开关置相应位置——单重、三重、综重,重合闸的合闸出口压板投入;如对应线路保护中有"沟通三跳"压板时,厂站值班员应按现场规程要求先自行退出"沟通三跳"压板。)

备注:线路两套重合闸装置配置为同一厂家的,两套重合闸的方式置相同位置,两套重合闸的合闸出口压板均投入。线路两套重合闸装置配置为不同厂家的,两套重合闸的方式置相同位置,但只投入其中一套的合闸出口压板(具体投退按现场规程执行)。当重合闸出口投入的保护装置有缺陷或其纵联保护退出时,不允许改变重合闸的方式开关位置,只退出该套保护装置的重合闸出口压板,投入另一套保护装置的重合闸出口压板。

4. 具体操作

(1) 220 kV 右沙Ⅰ(Ⅱ)线:先将右沙Ⅰ(Ⅱ)线线路主一保护柜内的"沟通三跳"压板 1LP21 退出,重合闸装置旋钮切至"单重"位置,投入"合闸出口"压板 1LP4;主二保护柜也按上述操作,操作完毕后按要求汇报中调并按要求在《保护压板投退登记本》上做好登记。

(2) 220 kV 右松线:先将右松线线路主一保护柜"重合闸"压板 1LP4 投入;重合闸装置旋钮切至"单重"位置;。主二保护柜也按上述操作,操作完毕后按要求汇报中调并按要求在《保护压板投退登记本》上做好登记。(待定)

4.1.3.3 投入线路全部保护

1. 调度术语

投入××线路全部保护(说明：对于单断路器接线的厂站：将××线路××开关的全部线路保护。(含远跳保护、但母差及公共失灵保护除外)、断路器保护的有关出口压板、功能压板、启动失灵压板，以及至其他设备继电保护及安全自动装置的起动或闭锁压板，按现照现场运行规程及定值通知单的要求进行投入。)

2. 具体操作

(1) 投入 220 kV 右沙Ⅰ(Ⅱ)线线路全部保护。投入右沙Ⅰ(Ⅱ)线路主一保护柜内功能压板：1LP9、1LP10、1LP11、1LP15、1LP17、1LP18、1LP19、8LP5；再投入出口压板：1LP1、1LP2、1LP3、1LP4、1LP5、1LP6、1LP7、8LP1、8LP2、8LP3。投入主二保护柜功能压板：1LP9、1LP10、1LP11、1LP15、1LP17、1LP18、1LP19；再投出口压板：1LP1、1LP2、1LP3、1LP4、1LP5、1LP6、1LP7。操作完毕后按要求汇报中调并按要求在《保护压板投退登记本》上做好登记。

(2) 投入 220 kV 右松线线路全部保护。投入右松线路主一保护柜内功能压板：1LP19、1LP20、1LP21、1LP22、1LP26；再投入出口压板：1LP1、1LP2、1LP3、1LP4、1LP5、1LP7、1LP10、1LP11、1LP12、1LP13、1LP14、1LP15、1LP28、1LP29。投入右松线路主二保护柜内功能压板：1LP19、1LP20、1LP21、1LP22、1LP23、1LP26；再投入出口压板：1LP1、1LP2、1LP3、1LP4、1LP5、1LP7、1LP10、1LP11、1LP12。操作完毕后按要求汇报中调并按要求在《保护压板投退登记本》上做好登记。

4.1.3.4 退出线路全部保护

1. 调度术语

退出××线路全部保护。(说明：对于单断路器接线的厂站，将××线路××开关的全部线路保护(含远跳保护、但母差及公共失灵保护除外)、断路器保护的有关出口压板、启动失灵压板，以及至其他设备继电保护及安全自动装置的起动或闭锁压板退出。)

2. 具体操作

(1) 退出 220 kV 右沙Ⅰ(Ⅱ)线线路全部保护。退出右沙Ⅰ(Ⅱ)线路主一保护柜内压板：1LP1、1LP2、1LP3、1LP4、1LP5、1LP6、1LP7、1LP15、8LP1、8LP2、8LP3；退出右沙Ⅰ(Ⅱ)线路主二保护柜内压板：1LP1、1LP2、1LP3、1LP4、1LP5、1LP6、1LP7、1LP15。操作完毕后按要求汇报中调并按要求在

《保护压板投退登记本》上做好登记。

（2）退出220 kV右松线线路全部保护。退出右松线路主一保护柜内压板：1LP1、1LP2、1LP3、1LP4、1LP5、1LP7、1LP10、1LP11、1LP12、1LP13、1LP14、1LP15、1LP28、1LP29。退出右松线路主二保护柜内压板：1LP1、1LP2、1LP3、1LP4、1LP5、1LP7、1LP10、1LP11、1LP12。操作完毕后按要求汇报中调并按要求在《保护压板投退登记本》上做好登记。

4.1.3.5 投入线路主一（主二）保护

1. 调度术语

投入××线路主一（主二）保护。（说明：将××线路主一（主二）保护的有关出口压板、功能压板、启动失灵压板，以及至其他设备继电保护及安全自动装置的起动或闭锁压板，按现照现场运行规程及定值通知单的要求进行投入。）

2. 具体操作

（1）投入220 kV右沙Ⅰ（Ⅱ）线线路主一保护。投入右沙Ⅰ（Ⅱ）线主一保护柜内压板：1LP9、1LP10、1LP11、1LP15、1LP17、1LP18、1LP19，再投入1LP1、1LP2、1LP3、1LP4、1LP5、1LP6、1LP7压板，操作完毕后按要求汇报中调并按要求在《保护压板投退登记本》上做好登记。

（2）投入220 kV右沙Ⅰ（Ⅱ）线线路主二保护。投入右沙Ⅰ（Ⅱ）线主二保护柜内压板：1LP9、1LP10、1LP11、1LP15、1LP17、1LP18、1LP19，再投1LP1、1LP2、1LP3、1LP4、1LP5、1LP6、1LP7压板。操作完毕后按要求汇报中调并按要求在《保护压板投退登记本》上做好登记。

（3）投入220 kV右松线线路主一保护。投入右松线主一保护柜内压板：1LP19、1LP20、1LP21、1LP22、1LP26；再投入压板：1LP1、1LP2、1LP3、1LP4、1LP5、1LP7、1LP10、1LP11、1LP12、1LP13、1LP14、1LP15、1LP28、1LP29。操作完毕后按要求汇报中调并按要求在《保护压板投退登记本》上做好登记。

（4）投入220 kV右松线线路主二保护。投入右松线主二保护柜内压板：1LP19、1LP20、1LP21、1LP22、1LP23、1LP26；再投入压板：1LP1、1LP2、1LP3、1LP4、1LP5、1LP7、1LP10、1LP11、1LP12。操作完毕后按要求汇报中调并按要求在《保护压板投退登记本》上做好登记。

4.1.3.6 退出线路主一（主二）保护

1. 调度术语

退出××线路主一（主二）保护。（说明：退出××线路主一（主二）保护的有关出口压板、启动失灵压板,以及至其他设备继电保护及安全自动装置的起动或闭锁压板。对于单断路器接线的厂站,"主一(主二)保护的有关出口压板"包括重合闸出口压板。)

2. 具体操作

(1) 退出 220 kV 右沙Ⅰ(Ⅱ)线线路主一保护。退出右沙Ⅰ(Ⅱ)线路主一保护柜内压板:1LP1、1LP2、1LP3、1LP4、1LP5、1LP6、1LP7、1LP9、1LP10、1LP11、1LP15 压板,操作完毕后按要求汇报中调并按要求在《保护压板投退登记本》上做好登记。

(2) 退出 220 kV 右沙Ⅰ(Ⅱ)线线路主二保护。退出右沙Ⅰ(Ⅱ)线路主二保护柜内压板:1LP1、1LP2、1LP3、1LP4、1LP5、1LP6、1LP7、1LP9、1LP10、1LP11、1LP15 压板,操作完毕后按要求汇报中调并按要求在《保护压板投退登记本》上做好登记。

(3) 退出 220 kV 右松线线路主一保护。退出右松线路主一保护柜内压板:1LP1、1LP2、1LP3、1LP4、1LP5、1LP7、1LP10、1LP11、1LP12、1LP13、1LP14、1LP15、1LP28、1LP29。操作完毕后按要求汇报中调并按要求在《保护压板投退登记本》上做好登记。

(4) 退出 220 kV 右松线线路主二保护。退出右松线路主二保护柜内压板:1LP1、1LP2、1LP3、1LP4、1LP5、1LP7、1LP10、1LP11、1LP12。操作完毕后按要求汇报中调并按要求在《保护压板投退登记本》上做好登记。

4.1.3.7 投入(退出)线路主一(主二)保护的纵联保护

1. 调度术语

投入(退出)××线路主一(主二)保护的纵联保护。(说明:投入(退出)××线路主一(主二)保护装置的纵联主保护功能压板。)

具体操作:

(1) 投入(退出)220 kV 右沙Ⅰ(Ⅱ)线线路主一(主二)保护的纵联主保护功能压板 1LP18,操作完毕后按要求汇报中调并按要求在《保护压板投退登记本》上做好登记。

(2) 投入(退出)220 kV 右松线线路主一(主二)保护的纵联主保护功能压板 1LP19、1LP20(1LP19、1LP20、1LP21),操作完毕后按要求汇报中调,并按要求在《保护压板投退登记本》上做好登记。

4.1.3.8 投入变压器全部保护

调度术语:投入××电厂××变压器全部保护。(说明:将××电厂××变压器全部保护的出口压板、功能压板以及其他设备继电保护及安全自动装置的起动或闭锁压板,按照现场运行规程及定值通知单的要求进行投入。)

2. 具体操作

(1) 投入♯1、♯3变压器全部保护。投入♯1、♯3主变保护A柜LP5、LP7、LP10、LP12、LP13、LP21、LP22、LP28、LP29、LP31、LP34(♯3主变)压板;投入♯1、♯3主变保护B柜LP6、LP7、LP11、LP12、LP13、LP21、LP22、LP28、LP29、LP31、LP34(♯3主变);投入♯1、♯3变压器保护C柜LP1、LP2、LP5、LP10、LP11、LP12、LP13、LP14、LP19、LP20、LP21、LP23、LP28、LP29、LP30、LP36、LP37、LP42、LP43压板,操作完毕后按要求汇报中调,并按要求在《保护压板投退登记本》上做好登记。

(2) 投入♯2、♯4变压器全部保护。投入♯2、♯4主变保护A柜LP1、LP3、LP10、LP12、LP13、LP26、LP28、LP29、LP30、LP33、LP44压板;投入♯2、♯4主变保护B柜LP2、LP3、LP11、LP12、LP13、LP26、LP28、LP29、LP30、LP33、LP44压板;投入♯2、♯4变压器保护C柜:LP1、LP2、LP5、LP10、LP11、LP16、LP19、LP20、LP21、LP28、LP29、LP30、LP34、LP36、LP37、LP42、LP43、LP44压板,操作完毕后按要求汇报中调并按要求在《保护压板投退登记本》上做好登记。

4.1.3.9 退出××电厂××变压器全部保护

说明:退出××电厂××变压器全部保护的所有出口压板以及其他设备继电保护及安全自动装置的起动或闭锁压板。

具体操作:退出4.1.3.8全部压板。

4.1.3.10 投入××母线第×套母线保护

说明:将××母线第×套母线保护的功能压板、跳所有运行开关的出口压板以及其他设备继电保护及安全自动装置的起动或闭锁压板,按照现场运行规程及定值通知单的要求进行投入。

4.1.3.11 退出××母线第×套母线保护

说明:退出××母线第×套母线保护的所有出口压板以及其他设备继电保护及安全自动装置的起动或闭锁压板。

4.1.3.12 投入(退出)××母线保护的差动保护功能

说明:投入(退出)××母线保护的差动保护功能压板。

4.1.3.13 投入××开关的断路器保护

说明:将××开关的断路器保护的所有出口压板、功能压板以及至其他设备继电保护及安全自动装置的起动或闭锁压板,按照现场运行规程及定值通知单的要求进行投入。

4.1.3.14　退出××开关的断路器保护

说明:退出××开关的断路器保护的所有出口压板以及至其他设备继电保护及安全自动装置的起动或闭锁压板。

4.1.3.15　投入(退出)××开关的总启动失灵压板

说明:此调度指令只对总失灵压板做出要求。对于保护装置上分相失灵压板的投退由现场运行规程自行规定,在此不做要求。

4.1.3.16　投入(退出)××公共失灵保护

说明:投入(退出)公共失灵保护屏的有关功能压板、出口压板。此调度指令只适用于失灵保护单独组屏的厂站。

4.1.4　故障处理

保护动作后,值班人员应详细检查,正确记录有关的保护信号、事件记录及故障录波分析装置的动作情况,及时向中调值班调度员(中调管辖的设备)及厂部汇报,并通知检修人员处理。

发生不正确动作,值班人员应对该保护动作信号、动作后果等详细记录,通知ONCALL人员现地检查,及时向中调值班员(中调管辖的设备)及厂部汇报。

当发生事故时,如果自动装置动作,值班人员应记录动作时间、动作后果和当时负荷,并报告中调值班调度员(中调管辖的设备)及厂部。

4.1.5　保护配置情况

4.1.5.1　发电机保护配置表

表 4.1

保护名称	出口硬压板	保护范围	动作后果
不完全差动保护	A、B柜LP1	作为发电机定子绕组及其引出线的相间短路故障的主保护。	①停机;②发事故信号
双元件横差保护	A、B柜LP2	作为发电机定子匝间短路故障保护。	①停机;②发事故信号
基波定子接地保护	A、B柜LP3	作为发电机定子绕组单相接地故障保护。	①停机;②发事故信号
转子一点接地保护	A、B柜LP4	作为发电机转子励磁回路发生一点接地故障时的保护。	发预告信号

续表

保护名称	出口硬压板	保护范围	动作后果
定子过负荷保护	A、B柜LP5	作为发电机过负荷引起的发电机定子绕组过电流的保护。	发预告信号
三次谐波定子接地保护	A、B柜LP6	作为发电机定子绕组单相接地故障保护。	①停机；②发事故信号
失磁保护	A、B柜LP7	作为发电机励磁电流异常下降或完全消失的失磁故障保护。	①解列；②发事故信号
发电机过电压保护	A、B柜LP8	作为发电机定子绕组异常过电压的保护。	①解列灭磁；②发事故信号
负序过电流保护	A、B柜LP9	作为发电机过分不平衡负荷或不对称故障的保护。	第一时限：①跳220 kV母线分段断路器和110 kV母线分段断路器；②发事故信号 第二时限：①停机；②发事故信号
低压记忆过流保护	A、B柜LP10	作为发电机外部相间短路故障和发电机主保护的后备保护。	第一时限：①跳220 kV母线分段断路器和110 kV母线分段断路器；②发事故信号 第二时限：①停机；②发事故信号
励磁绕组过负荷保护	A、B柜LP11	作为对发电机励磁系统故障或强励时间过长引起的励磁绕组过负荷的保护。	①降低励磁电流；②发预告信号
励磁变过流保护	A、B柜LP12	作为励磁变压器内部故障和外部相间短路引起的过电流的保护。	①解列；②发事故信号
励磁变过负荷保护	A、B柜LP13	作为励磁变压器内部故障和外部相间短路引起的过电流的保护。	①解列；②发故障信号。
转子表层过负荷保护	A、B柜LP14	作为发电机负序电流引起的发电机转子过负荷的保护。	发预告信号
大轴保护	A、B柜LP34（A、B柜不能同时投入		
水力机械保护	C柜LP1		跳发电机出口断路器、停机并发事故信号
火灾保护	C柜LP2（压板取消）		跳断路器、停机并发事故信号

续表

保护名称	出口硬压板	保护范围	动作后果
励磁装置事故保护	C柜LP3		跳断路器、停机并发事故信号
励磁变温度过高保护	C柜LP4（压板取消）		跳断路器、停机并发事故信号
灭磁开关联跳保护	C柜LP5		

4.1.5.2 ♯1、♯3主变保护配置表

表4.2

保护名称	出口硬压板	保护范围	动作后果
主变差动保护	A、B柜LP1	作为变压器内部和引出线相间短路故障的主保护。	①跳变压器各侧断路器；②发事故信号
主变高压侧复压过流保护	A、B柜LP2	当发电机断路器断开后，作为变压器外部相间短路引起的过电流的保护。	①跳变压器220 kV侧断路器；②发事故信号
主变零序电流保护	A、B柜LP3	作为变压器外部单相接地短路引起的过电流的保护。	Ⅰ段：①跳220 kV母线分段断路器；②发事故信号 Ⅱ段：①跳变压器各侧断路器；②发事故信号
主变间隙零序保护	A、B柜LP4	作为变压器外部单相接地短路引起的过电流的保护。	①跳变压器各侧断路器；②发事故信号
失灵启动保护	A、B柜LP6		①起动母线失灵保护装置；②发事故信号
非全相保护	A、B柜LP7		
主变低压侧复压过流保护	A、B柜LP8	作为变压器外部相间短路引起的过电流的保护。	第一时限：①跳220 kV母线分段断路器；②发事故信号 第二时限：①跳变压器各侧断路器；②发事故信号
主变高压侧电压投退	A、B柜LP9		
主变低压侧电压投退	A、B柜LP10		

续表

保护名称	出口硬压板	保护范围	动作后果
复合电压投退	A、B 柜 LP11		
重瓦斯保护	C 柜 LP1		跳变压器各侧断路器并发事故信号
压力释放阀保护	C 柜 LP2（压板取消）		跳变压器各侧断路器并发事故信号
冷却系统故障保护	C 柜 LP3（压板取消）		瞬时发预告信号,延时跳断路器
绕组温度保护	C 柜 LP4（压板取消）		发预告信号或跳变压器各侧断路器并发事故信号
高压侧母线保护 1	C 柜 LP7		跳变压器 220 kV 侧断路器并发事故信号
高压侧母线保护 2	C 柜 LP8		
火灾保护	C 柜 LP11（压板取消）		跳变压器各侧断路器,发事故信号
高压侧断路器失灵保护	C 柜 LP12		
油温保护	C 柜 LP13（压板取消）		发预告信号
轻瓦斯保护			发预告信号

4.1.5.3 ♯2、♯4 主变保护配置表

表 4.3

保护名称	出口硬压板	保护范围	动作后果
主变差动保护	A、B 柜 LP1	作为变压器引出线、套管及内部的短路故障的主保护。	①跳变压器各侧断路器；②发事故信号
主变高压侧复压方向过流保护	A、B 柜 LP2	作为变压器 220 kV 侧外部相间短路引起的过电流的保护。	第一时限:①跳 220 kV 母线分段断路器;②发事故信号 第二时限:①跳本侧断路器;②发事故信号

续表

保护名称	出口硬压板	保护范围	动作后果
主变高压侧零序方向过流保护	B柜LP3	作为变压器外部单相接地短路引起的过电流的保护。	Ⅰ段第一时限：①跳220 kV母线分段断路器；②发事故信号 Ⅰ段第二时限：①跳220 kV侧断路器；②发事故信号 Ⅱ段第一时限：①跳变压器220 kV侧断路器；②发事故信号 Ⅱ段第二时限：①跳变压器各侧断路器；②发事故信号
主变高压侧间隙零序保护	A、B柜LP4	作为主变不接地运行时的主变及相邻线路的单相接地短路故障的后备保护。	
失灵启动	A、B柜LP6		
非全相保护	A、B柜LP7		
主变中压侧复压方向过流保护	A、B柜LP8	作为变压器外部相间短路引起的过电流的保护。	第一时限：①跳110 kV母线分段断路器；②发事故信号 第二时限：①跳本侧断路器；②发事故信号
主变中压侧零序方向过流保护	A、B柜LP9	作为变压器外部单相接地短路引起的过电流的保护。	Ⅰ段第一时限：①跳110 kV母线分段断路器；②发事故信号 Ⅰ段第二时限：①跳110 kV侧断路器；②发事故信号 Ⅱ段第一时限：①跳变压器110 kV侧断路器；②发事故信号 Ⅱ段第二时限：①跳变压器各侧断路器；②发事故信号
主变中压侧零序方向过流保护	A、B柜LP10		
主变低压侧复压过流	A、B柜LP11		
主变高压侧电压投退	A、B柜LP12		

续表

保护名称	出口硬压板	保护范围	动作后果
主变中压侧电压投退	A、B柜LP13		
主变低压侧电压投退	A、B柜LP14		
复合电压投退	A、B柜LP15		
高厂变高压侧限时速断	A、B柜LP16		
高厂变高压侧复压过流	A、B柜LP17		
轻瓦斯保护			发预告信号
重瓦斯保护	C柜LP1		跳变压器各侧断路器和发事故信号
压力释放阀保护	C柜LP2（压板取消）		跳变压器各侧断路器和发事故信号
冷却系统故障保护	C柜LP3（压板取消）		瞬时发故障信号，延时0.5～1 800 s跳各侧断路器并发事故信号
绕组温度保护	C柜LP4（压板取消）		发预告信号或跳变压器各侧断路器并发事故信号
调压压力释放	C柜LP5（压板取消）		
油温保护	C柜LP6（压板取消）		
火灾保护	C柜LP7（压板取消）		跳变压器各侧断路器，发事故信号
调压重瓦斯保护	C柜LP8（压板取消）		
高压侧母线保护1	C柜LP9		
高压侧母线保护2	C柜LP10		
高压侧失灵	C柜LP12		
中压侧母线保护	C柜LP13		

续表

保护名称	出口硬压板	保护范围	动作后果
高厂变温度过高保护	C柜LP14（压板取消）		
油面降低保护			发预告信号

4.1.6 继电保护信息系统子站

继电保护信息管理系统子站（简称"保信子站"），由深圳市国电南思系统控制有限公司提供，通过调度数据网接入广西电网继电保护信息管理系统主站。保信子站主机柜安装于副厂房计算机室，主机柜内有保护管理机1台（NSM803）、网络交换机1台（IETH9424-2F22C，双光口，22电口）、GPS对时装置、显示器1台、键盘、打印机1台，柜内直流电源取自直流主屏Ⅰ段128QA。采集装置1（包含保护接入装置及网络交换机）安装于#3机发电机保护C柜内，主要分别接入四台发电机组保护装置及四台机组故障录波装置，经由光纤接入主机柜；采集装置2（包含保护接入装置及网络交换机）安装于保护Ⅰ室220 kV公用继电器柜内，主要接入220 kV线路、主变保护装置、220 kV故障录波装置、安稳装置，经由光纤接入主机柜。

接入保信子站的微机保护装置生产厂家均为南瑞、许继、南京银山、山东山大产品，总数为51套，通信方式为串口通信。

4.1.6.1 微机保护配置

表 4.4

一、集中安装在主变洞▽137.6 m继电保护室（35套）

序号	名称	数量（套）	型号
1	220 kV母差保护装置	2	WMH-800
2	220 kV母线失灵保护	1	WMH-800
3	220 kV母联继路器保护	1	WDLK-864
4	220 kV线路故障录波装置	1	WDGL（山东山大电力技术有限公司）
5	220 kV右沙Ⅱ线保护装置	3	RCS-931 A、RCS-902C、RCS-923 A
6	220 kV右沙Ⅰ线保护装置	3	RCS-931 A、RCS-902C、RCS-923 A
7	220 kV右百线线保护装置	3	RCS-901 A、RCS-902C、RCS-923 A
8	安稳装置	2	RCS-992 A、RCS-990 A

续表

9	110 kV 母差保护装置	1	WMH-800 预留
10	110 kV 母联继路器保护	1	WDLK-864 预留
11	110 kV 线路故障录波装置	1	预留
12	110 kV 厂高变保护	2	WBH-811、WBH-802 预留
13	110 kV 富宁线路保护	1	预留
14	110 kV 百色市变线路保护	1	预留
15	110 kV 东笋线路保护	1	预留
16	♯1 主变保护装置	3	A 套:WFB-802、WFB-803 B 套:WFB-802、WFB-803 非电量:WFB-804
17	♯2 主变保护装置	3	A 套:WFB-802、WFB-803 B 套:WFB-802、WFB-803 非电量:WFB-804
18	♯3 主变保护装置	3	A 套:WFB-802、WFB-803 B 套:WFB-802、WFB-803 非电量:WFB-804
19	♯4 主变保护装置	3	A 套:WFB-802、WFB-803 B 套:WFB-802、WFB-803 非电量:WFB-804

二、主厂房▽128.1 m 发电机层(共 16 套)

序号	名称	数量(套)	型号
1	♯1 发电机保护装置	3	A 套:WFB-801 B 套:WFB-801 非电量:WFB-804
2	♯1 发电机故障录波装置	1	WDGL(山东山大电力技术有限公司)
3	♯2 发电机保护装置	3	A 套:WFB-801 B 套:WFB-801 非电量:WFB-804
4	♯2 发电机故障录波装置	1	WDGL(山东山大电力技术有限公司)
5	♯3 发电机保护装置	3	A 套:WFB-801 B 套:WFB-801 非电量:WFB-804
6	♯3 发电机故障录波装置	1	WDGL(山东山大电力技术有限公司)

续表

7	♯4发电机保护装置	3	A套:WFB-801 B套:WFB-801 非电量:WFB-804
8	♯4发电机故障录波装置	1	南京银山 YS-89 A

其他说明:
(1) 110 kV未投产,需预留110 kV相关装置的接入。
(2) 调度数据网接口在▽128.1 m副厂房通信室内。
(3) 保信子站后台主机放在▽128.1 m副厂房计算机室内。

4.1.6.2 保护子站主机

保护子站主机负责与主站系统及接入子站系统的保护装置及录波器通信保信子站工作站用于现场调试和就地信息显示,负责就地调取、显示及分析保护装置及故障录波器信息,查询历史信息,完成采集单元、子站主机及网络通信设备等装置的配置。

4.2 同期装置

4.2.1 系统概述

4.2.1.1 设备概况

右江电厂四台机组各有一套同期装置,安装于发电机层各机组LCUA3柜内,所有220 kV、110 kV断路器共用一套同期装置,安装于升压站保护Ⅱ室LCUA4柜内。

♯1、♯2、♯3、♯4机组及220 kV、110 kV断路器同期装置选用南京南瑞集团自动控制公司自主研发的双微机自动准同期装置SJ-12D。该装置采用现代控制理论对合闸相角差进行预测控制,对被同期对象的电压、频率实行变参数调节,提高了同期精度、并网速度。装置的所有参数全部采用数字式整定,自动校正零点和线性,实现装置免维护。

4.2.1.2 相关设备主要技术参数

1. ♯1、♯2、♯3、♯4机及升压站同期装置设备型号

表 4.5

设备名称	型号	生产厂家
双微机自动准同期装置	SJ-12D	南京南瑞集团自动控制公司

2. ♯1、♯2、♯3、♯4机及升压站同步表设备型号

表 4.6

设备名称	型号	生产厂家
微机多功能同步表	SID-2 SL-A	深圳市国立智能电力科技有限公司

说明：本微机多功能同步表集同步表和同期闭锁继电器于一体，用于手动同期相位角指示，及手动同期和自动同期同期闭锁功能。

3. 四台机组同期装置定值

表 4.7

序号	参数名称	单位	原定值	现定值	备注
1	开关类型(TYPE)	—	Gen	Gen	
2	系统频率(fs)	Hz	+50.00	+50.00	
3	无压合类型	—	Type1	Type1	Type1：Us≤50 V 且 (Ug≥80 V|50 Hz| 或 Ug≥65 V|60 Hz)
4	合闸脉冲导前时间 TDL	ms	+100.0	+100.0	
5	允许环并合闸角 Δ	°(度)	+20.00	+20.00	
6	辅CPU闭锁角度	°(度)	+20(♯1) +30(♯2、♯3) +25(♯4)	+20(♯1) +30(♯2、♯3) +25(♯4)	
7	允许压差高限 Δuh	V	+3	+3	
8	允许压差低限 Δul	V	−3	−3	
9	允许频差高限 Δfh	Hz	+0.200	+0.200	
10	允许频差低限 Δfl	Hz	−0.200	−0.200	
11	相角差补偿(Δφ)	°(度)	+0.000	+0.000	
12	系统电压补偿因子 KUL1	—	+1.000	+1.000	
13	待并电压补偿因子 KUg1	—	+1.000	+1.000	
14	调速周期 Tf	秒(s)	+7	+7	
15	调速比例因子 Kpf	—	+1	+1	
16	调速积分项因子 Kif	—	+0	+0	
17	调速微分项因子 Kdf	—	+0	+0	
18	调压周期 Tv	秒(s)	+2	+2	

续表

序号	参数名称	单位	原定值	现定值	备注
19	调压比例项因子 Kpv	—	+20	+20	
20	调压积分项因子 Kiv	—	+0	+0	
21	调压微分项因子 Kdv	—	+0	+0	

4. 220 kV、110 kV 断路器同期装置定值

表 4.8

序号	参数名称	单位	原定值	现定值	备注
1	开关类型(TYPE)	—	Line	Line	
2	系统频率(fs)	Hz	+50.00	+50.00	
3	无压合类型	—	Type2	Type2	Type2:Us≤50 V 或 Ug≤50 V
4	合闸脉冲导前时间(TDL)	ms	+80.0	+80.0	
5	允许环并合闸角(Δ)	°(度)	+20.00	+20.00	
6	辅 CPU 闭锁角度	°(度)	+40°	+40°	
7	允许压差高限(Δu_h)	V	+5	+5	
8	允许压差低限(Δu_l)	V	−5	−5	
9	允许频差高限(Δf_h)	Hz	+0.250	+0.250	
10	允许频差低限(Δf_l)	Hz	−0.250	−0.250	
11	相角差补偿($\Delta \varphi$)	°(度)	+0.000	+0.000	
12	系统电压补偿因子(KUL)	—	+1.000	+1.000	
13	待并电压补偿因子(KUg)	—	+1.000	+1.000	
14	调速周期 Tf	秒(s)	+7	+7	
15	调速比例因子 Kpf	—	+40	+40	
16	调速积分项因子 Kif	—	+0	+0	
17	调速微分项因子 Kdf	—	+0	+0	
18	调压周期 Tv	秒(s)	+5	+5	
19	调压比例项因子 Kpv	—	+20	+20	
20	调压积分项因子 Kiv	—	+0	+0	
21	调压微分项因子 Kdv	—	+0	+0	

4.2.2 基本要求

同期装置调整检查的基本要求及投运前应具备的条件：
(1) 同期装置接线正确。
(2) 同期装置上电后工作正常，无报警信号。
(3) 同期对象的参数与定值单一致。
(4) 与监控系统现地控制单元(LCU)通信正常。
(5) 如果更换了装置中的某些插件，则需进行重新标定。
(6) 同期装置假同期试验符合要求。
(7) 拆除试验接线，并恢复运行情况下的接线。

4.2.3 运行方式

右江电厂同期方式有自动准同期和手动准同期方式，正常情况下为自动准同期方式。自动准同期装置不能投入运行时，经厂部同意后方可采用手动准同期并列。

#1、#2、#3、#4机组及220 kV、110 kV断路器同期装置长期带电。机组开机后，机端电压达到95%额定电压时，由计算机监控系统发令投入同期装置，待机组并网成功后切除同期装置。

4.2.4 运行操作

4.2.4.1 机组手动准同期并列操作

(1) 在机组LCUA3柜将同期装置控制方式把手切至"手动"。
(2) 机组启动后，执行到"同期"步骤时，操作LCUA3柜电压调节把手、机组转速调节把手，调节电压和频率。
(3) 监视机组同步表，当符合同期条件时，将LCUA3柜出口断路器操作把手旋至"合闸"。
(4) 同期成功后，将机组同期装置控制方式恢复正常方式(即将同期装置控制方式切至"自动")。

备注："同期闭锁"把手可实现手动闭锁功能，类似于传统手动同期功能中通过闭锁继电器对相角差进行闭锁。采用该装置的手动方式，可以在范围内设定闭锁角度，并根据需要自动对电压频率等进行调节。

4.2.4.2 220 kV、110 kV断路器手动准同期并列操作

(1) 在升压站保护Ⅱ室LCUA4柜将同期装置控制方式用钥匙把手切至

"手动"。

（2）在升压站保护Ⅱ室LCUA4柜将需要进行手动同期的断路器控制方式用钥匙切至"选中"。

（3）监视机组同步表，当符合同期条件时，将在升压站保护Ⅱ室LCUA4柜断路器操作把手旋至"合闸"。

（4）同期成功后将同期的断路器控制方式用钥匙切至"退出"。

（5）在升压站保护Ⅱ室LCUA4柜将同期装置控制方式用钥匙把手切至"自动"。

4.2.4.3 手动准同期并列操作注意事项

（1）手动准同期并列操作须由厂部批准的当值值班员进行操作。

（2）同期表指针必须均匀慢速转动一周以上，证明同期表无故障后方可正式进行并列。

（3）同期表转速过快，有跳动情况或停在中间位置不动或在某点抖动时，不得进行并列操作。

（4）不允许一手握住开关操作把手，另一手调整转速和电压，以免误合闸。

（5）根据开关合闸时间，适当选择开关合闸时间的提前角度。

（6）同期成功后及时将同期方式恢复为正常方式。

4.2.4.4 同期试验

在所有用到的同期参数全部设置好后，可以进入同期试验过程。所谓同期试验，就是拉开与同期断路器相关的隔离开关，使同期断路器无电流合闸，亦即"假并网"过程。

安全措施如下：

（1）拉开隔离开关。

（2）短接同期断路器相关的隔离开关接点。（注：四台机组出口隔离开关短接的接点在各机组出口断路器柜内：－X11：10与－X1：11，短接前应认真仔细核对二次图纸，以现场为准。）

（3）当装置用于机组开关的同期时，为避免其他监控系统因假并网可能造成调速、励磁装置的异常调节，应先将监控系统对该机组的功率调节退出（例如拔除功率调节的输出继电器）。

4.2.5 同期装置日常巡检内容

（1）机组同期装置运行人员巡检每天上午、下午各一次，220 kV、110 kV

断路器同期装置每轮班一次。

（2）同期装置面板信号灯指示正常。

（3）同期装置各连接线无过热、异味、断线等异常现象。

（4）检查同期装置面板报警信息。

（5）同期装置相关控制、操作把手在正确位置。

4.2.6 故障及事故处理

4.2.6.1 机组非同期并列

1. 现象

机组并列时发出强烈的冲击声、振动声、各表计摆动幅度较大。

2. 处理

（1）如果机组非同期并列时引起机组出口断路器跳闸则应停机，对发电机各部位及同期装置进行全面的检查，并记录同期装置面板上所有信息，无异常后复归同期装置信号方可再开机并列。

（2）如果机组非同期并列后出口断路器未跳闸，且很快拉入同步运行，可暂不解列，但应严密监视机组各部温度、振动和摆度。如运行中有异常，应尽快停机检查。

（3）如果机组非同期并列后出口断路器未跳闸，且出现发电机振荡或失步，则应立即将发电机解列停机，并及时汇报相关调度机构，且对发电机各部位及同期装置进行全面的检查，测量发电机绝缘。

4.2.6.2 机组同期失败

1. 现象

上位机报同期失败，流程退出，现地同期装置液晶显示屏上显示"同期失败"。

2. 处理

（1）当装置同期时，如果同期成功，显示屏上会显示"合闸成功"信息；如果同期失败，相应地显示屏上会详细显示同期失败的原因，也可从装置的事件记录或后台软件查询。在同期失败时，装置的同期失败继电器会动作，同期失败是脉冲型开出，脉宽固定为 1 s，故同期失败后，若失败原因为同期超时等偶发性因素，可在上位机流程退出后再次尝试并网。

（2）若仍同期失败，可复位同期装置程序（用相应大小表针捅"复位"键），再次执行并网操作。

（3）若同期失败为其他原因造成，可根据显示的同期失败事件代码，进一步检查并排除故障。同期信息一览表见下表。

表 4.9

事件代码	意义	Msg 值	意义
1.	—	31.	禁止无压合
2.	标定条件不满足	32.	—
3.	同期条件不满足	33.	—
4.	—	34.	—
5.	—	35.	—
6.	同期超时	36.	—
7.	—	37.	—
8.	压差过大	38.	—
9.	频差过大	39.	禁止参数修改
10.	待并侧频率过低	40.	—
11.	待并侧频率过高	41.	—
12.	系统侧频率过低	42.	—
13.	系统侧频率过高	43.	合闸成功
14.	—	44.	无压合成功
15.	—	45.	—
16.	—	46.	标定成功
17.	—	47.	标定失败
18.	对象漏选	48.	—
19.	对象重选	49.	—
20.	双机通信故障	50.	断路器已合闸
21.	机组转速升不上	51.	—
22.	机组转速降不下	52.	—
23.	机组电压升不上	53.	无压合成功
24.	机组电压降不下	54.	—
25.	—	55.	同频合闸成功
26.	待并侧电压过高	56.	参数设置成功
27.	待并侧电压过低	57.	—
28.	系统侧电压过高	58.	—
29.	系统侧电压过低	59.	—
30.	无压合条件不满足	60.	—

4.3 安全稳定装置运行规程

4.3.1 系统概述

右江电厂安全稳定控制装置主站为双重化配置,性能完全相同的稳定控制 A 柜、B 柜,均由 PCS-992M 主机、两台 PCS-992 S 从机以及其他辅助设备组成。形成相互独立的双套系统。

右江电厂整套安全稳定控制装置命名为"右江电厂安全稳定控制装置"(简称"右江电厂安稳装置"),两套装置分别命名为"右江电厂安稳装置 A 套"和"右江电厂安稳装置 B 套"。

4.3.2 装置功能及配置

4.3.2.1 装置功能

目前,4 台机组($4×135$ MW)通过 220 kV 右沙Ⅰ、右沙Ⅱ线、右松线 3 回 220 kV 线路送出。当右江电厂出力较大时,部分共塔的 220 kV 右沙Ⅰ线、右松线同时跳闸可能造成 220 kV 右沙Ⅱ线过载,3 回 220 kV 线路任一回检修时,另一回跳闸可能造成剩下的一回过载。

右江电厂近区电网接线图如图 4-1 所示。

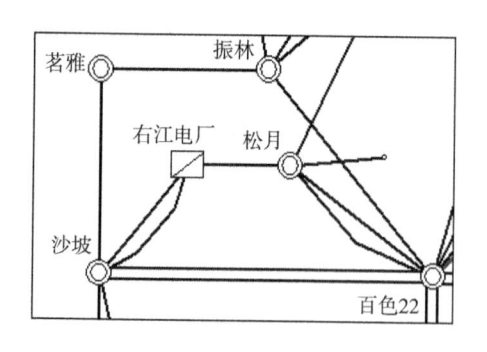

图 4-1 右江电厂近区电网接线图

为解决我厂正常 N-2 和检修 N-1 的送出问题,在右江电厂配置安稳装置。当右江电厂送出线路 N-2 或检修 N-1、其他送出线路过载时安稳装置动作切除右江电厂机组,保证电厂送出网架安全。

我厂安稳装置具体策略如下表。

表 4.10

装置名称	主判据	防误判据	控制对象
右江电厂安稳装置	220 kV 右松线过载	220 kV 右沙Ⅰ、Ⅱ线一回检修，另一回跳闸或同时跳闸。	按固定顺序原则切右江电厂机组，保留2台机组不被切。切机顺序通过定值进行整定。
	220 kV 右沙Ⅰ线过载	220 kV 右沙Ⅱ线、右松线一回检修，另一回跳闸或同时跳闸。	
	220 kV 右沙Ⅱ线过载	220 kV 右沙Ⅰ线、右松线一回检修，另一回跳闸或同时跳闸。	

4.3.2.2 安稳装置配置及其功能

右江电厂安稳装置按双套配置，每套装置由1台PCS-992M主机、2台PCS-992S从机构成。A、B双套装置功能及配置完全相同，双套独立运行。

装置采集220 kV 右松线、右沙Ⅰ、右沙Ⅱ线的模拟量，根据这些线路运行信息及过载情况，按照一定的动作逻辑切除我厂机组。

4.3.2.3 故障判别逻辑及切机原则

右江电厂安稳装置采集#1、#2、#3、#4机组的电流电压，统计机组可切信息，机组功率在程序中按绝对值处理。采集220 kV 右沙Ⅰ线、右沙Ⅱ线、右松线电流电压，并进行过载功能判别，按最小过切原则选切机组。#1~#4机组切机顺序通过定值进行设置，并保留2台机组不切。

4.3.3 调度运行管理关系及协调

4.3.3.1 调度运行管辖范围划分

安稳装置整体功能投退由广西电网电力调度控制中心（以下简称广西中调）调度管辖。我厂负责右江电厂安稳装置的运行监视和维护工作。

4.3.3.2 定值整定范围划分

右江电厂安稳装置定值由广西中调统一整定和校核。

4.3.3.3 装置投退管理

右江电厂安稳装置的投退由广西中调调度员以综合令形式向右江电厂值班员下达指令，右江电厂值班员应按照本规定、现场运行规程执行具体操作，并对操作的正确性负责。当复令时，电厂运行值班人员应向中调调度员汇报。

4.3.4 安全稳定装置运行的一般注意事项

4.3.4.1 总体要求

（1）安稳装置运行管理的总体要求按《南方电网安全自动装置管理细则》

和《广西电网安全自动装置管理细则》中"运行管理"的有关规定执行。

（2）安稳装置异常或故障时，电厂运行值班人员应向广西中调汇报，中调调度员按照"安稳装置故障或检修退出"章节中的具体规定进行处理。

（3）装置需要退出运行进行检修、试验等工作时，必须向广西中调办理检修申请手续。

4.3.4.2 装置状态说明

（1）投跳闸状态：功能压板、出口压板正常投入。

（2）投信号状态：功能压板正常投入，出口压板全部退出。

（3）退出状态：功能压板、出口压板全部退出。

4.3.4.3 注意事项

（1）安稳装置"总出口投入"压板退出时，闭锁装置出口分合开关的功能。安稳装置在"投信号状态"时，"总出口投入"压板应投入。

（2）安稳装置操作状态改变的顺序为：

①投入的次序：退出状态→投信号状态→投跳闸状态。

②退出的次序：投跳闸状态→投信号状态→退出状态。

③右江电厂 220 kV 分段 2012 开关断开时，退出右江电厂安稳装置。

4.3.4.4 装置故障或检修退出

右江电厂安稳装置 A 套(B 套)故障或检修退出：退出右江电厂安全稳定装置 A 套(B 套)。

4.3.4.5 安稳、保护检修试验安全规定

（1）安稳装置与保护装置、录波装置共用二次回路，应特别注意对共用回路的其他设备的影响，在安稳装置上工作应注意对相关保护装置、录波装置的影响，在保护装置、录波装置上工作应注意对安稳装置的影响。

（2）共用二次回路的安稳和保护装置检修工作必须按规定向中调报检修申请，申请时应在"二次设备状态要求"栏目中注明对安稳装置、保护装置和录波装置的影响及需要采取的安全措施。

采取安全措施的原则如下：

当进行线路二次回路试验工作时，应采取有关措施确保不影响安稳装置的运行，如工作对安稳装置运行有影响，应在工作前向中调申请退出安稳装置。

4.3.4.6 定值更改

安稳装置有两套定值区，分别对应 40°(第一套)、25°(第二套)定值。定值更改应将装置操作到退出状态下进行。

4.3.5 调度术语说明

右江电厂安稳装置的投退以如下指令形式由中调调度员下达：

(1) 投入右江电厂安稳装置 A 套(B 套)。

说明：将右江电厂安稳装置 A 套(B 套)操作到投跳闸状态。

(2) 按投信号方式投入右江电厂安稳装置 A 套(B 套)。

说明：将右江电厂安稳装置右 A 套(B 套)操作到投信号状态。

(3) 退出右江电厂安稳装置 A 套(B 套)。

说明：将右江电厂安稳装置 A 套(B 套)操作到退出状态。

4.3.6 安稳装置的投退要求及操作方法

表 4.11

压板	压板功能注释	右江电厂安稳装置 A(B)柜投跳闸	右江电厂安稳装置 A(B)柜投信号	右江电厂安稳装置 A(B)柜退出
LP1	总出口投入压板	投入	投入	退出
LP2	试验压板	退出	退出	退出
LP3	监控信息闭锁压板	退出	退出	退出
LP4	控制站 1 通道投入压板	退出	退出	退出
LP5	控制站 2 通道投入压板	退出	退出	退出
LP6	定值区 1 压板	投入	投入	退出
LP7	定值区 2 压板	退出	退出	退出
LP10	右沙 I 线检修	退出	退出	退出
LP11	右沙 II 线检修	退出	退出	退出
LP12	右松线检修	退出	退出	退出
LP19	允许切#1 机	投入	投入	退出
LP20	允许切#2 机	投入	投入	退出
LP21	允许切#3 机	投入	投入	退出
LP22	允许切#4 机	投入	投入	退出
LP23	切#1 机出口 1	投入	退出	退出

续表

压板	压板功能注释	右江电厂安稳装置A(B)柜投跳闸	右江电厂安稳装置A(B)柜投信号	右江电厂安稳装置A(B)柜退出
LP24	切♯1机出口2	退出	退出	退出
LP25	切♯2机出口1	投入	退出	退出
LP26	切♯2机出口2	退出	退出	退出
LP27	切♯3机出口1	投入	退出	退出
LP28	切♯3机出口2	退出	退出	退出
LP29	切♯4机出口1	投入	退出	退出
LP30	切♯4机出口2	退出	退出	退出
其他压板	跳闸备用	退出	退出	退出
其他压板	备用	退出	退出	退出

4.4 通信系统

4.4.1 系统概述

电厂通信设备主要布置在▽128.00 m副厂房通信室及百色综合楼10楼内,其通信设备室盘柜分布情况示意如下表。

表 4.12

第三排	网Ⅱ光纤设备柜	网Ⅰ光纤设备柜（至调度光端机SDH和调度电话PCM）	数字程控交换机柜	220 kV右沙Ⅱ线电力载波机柜	220 kV右沙Ⅰ线电力载波机柜	220 kV百松线电力载波机柜	第四排
第二排	安稳装置通信接口柜	通信设备Ⅱ段电源柜	同步相量采集处理系统(PMU)	110 kV电力载波机柜	综合配电架柜	至百色综合楼光纤通信柜	调度电话录音及查询系统(电脑)
第一排	综合网络交换柜	通信设备Ⅰ段电源柜	通信♯1蓄电池组	通信♯2蓄电池组	调度生产管理系统		电厂运行生产信息管理系统(MIS)

厂内通信室设备盘柜主要功能及用途如下。

1. 第一排

表 4.13

序号	盘柜名称	功能及用途	电源	备注
1	综合网络交换柜	调度数据网（104 通道）、振摆装置、厂房局域网、电能计量	电源取自计算机室 UPS 电源	
2	通信设备Ⅰ段电源	原有供电装置，为通信室设备提供 48 VDC 电源和 220 VAC 电源	进线电源由两路组成，分别取自全厂公用电的供电开关 41GY405QF、42GY305QF	
3	通信#1 蓄电池组	由 24 个额定电压 2 V 蓄电池串联组成		
4	通信#2 蓄电池组	由 24 个额定电压 2 V 蓄电池串联组成		
5	调度生产管理系统	用于调度生产专用网数据传输（例如：检修票系统）及水情传输	电源取自通信设备Ⅰ段电源 220 VAC	

2. 第二排

表 4.14

序号	盘柜名称	功能及用途	电源	备注
1	安稳装置通信接口柜	电厂安稳装置与百色安稳主站通信接口	电源取自通信设备Ⅰ段电源 48 VDC	与百色主站未连接
2	通信设备Ⅱ段电源	新改造增加的供电装置，为通信室设备提供 48 VDC 电源和 220 VAC 电源	进线电源由两路组成，分别取自全厂公用电供电开关 41GY507QF、42GY507QF	
3	机组同步相量采集处理系统（PMU）	机组 PMU 通过机组 CT、PT、转速探头等测量电流、电压、功率、频率等数据，并进行相量、发电机内电势计算，为电网动态监测提供相关数据。本装置不属于通信设备	1、交流电源取自计算机室继电保护信息处理柜内的 220 V 交流空开；2、直流电源取自#3 机组直流分屏 120QA	
4	110 kV 电力载波机		未接线	尚未投运
5	综合配电架柜		电源取自通信设备Ⅰ段电源 220 VAC	
6	至百色综合楼光纤通信柜	通过 2M 光纤传输，目前仅用于外线电话	电源取自通信设备Ⅱ段电源 48 VDC 和 220 VAC	

3. 第三排

表 4.15

序号	盘柜名称	功能及用途	电源	备注
1	网Ⅱ光纤设备柜	专线 AGC 通道	电源取自通信设备Ⅱ段电源 48 VDC	
2	网Ⅰ光纤设备柜(至调度光端机 SDH)	AGC104 通道、AGC101 通道(备用通道)、d 调度 IP 电话、PMU、电能计量、保信通道	电源取自通信设备Ⅰ段电源 48 VDC 和通信设备Ⅱ段电源 48 VDC	
3	数字程控交换机	厂内及厂外电话	电源取自通信设备Ⅱ段电源空开 1KD3、1KD4、2KD3、2KD4(48 VDC)	
4	220 kV 右沙Ⅱ线电力载波机	用于右沙Ⅱ线高频距离保护(主二保护)载波通道	电源取自通信设备Ⅱ段电源空开 1KD6、2KD6 (48 VDC)	
5	220 kV 右沙Ⅰ线电力载波机	用于右沙Ⅰ线高频距离保护(主二保护)载波通道	电源取自通信设备Ⅱ段电源空开 1KD5、2KD5 (48 VDC)	
6	220 kV 右百线电力载波机	用于右百线高频距离保护(主二保护)载波通道	电源取自通信设备Ⅰ段电源 48 VDC	

4. 第四排

表 4.16

序号	盘柜名称	功能及用途	电源	备注
1	电厂运行生产信息管理系统(MIS)	用于电厂日常工作信息记录	电源取自通信设备Ⅰ段电源 220 VAC	
2	调度电话录音及查询系统(电脑)	用于调度电话实时监听和查询	电源取自通信设备Ⅰ段电源 220 VAC	

5. 百色综合楼 10 楼 1001 室

表 4.17

序号	盘柜名称	功能及用途	电源	备注
1	APC 机架式不间断电源(UPS)	提供不间断 220 VAC 电源,型号:SRC5000UXICH 容量:5 000 VA,3 500 W	电源取自 1004 房间,仅 1 路电源,主要供"综合楼监控系统计算机柜"和"综合楼微机监控装置柜",综合楼集控室重要设备用电	

续表

序号	盘柜名称	功能及用途	电源	备注
2	综合楼监控系统计算机柜	2台互为冗余的以太网交换机		
3	综合楼微机监控装置柜	1台通信管理机,负责与枢纽中心水调系统通信		
4	通信电源柜	给光传输设备提供 48 VDC 电源		
5	综合楼蓄电池柜	安装通信蓄电池组		
6	综合楼综合配线柜	厂区电话,光纤(通道)		
7	综合楼网络交换柜	安装视频系统四台解码服务器、光端机等设备		
8	综合楼光纤设备柜	传输设备		

4.4.2 系统结构

我厂电力调度通信采用光纤通信方式。电厂厂房与百色水利枢纽综合楼采用两回光纤通信,一路为架空光纤,一路为直埋光纤。

水电站厂房内设 1 套具有调度功能的程控数字用户交换机,容量为 256 门,兼顾调度组网和调度通信,中继线主要采用 2M 数字中继,四线 E&M 和二线环路中继,用户线采用二线模拟。

百色枢纽管理综合楼内设 1 套具有调度功能的程控数字用户交换机,容量为 48 门(也可采用其他方案解决),兼顾调度组网和调度通信,中继线主要采用 2M 数字中继,四线 E&M 和二线环路中继,用户线采用二线模拟。

光传输系统:右江水力发电厂设有两套光传输设备,分别为烽火 CiTRANS550F 设备和华为 OptixOSN2500 设备。两套光传输设备分别经沙坡站和松月站至广西中调主站,为传输通信、远动、线路保护、调度自动化等信号提供服务通道。

按照"安全分区、网络专用、横向隔离、纵向加密"的原则,右江电厂涉网设备划分为Ⅰ区专线、安全Ⅰ区、安全Ⅱ区、安全Ⅲ区。其中安全Ⅰ区和安全Ⅱ区又称为调度数据网,安全Ⅲ区又称为综合数据网。

调度数据网的设备包括路由器、Ⅰ区加密机、Ⅱ区加密机、Ⅰ区交换机、Ⅱ区交换机、态势感知设备、堡垒机、审计机、入侵检测设备以及横向防火墙等。

Ⅰ区远动专线的设备包括Ⅰ区专线加密机和Ⅰ区专线交换机等。

综合数据网的设备包括路由器、天融信防火墙、交换机和态势感知设备等。

4.4.3 相关设备主要技术参数

4.4.3.1 程控交换机技术参数

（1）系统设计：冗余，叠加式结构；拓扑总线式。

（2）最大容量：256 个端口。

（3）总信令包：DTMF、RZMFC、RZSMFC（MFP）、E&M（脉冲型和连续型）、MFR1、环路、拨出脉冲、ISDN 和 7 号信号系统（SS7）等信令。

（4）公共控制设备：由微处理器、系统存储器、软盘及硬盘驱动器等组成。

（5）电话控制设备：控制接口单元，它为请求服务的端口提供扫描信号并为所有话音/数据连接交换提供传输通道。电话控制设备还提供信号音和会议功能，并为脉码调制、编译码和数据提供定时。

（6）接口单元：为中继线、用户线和服务单元。

（7）机架结构：H20—20 最多有 4 个机架。第二机架是公共设备机架，其中的 1～8 槽口提供给公共控制单元使用，9～14 槽口提供给电话控制单元使用，剩余的 15～22 槽口提供接口单元使用。第一、三、四、机架都是提供接口单元使用供电电源装置分别位于每一层机架，每个电源装置的输入电压为 －48 V，每层机架采用风扇冷却方式。

（8）背板：H20—20 有两种类型背板。公共设备，8 个单元接口背板（CE/JKL）和 16 个单元接口背板（HEX）。

4.4.3.2 220 kV 电力载波机技术参数

（1）话音通道信噪比：≥30 dB（未投压扩器）；≥40 dB（投压扩器，最坏天气）。

（2）远动通道误码率：≤10－5。

（3）频率范围：Ⅰ回：436～440/468～472 kHz；Ⅱ回：372～376/404～408 kHz。

（4）调制方式：单路单边带（下边带）调幅抑制载频。

（5）标称带宽：4 kHz。

（6）频率间隔：同相并机发发≥8 kHz，发收≥0 kHz，收收≥0 kHz。

（7）邻相并机：发发≥0 kHz，收收≥0 kHz，发收≥0 kHz。

(8) 本机收发：≥0 B。

(9) 并机附加衰耗：≤1 dB。

(10) 标称输出阻抗：5 Ω,不平衡。

(11) 回波衰耗：≤12 dB。

(12) 可用音频带宽：300～3 600 Hz。

(13) 音频频率偏移：0 Hz。

(14) 话音通道带宽：300～2 000 Hz；300～2 200 Hz；300～2 400 Hz；300～3 600 Hz。

(15) 压扩器特性：符合 CCITTG162。

(16) 导频：780 ±30 Hz；2160 Hz；2400 Hz；2640 Hz；3360 Hz；3600 Hz。

(17) 监视告警：失去发信电平；失去接收电平（在 AGC 范围边缘以下 2～5 dB）；话音和远动通道信杂比低(9,15 dB)。

(18) 可靠性(MTBF)：≥30 000 h。

4.4.3.3 通信蓄电池参数

通信系统蓄电池共分为两组,每组由 24 个额定容量为 2 V 的蓄电池串联组成,单组蓄电池组输出电压为 48 V。

通信蓄电池由德国荷贝克（HOPPECKE）公司制造生产,额定电压为 2 V,额定容量为 350 Ah。

4.4.3.4 泰坦电源技术参数

表 4.18

产品名称	泰坦电压综合柜
型号规格	DUM60BX15 - M12120FC7 - 10TLB - 25179
输入额定电压	220 Vac±20% 或 380 Vac±20%
直流输出额定电压	−48 V
交流输出允许线电流	60 AX3
直流输出允许电流	120 A
输出分流器	100 A/45 mV
电池分流器	100 A/75 mV
产品编号	26001313

4.4.3.5 泰坦电源 48 V 监视器技术参数

表 4.19

产品名称	48 V 监视器
型号规格	TTS2-R1200FC-607L
产品编号	26000058
生产厂家	泰坦电源系统有限公司

4.4.4 运行方式

4.4.4.1 光纤通信系统

1. 对广西中调光纤通信系统

（1）对广西中调光纤通信由 220 kV 沙坡变接入，光缆长度 25 km，路由为百色水电站—沙坡变—南昆微波—广西中调。采用 16 芯 OPGW 光缆，光传输设备采用 155Mbit/s(SDH)（将来可在线升级至 622Mbit/s），在广西中调设置 1 套网管系统。

（2）本路由主要用于电站相关调度、继电保护信息管理系统、远动自动化、电能计量、PMU 的传输。

2. 百色水利枢纽—百色市枢纽管理中心综合大楼光纤通信系统

（1）本路由光缆长度 25 km，路由为百色水利枢纽—百色市枢纽管理局综合大楼。采用两回 16 芯铠装架空光缆，光传输设备采用 155Mbit/s(SDH)（将来可在线升级至 622Mbit/s）。

（2）本路由主要用于电站相关调度和行政程控数字电话、远动自动化、水情、厂房视频系统的传输。

4.4.4.2 通信电源运行方式

通信电源运行接线方式如图 4-2 所示。

整流屏 1 交流电源取自全厂公用电供电开关 41GY405QF、42GY305QF，互为备用。

整流屏 2 交流电源取自全厂公用电供电开关 41GY507QF、42GY507QF，互为备用。

整流屏 1 输出的直流电源与整流屏 2 输出的直流电源并联同时对通信设备供电，最终实现双电源供电模式，增加供电的可靠性及可维护性。

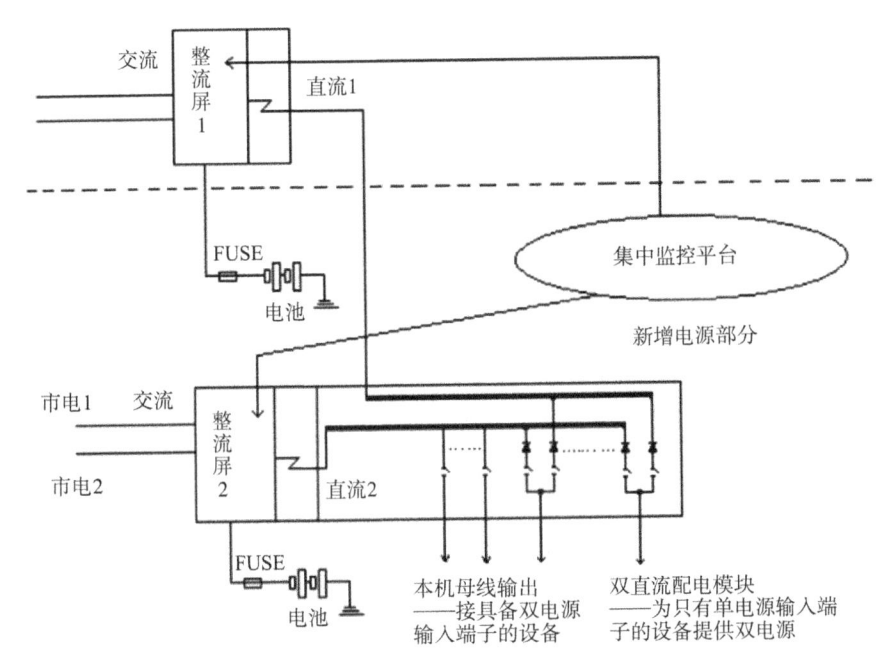

图 4-2　通信电源运行接线方式

4.4.5　运行操作

4.4.5.1　通信电源蓄电池充放电试验隔离操作(以第一组为例)

(1) 检查通信系统Ⅰ、Ⅱ段 400 V 电源输入是否正常。

(2) 断开通信电源直流输出分路＃1 电池组电源空开。

(3) 拉出通信电源第一组蓄电池柜内保险。

(4) 检查通信室内设备工作是否正常。

4.4.5.2　通信电源停电隔离操作及注意事项

(1) 退出右沙Ⅰ线主二保护的主保护压板 1LP18。

(2) 退出右沙Ⅱ线主二保护的主保护压板 1LP18。

(3) 退出右百线主二保护的主保护压板 1LP18。

(4) 断开 400 V 全厂公用电Ⅰ段母线通信室＃1 电源 41GY405QF。

(5) 检查 400 V 全厂公用电Ⅰ段母线通信室＃1 电源 41GY405QF 在"分闸"位置并拉出至检修位置。

(6) 断开 400 V 全厂公用电Ⅰ段母线通信室＃2 电源 41GY507QF。

(7) 检查 400 V 全厂公用电Ⅰ段母线通信室＃2 电源 41GY507QF 是否在"分闸"位置并拉出至检修位置。

（8）断开400 V全厂公用电Ⅱ段母线通信室♯1电源42GY305QF。

（9）检查400 V全厂公用电Ⅱ段母线通信室♯1电源42GY305QF是否在"分闸"位置并拉出至检修位置。

（10）断开400 V全厂公用电Ⅱ段母线通信室♯2电源42GY507QF。

（11）检查400 V全厂公用电Ⅱ段母线通信室♯2电源42GY507QF是否在"分闸"位置并拉出至检修位置。

（12）断开通信设备电源柜柜内所有空开。

（13）拉出第一、第二组蓄电池柜内保险。

注意事项：通信电源全部停电后，厂内对中调一切通信将会中断，包括调度电话、厂程控电话、对中调AGC、220 kV线路高频距离保护，停电期间只有移动电话可与中调联系，应事先与调度方沟通好。

4.4.5.3　调度电话录音查询

我厂与调度通话录音文件存放在通信室录音系统专用电脑，具体查询路径为"我的电脑:\D:\"，按日期查询相关录音文件即可。

4.4.6　巡检与维护

通信设备日常巡视项目：
（1）继电保护通信通道载波设备电源、控制、设备收发信调谐模块有无报警。
（2）载波设备保护接口设备运行状态有无报警。
（3）线路保护通信通道光传输设备电源、控制、设备交叉连接模块有无报警。
（4）线路保护通信通道光传输设备风扇模块有无报警。
（5）线路保护通信通道光传输设备支路光模块有无报警。
（6）通信室有无渗水、漏水、空调滴水；室内温度是否符合要求。
（7）检查通信系统主要负荷供电是否正常，如：三回线路载波机、对综合楼光纤设备、烽火光端机、程控交换机、对中调光端机、对中调光端机、对中调PCM设备电源等。
（8）环境温度控制在15～28℃之间，湿度控制在30%～70%之间，检查立柜式空调运行是否正常。

4.4.7　故障及事故处理

4.4.7.1　104远动通道故障

1. 现象

机组AGC退出，与调度相关数据传输中断。

2. 处理

(1) 可在监控系统拼电厂 PMU 主机,测试通信是否正常,通信正常则排除数据网交换机故障。

(2) 登陆调度生产专用电脑,查看调度生产专用网是否运行正常,测试调度电话是否可正常接听拨打,以上正常说明光纤正常。

(3) 以上步骤执行完毕后,可重启调度数据网路由器,104 通道故障复归即可;如重启调度数据网路由器,故障仍不能消除,则有可能调度数据网路由器损坏,联系专责处理。

4.4.7.2　生产调度通信中断事故

1. 现象

AGC 或 AVC 无法投入运行、远动信号失效,调度通信电话失效等。

2. 处理

(1) 将固定电话或移动联系电话告诉调度,建议调度减少重大操作或重要指令的下达,若必须通过普通电话或手机通信下达重大操作或者重要指令,值守值班人员执行前应先汇报厂领导,并做好与中调联系内容、厂领导的命令等笔录,执行后立即汇报。

(2) 如果电源系统发生故障,应检查判断是交流无输入、高频开关电源系统故障或者是蓄电池故障,查清楚原因根据情况切换输入交流电源或者切断输入电源,改蓄电池组单独供电。如果是蓄电池故障,则应退出蓄电池组,该由高频开关电源屏单独供电,临时性恢复对重要设备的供电;如果是高频开关电源屏故障,则应该查明原因,更换损坏部件,恢复正常供电。厂内公网通信电源同时故障时,采用应急通信。

(3) 根据通信条件尽快恢复管理通信的电话,以首先保障调度员之间的调度联系。其次,应快速恢复调度自动化通信,以保障自动化信息的及时传送。

(4) 在事故处理过程中应与上级通信调度保持联系,汇报检修进展情况。同时组织检修人员对修复通道进行调测,尽量缩短调度通信电路中断时间。

第5章
计算机监控视频监视系统

5.1 计算机监控系统

5.1.1 基础知识

5.1.1.1 基本原理

电厂计算机监控系统采集整个电厂所有主设备和辅助设备的电气量、非电气量、状态量等运行数据，根据设定好的逻辑程序，输出时序逻辑控制指令，对设备进行监视和控制以满足电厂安稳运行的要求。电厂计算机监控系统设置有与广西电网调度中心、枢纽水情自动测报中心、视频监视系统、继电保护信息管理系统、枢纽生产管理系统通信的接口。

计算机监控系统采用全开放全分布式结构，系统按优先级分成现地控制级、电厂控制级和调度中心级。现地控制单元按对象分散，分成机组LCU（4台）、公用设备LCU、升压站LCU等控制单元；电厂控制级按功能分布，分成主机站、操作员工作站、工程师站、通信处理机站。

现地控制级可直接实现对相应机组、闸门、断路器等设备的控制。电厂控制级能将控制、调节命令发到各LCU，实现对机组、断路器等设备的控制。调度中心控制级将调度的调控命令和电量设定值传到计算机监控系统的电厂控制级，通过各LCU实现对电厂机组、断路器等设备的控制。计算机监控系统基本工作原理图如图5-1所示。

5.1.1.2 基本功能

（1）运行设备状态参数监测、数据采集记录：数据采集及处理，包括电气模

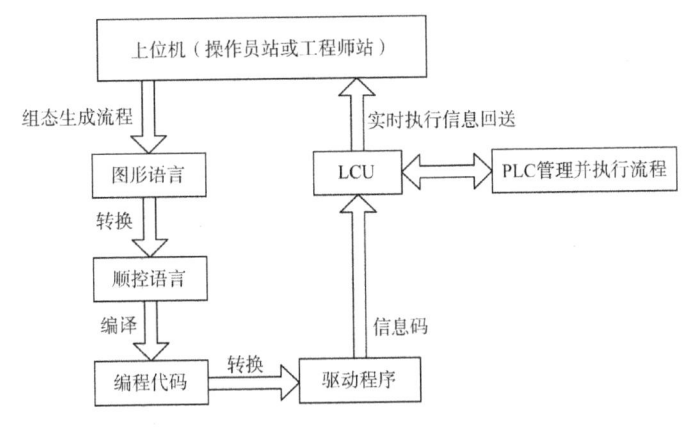

图 5-1　计算机监控系统基本工作原理图

拟量、非电气模拟量、一般开关量、中断开关量(SOE)、脉冲量等；系统实时数据库；安全监视，包括事件顺序记录、故障报警记录、参数越限报警及记录、操作记录、重要参量的变化趋势记录；生产报表、运行日志的定时打印、归档、保存。

(2) 自动化控制：自动发电控制(AGC)，包括全厂运行方式设定，按给定负荷或负荷曲线运行，自动进行机组的启、停控制，有功功率自动调整，自动二次调频；自动电压控制(AVC)，根据母线电压水平、电网潮流走向自动调整机组无功分量；全厂辅助设备的自动控制、自动转换。

(3) 逻辑控制：升压站设备投切顺序及闭锁；机组等设备的自动顺序控制，开停机过程监视，断路器、隔离开关操作，厂用电倒闸操作。

(4) 人际交互：人机联系，即通过监视器、键盘、鼠标、打印机等输入/输出设备，实现对生产过程的监视和操作，以及对计算机监控设备本身的监视、控制、操作；运行指导。

(5) 故障自识别：系统内外的通信管理、自检、冗余设备的切换、实时时钟管理，UPS电源冗余切换等；手动紧急操作功能，即当计算机系统故障不能完成正常控制时，可手动紧急操作相关设备。

5.1.2　计算机监控系统构成

5.1.2.1　系统结构及配置

右江电厂运行方式按照"无人值班"(少人值守)的原则设计，并按照此原则预留接口和平台。系统具有良好的开放性、可扩展性和移植性，并且主要控制设备均采用了冗余配置，保证了系统的安全稳定运行；同时采用分层分布式结构，系统中任何局部设备的故障均不会影响监控系统总体功能的实现。整个系统采用全分布开放式的全厂集中监控方案,设有负责完成全厂集中监控任务的厂站控制级设备和负责完成分布监控任务的现地控制单元级设备。现地控制单元(LCU)既作为全厂监控系统的现地控制层,向厂站控制级上行发送采集的各种数据和事件信息,接受厂站控制级的下行命令对设备进行监控,又能脱离厂站控制级独立工作。在系统总体功能分配上,现地控制单元(LCU)主要完成数据采集和控制操作等功能。系统采用了全开放的分层分布式星型网络结构,由网络上分布的各节点计算机单元组成,各节点计算机采用局域网(LAN)连接;系统与电网调度、集控中心等外部系统采用广域网连接。

系统主干网交换机由2台三层交换机组成,布置在地下副厂房计算机室。#1～#4机组LCU现地级交换机与厂站级交换机之间通过多模光缆连接成冗余星型以太网,升压站、公用LCU现地级交换机与厂站级交换机将采用单模光纤连接成冗余星型以太网,网络传输速率均为100 Mb/s。任意网络节点故障不影响整个系统的正常工作。双网络之间能实现自动切换,切换时不得引起系统扰动,不得影响系统功能和丢失数据。机组LCU采用以施耐德电气公司生产的Quantum系列PLC为核心的由南瑞自控公司研制的SJ-500,其主要构成为:采用型号为140CPU53414 A的双CPU的PLC结构、冗余的以太网、MB网、MB+网等。厂级上位机系统的电源均来自UPS系统,提高系统电源的统一性。现地控制单元采用1路220 V交流厂用电和电站内设置的1路220 V直流电源并列供电的冗余电源系统,保证电源的可靠性。交流或直流的外供电源之一消失(或退出)时,均不影响监控系统正常工作。右江电厂计算机监控系统结构如图5-2所示

(1) 主机站:管理全厂的运行自动化。即自动发电控制(AGC);自动电压控制(AVC);事故分析及事故处理;历史数据保存及检索管理;运行报表打印等。

(2) 操作员工作站:操作员工作站作为运行人员与计算机系统的人机接口,完成实时的监视和控制及智能报警,作为主机站部分功能的备用。

(3) 工程师站:工程师站既作为整个计算机监控维护的人机接口,可用于职工的岗位及仿真培训,还作为操作员工作站的冷备用。

(4) 通信处理机站:通信处理机站是电厂监控系统与其他系统的输入/输出接口,负责与主坝闸门监控系统、火灾监测自动控制和报警系统、水情自动测报系统之间的串行通信。并与广西电网调度中心和广西防汛调度中心通信。还可完成模拟返回屏信号处理、输出和实现语音报警。

5.1.2.2 现地控制单元LCU的构成

(1) #1～#4机组LCU屏布置在主厂房发电机层相应机组旁,它们接

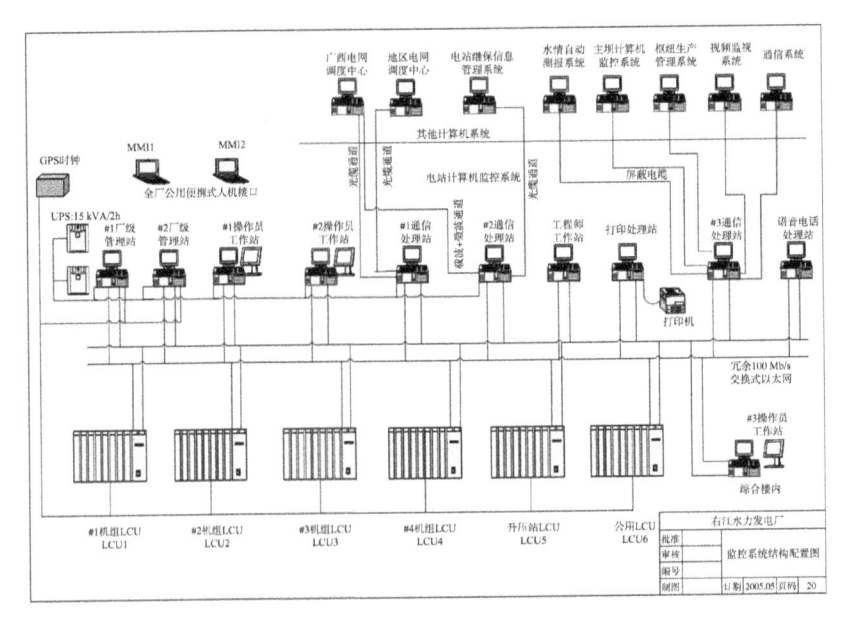

图 5-2　右江电厂计算机监控系统结构图

收和处理相应水轮发电机组及其附属设备的有关信息,并与电厂控制级计算机系统进行数据交换,直接实现对机组、出口断路器等设备的控制,同时负责发电机组的保护。设备型号均为 SJ-500。每台机组配置一套微机自动准同期装置,设置在机组 LCU 屏内,自动准同期装置与机组 LCU 的通信采用开关量输入/输出方式。

(2) 机组 LCU 柜上"紧急停机""事故停机"按钮的作用:

①事故停机:当按下"事故停机"按钮时,联动机组调速器紧急停机电磁阀,跳机组出口断路器,跳灭磁开关。

②紧急停机:当按下"紧急停机"按钮时,联动机组调速器紧急停机电磁阀,落下进水口快速闸门,跳机组出口断路器,跳灭磁开关。

(3) 升压站 LCU 布置在主变洞 GIS 层的继电保护Ⅱ室内,它采集和处理GIS 设备的有关信息,并与电厂控制级计算机系统进行数据交换,直接实现对升压站断路器和隔离开关等设备的控制,设备型号为 SJ-500。

(4) 公用 LCU 布置在计算机室内,它采集和处理电厂公用辅助设备、厂用电设备和直流系统设备的有关信息,实现电厂公用辅助设备、厂用电设备和直流系统设备的监控,并与电厂控制级计算机系统进行数据交换。

5.1.2.3　计算机监控系统电源

(1) 上位机厂区侧电源系统配置 20 kVA 双机并联冗余不间断电源系统

(UPS 2台,含电池)一套,计算机监控系统设备中电厂控制级设备采用集中供电,主要由双 APC 主机(APCUPS1 和 APCUPS2)、并机柜和配电柜等设备组成,电源分别取至公用电 400 VⅠ段和公用电 400 VⅡ段形成双冗余电源供电给 APCUPS1 和 APCUPS2,然后再由 APCUPS1 和 APCUPS2 逆变整流为 220 V 交流电源并联运行,对电厂控制级设备进行集中供电。系统示意图如图 5-3 所示。综合楼十楼计算机监控系统电源配置 5 000 VA、3 500 W 单机不间断电源系统(UPS 1台,含电池)一套,提高系统电源的可靠性。

(2)厂区侧 2 台 UPS 主机正常时刻分别带 50%的总负荷,当其中 1 台主机出现故障时,另外 1 台主机将自动带 100%的总负荷。2 台主机的切换为无扰动切换,不会影响监控系统中的设备的运行。

(3)计算机监控系统负荷主要有:计算机监控主机(2台)、工程师站、操作员站(2台)、计算机室综合网络柜内的设备(实时交换机、非实时交换机、纵向防火墙、加密认证网关、路由器等)、通信管理机(2台)、网络交换机(4台)、计算机监控打印服务器、打印机、视频系统柜内交流电源、振摆上位机(1台)、调度数据专网电脑、消防系统上位机、计算机监控系统 GPS 对时装置、PMU 系统 GPS 对时装置、继电保护信息管理系统柜内交流电源、PMU 采集屏 1 柜内交流电源(取自继电保护信息管理系统柜)等。

5.1.2.4 计算机监控系统 GPS 同步时钟对时装置

(1)电力同步时钟系统主要由 2 套主时钟装置、3 套从时钟装置、和 GPS 天线、北斗天线组成。主时钟柜布置在 137.6 m 通风疏散洞制冷站室,此柜包括 2 套主时钟 T-GPS-B1A 和 1 套从时钟 T-GPS-F5A。另有 2 套从时钟装置 T-GPS-F5A 布置在计算机室保信柜,以光纤形式从主时钟接入授时信号。

(2)主时钟及从时钟均由双电源供电,主时钟屏电源取自直流主屏Ⅰ段 129QA 和直流主屏Ⅱ段 229QA 及监控系统 UPS 配电柜;从时钟电源取自直流主屏Ⅰ段 128QA 及监控系统 UPS 配电柜。GPS 天线、北斗天线安装在疏散洞口屋顶。

主备式时间同步系统组成方式如图 5-3 所示。

5.1.2.5 软件配置

右江电厂计算机监控系统厂站控制级采用南瑞最新研制的 NC2000V3.0 上位机监控系统。该系统是面向大、中型水电厂的新一代计算机监控系统。该软件用 JAVA 语言开发,实现了在不同操作系统平台(UNIX、MSWindows)和不同标准(Microsoft、OSF)上都能独立运行的目标,减少了重复开发,人机界面友好,图形丰富,功能强大,使用方便,可靠性高。厂站控

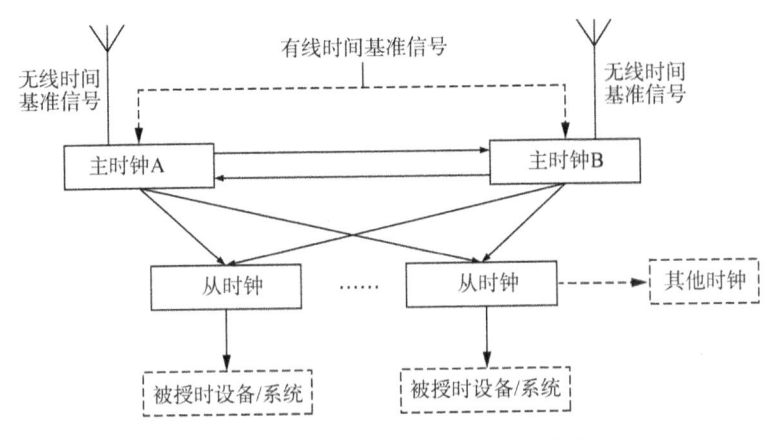

图 5-3 主备式时间同步系统组成方式

制级设备主要完成全厂设备的运行监视、控制、操作、事件报警、AGC、AVC、与外系统通信、统计记录等功能。

1. 软件编程、系统配置

(1) LCU 的软件编制:LCU 软件包含 PLC 程序、触摸屏画面、LCU 对外通信驱动程序等。为进一步规范和简化工程实施,右江电厂计算机监控系统工程实际使用的所有程序都使用了标准化程序。

(2) 上位机系统配置:工程人员依据工程需求,到安质部按要求领用操作系统、应用系统安装介质,申请相关软件序列号。上位机系统配置工作应严格按照《水电厂计算机监控系统实施规范》中上位机系统配置实施规范执行,同时进行了全厂 IP 地址的有效统一。

(3) 数据库配置:数据库配置以设计院或业主提供基本 I/O 测点表为依据,并对其提供的基本 I/O 测点表进行检查,满足监控系统要求后以此为基础进行数据库配置。脚本编辑严格按照《NC2000 标准化脚本编写规范》执行,数据库配置工作严格按照《水电厂计算机监控系统实施规范》中数据库配置实施规范执行。AGC、AVC 高级功能配置工作严格按照《水电厂计算机监控系统实施规范》中 AGC、AVC 功能实施规范执行。

2. 操作界面等研发

操作界面是电站正常生产过程中使用量最多的工具之一,监控系统做得好不好,操作界面是很关键的因素之一。操作界面制作工作严格按照《水电厂计算机监控系统实施规范》中画面制作规范执行,同时充分考虑操作界面的方便简洁,对右江电厂监控系统上位机画面命名、风格进行了二次完善,为操作界面制作工作的高效率提供了保证。

3. 控制流程研发

控制流程包括机组、机组辅助设备、断路器、隔刀、闸门、公用设备等的控制流程,控制流程编写以设计院或业主提供基本控制流程版本为依据,并对其提供的控制流程进行检查,满足监控系统要求后以此为基础进行控制流程图的编写,如提供的控制流程图无法满足监控系统要求需及时与提供方沟通修改直至满足为止。做好控制流程是提高监控产品的内在质量最重要手段之一,所以,为提高右江电厂计算机监控系统研发质量,南瑞严格采取如下手段:

(1) 控制流程编写严格按照 SLSD/ZD-116《监控系统控制流程编写指导书》和 SLSD/ZD-114《监控系统事故停机流程编程指导书》执行。

(2) 工程调试过程中必须对所有控制流程进行闭环调试,并做详细记录。

(3) 根据用户资料和相关手册,对于有控制连接的画面,应以画面为单位,严格、仔细验证每项控制连接启动的正确性;对于现地触摸屏以及现地把手,调试每一项控制连接,并做详细记录。

(4) 安质部在最终检验时要对所抽检的控制流程做到闭环检验,尤其是对控制流程的入口条件和判据都要进行逐一检验。

(5) 研发过程中如对控制流程有任何改动都必须要详细试验和记录(包括修改依据)。

5.1.2.6 典型画面

计算机监控系统典型画面如图 5-4~图 5-11 所示。

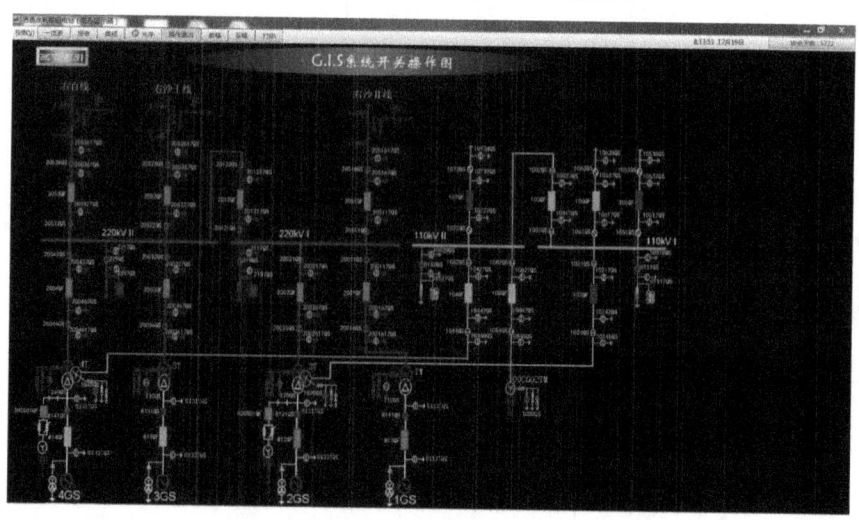

图 5-4 右江电厂主接线图及开关操作画面

第 5 章　计算机监控视频监视系统

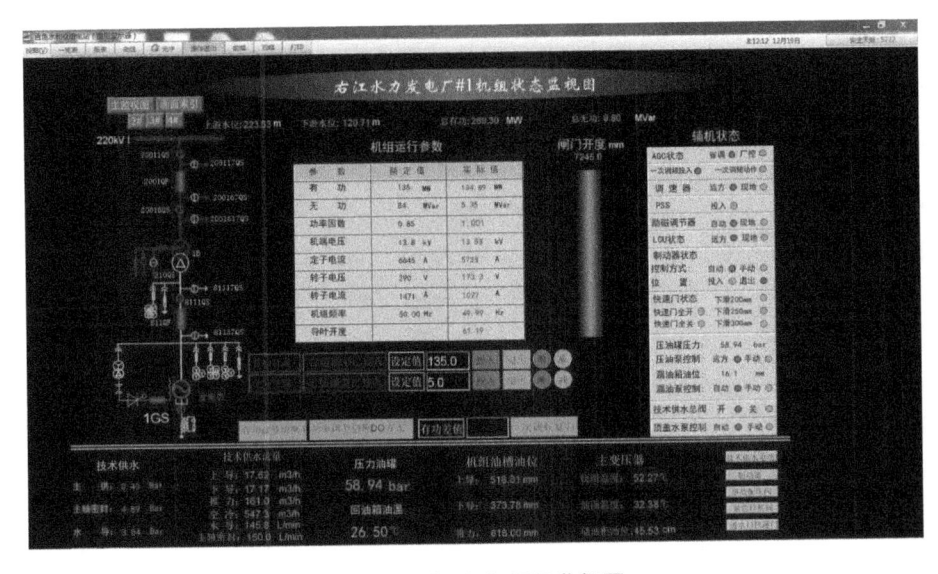

图 5-5　♯1 机组运行监视图

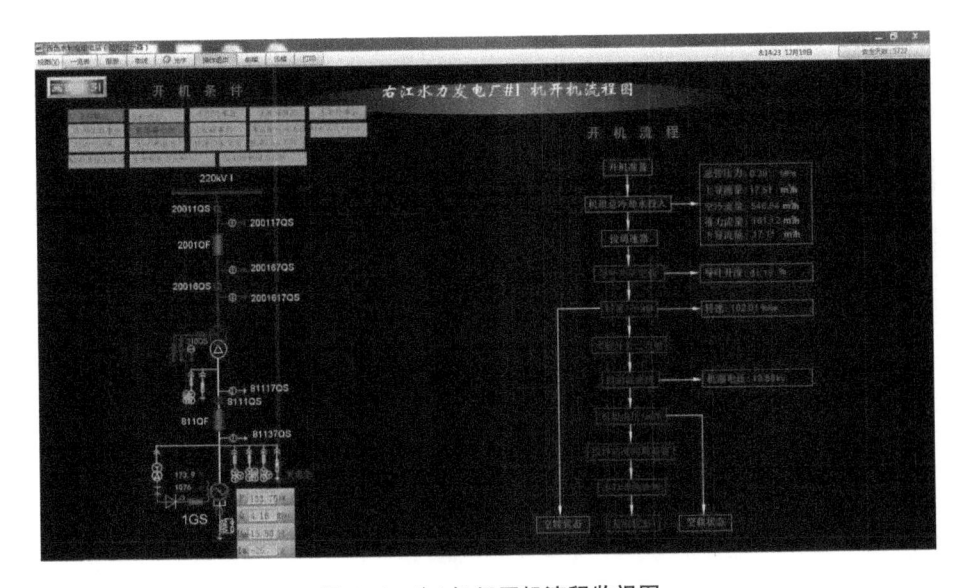

图 5-6　♯1 机组开机流程监视图

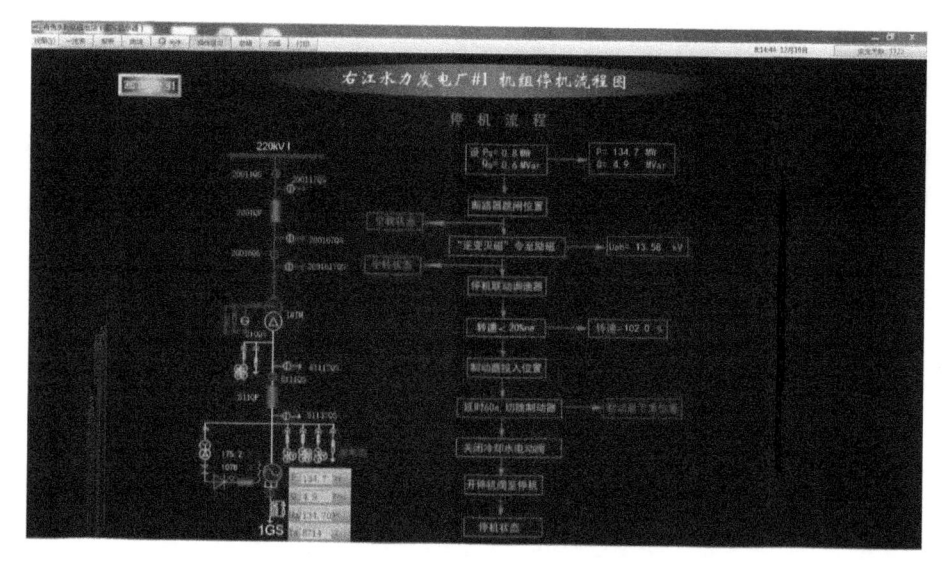

图 5-7 #1 机组停机流程监视图

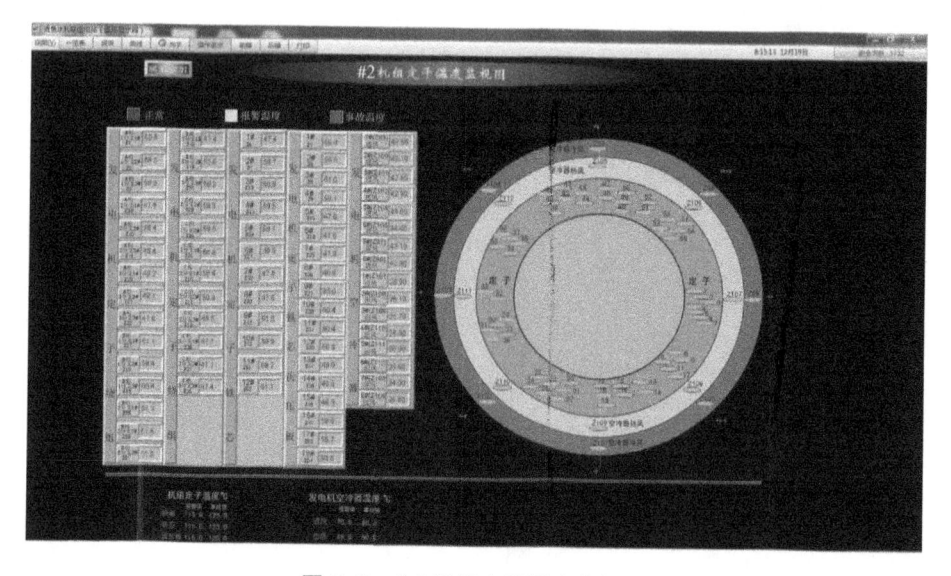

图 5-8 #2 机组定子温度监视图

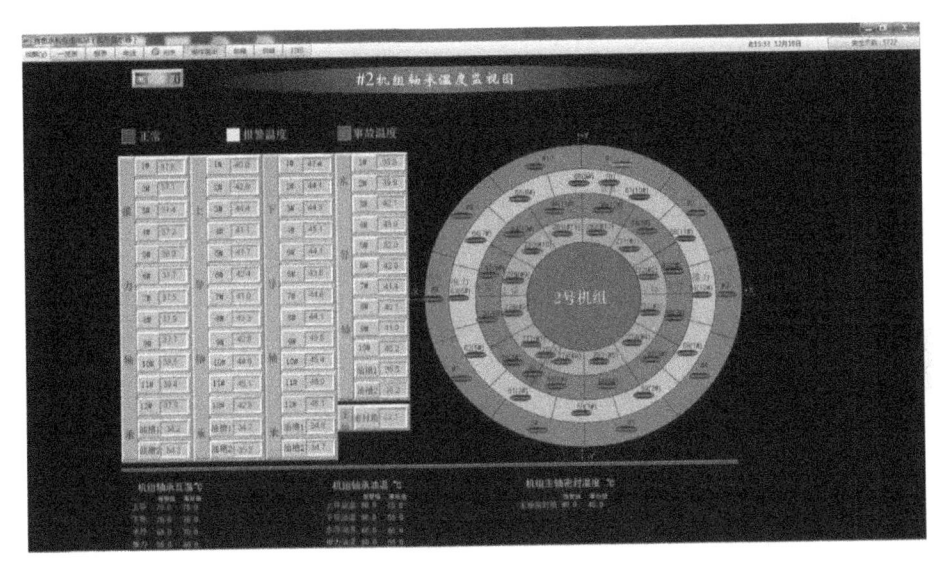

图 5-9 #2 机组轴承温度监视图

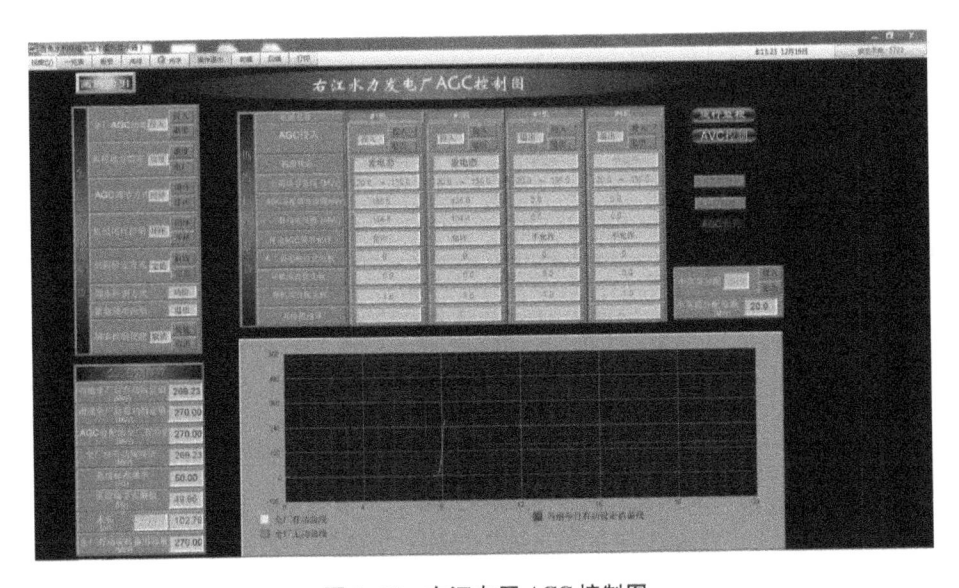

图 5-10 右江电厂 AGC 控制图

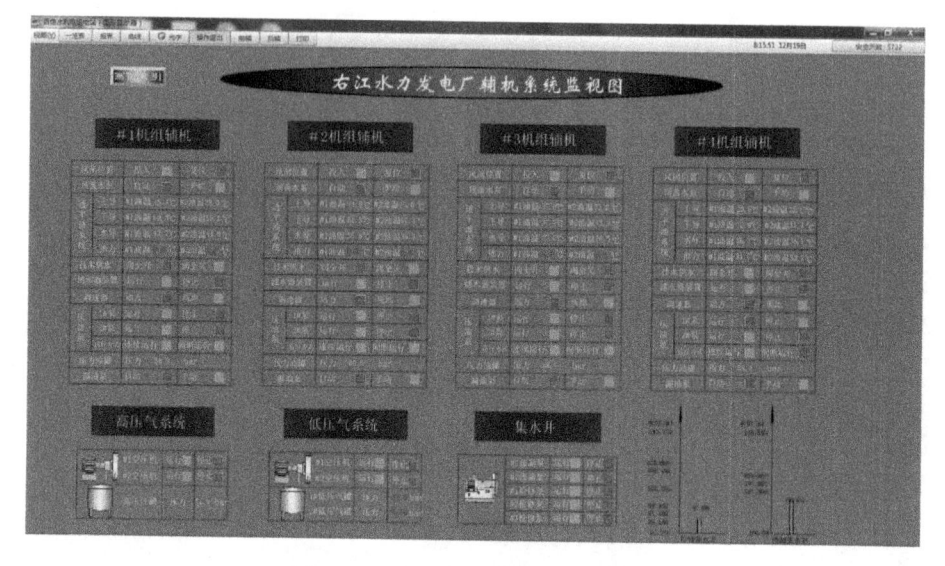

图 5-11 右江电厂辅机设备监视图

5.1.3 水电厂开停机流程

水电厂机组开停机流程如图 5-12～图 5-19 所示。

5.1.4 运行方式

运行人员只允许完成对电厂设备运行监视、控制、调节的操作，不得修改或测试各种应用软件。

电厂的控制方式，以操作员工作站控制为主，以现地 LCU 控制为辅。

正常情况下，中调可实现对电厂的 AGC、AVC 控制。AGC 是否投远方由中调决定，当 AGC 投入远方后应及时向调度员汇报。

机组 LCU 电源停送电顺序的一般原则，停电顺序为：I/O 电源、PLC 电源、DC、AC；送电顺序：AC、DC、PLC 电源、I/O 电源。

机组事故停机后重新开机前，应先对 LCU 事故信号进行复归。

厂用电倒换后，应注意检查 UPS 交流电源开关是否断开，若断开应及时合上，避免蓄电池能量耗尽。

运行值班人员在操作员工作站进行操作时应遵循下列规定：

操作前，首先调用有关控制对象的画面，进行对象选择，在画面上，所选择的被控对象应有显示反映，在确认选择的目标无误后，方可执行有关操作。

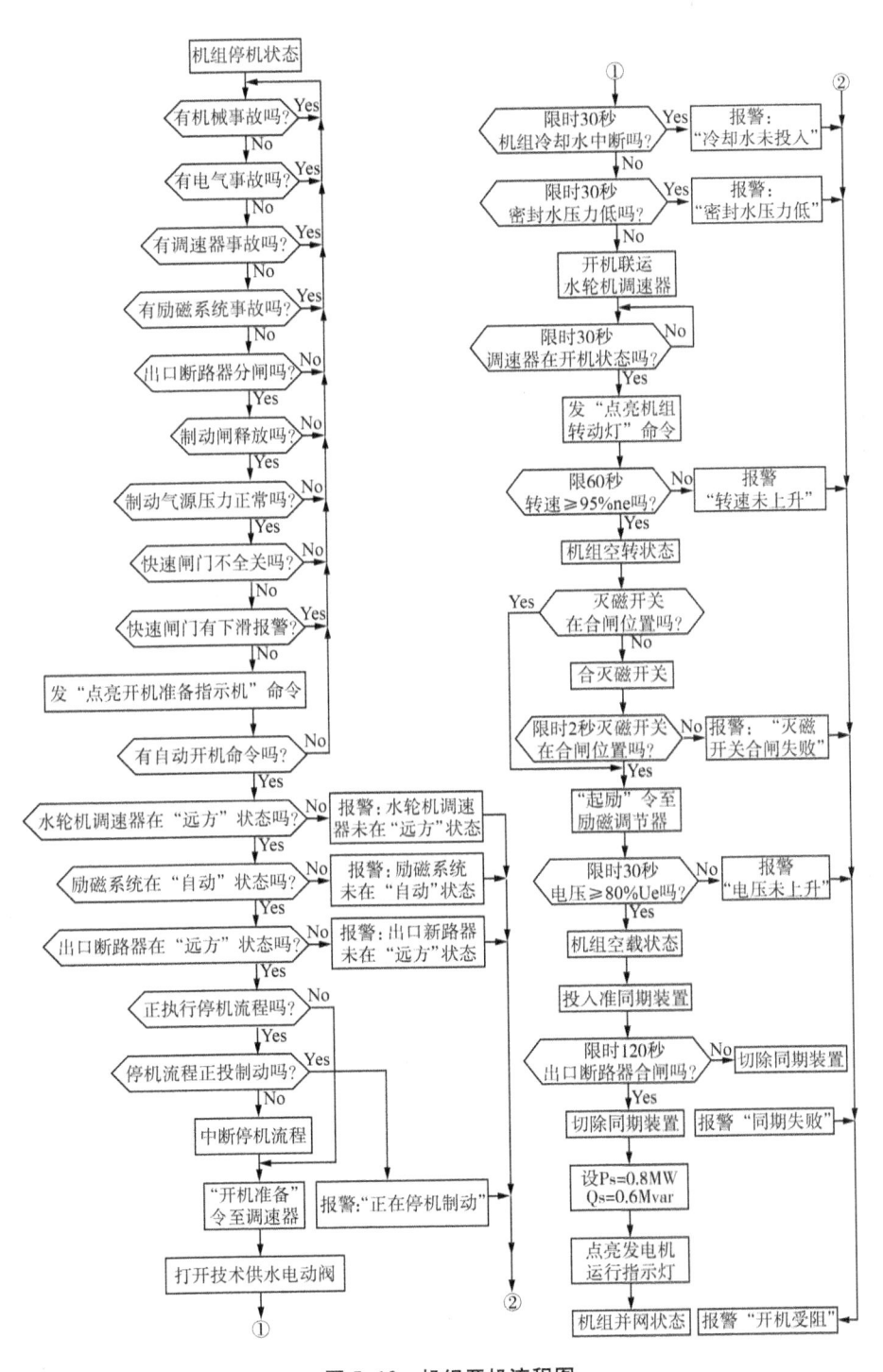

图 5-12　机组开机流程图

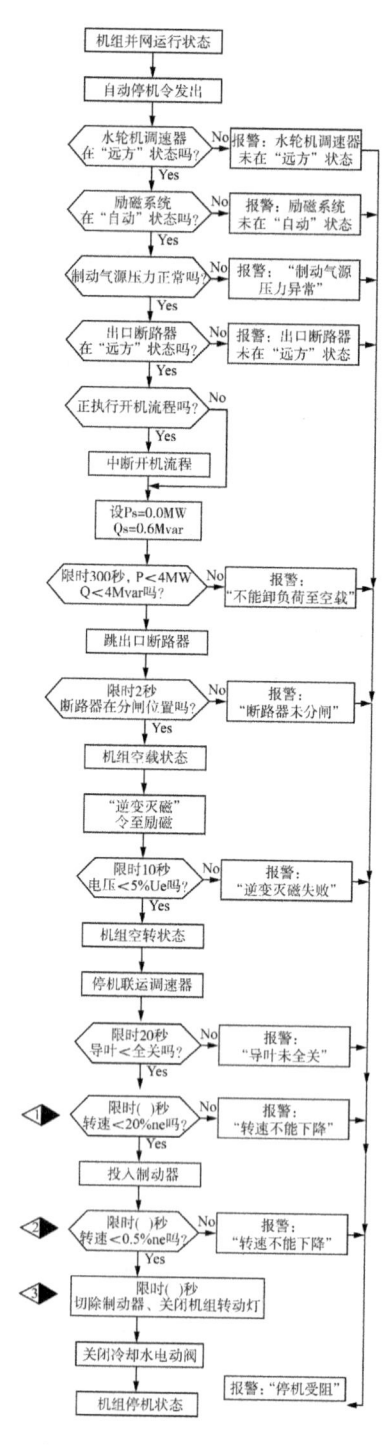

图 5-13　机组正常停机流程图

第 5 章 计算机监控视频监视系统

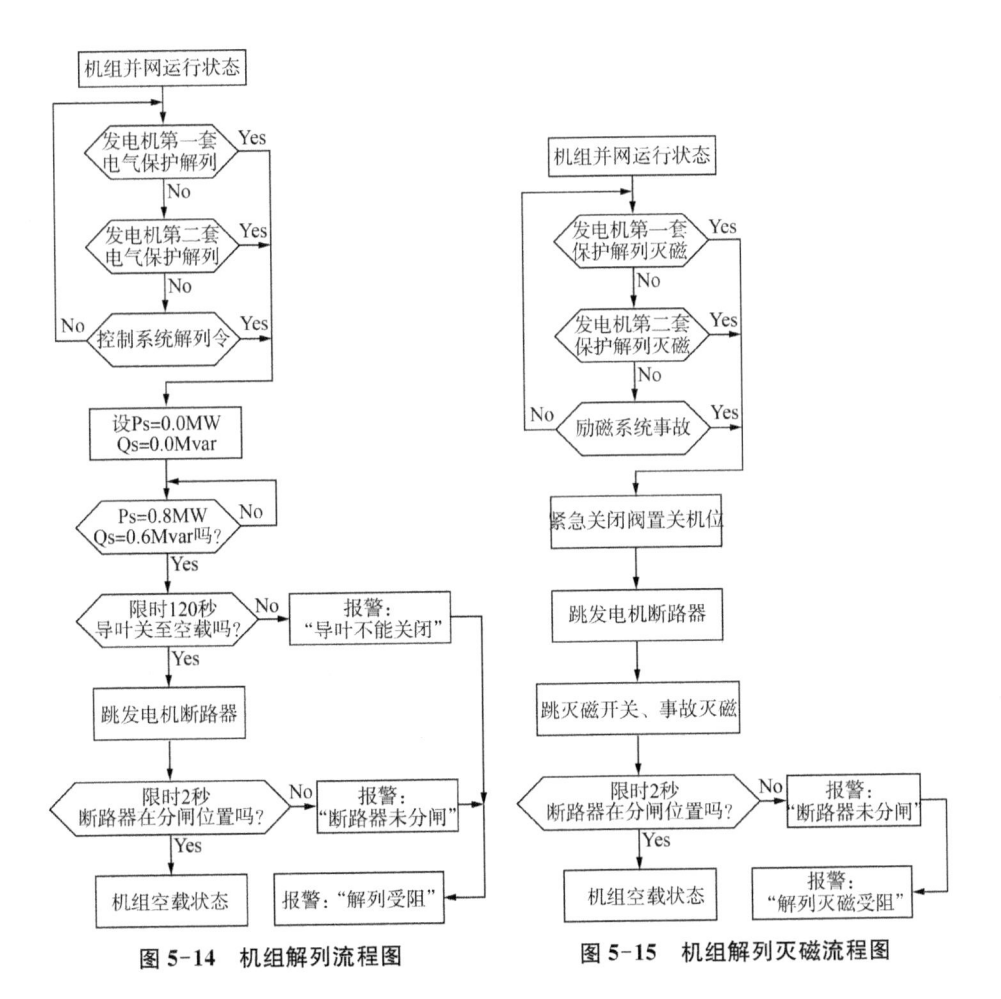

图 5-14 机组解列流程图

图 5-15 机组解列灭磁流程图

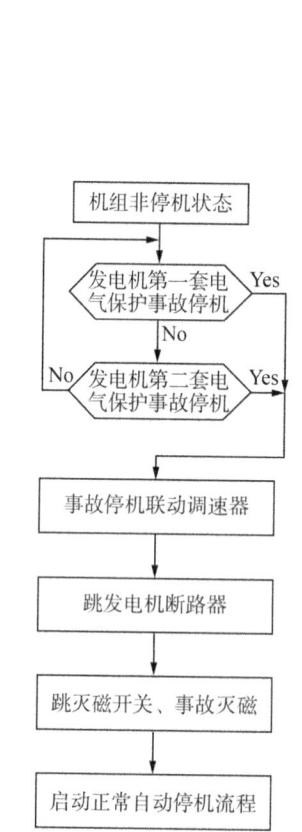

图 5-16 机组电气事故停机流程图

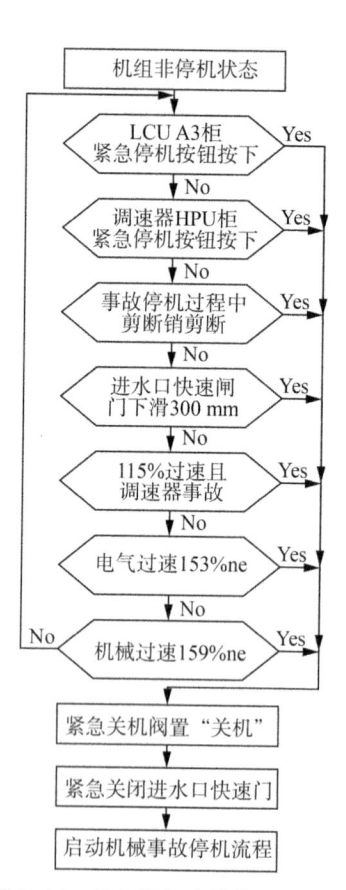

图 5-17 机组紧急事故停机流程图

图 5-18　机组机械事故停机流程图　　图 5-19　一级过速限制流程图

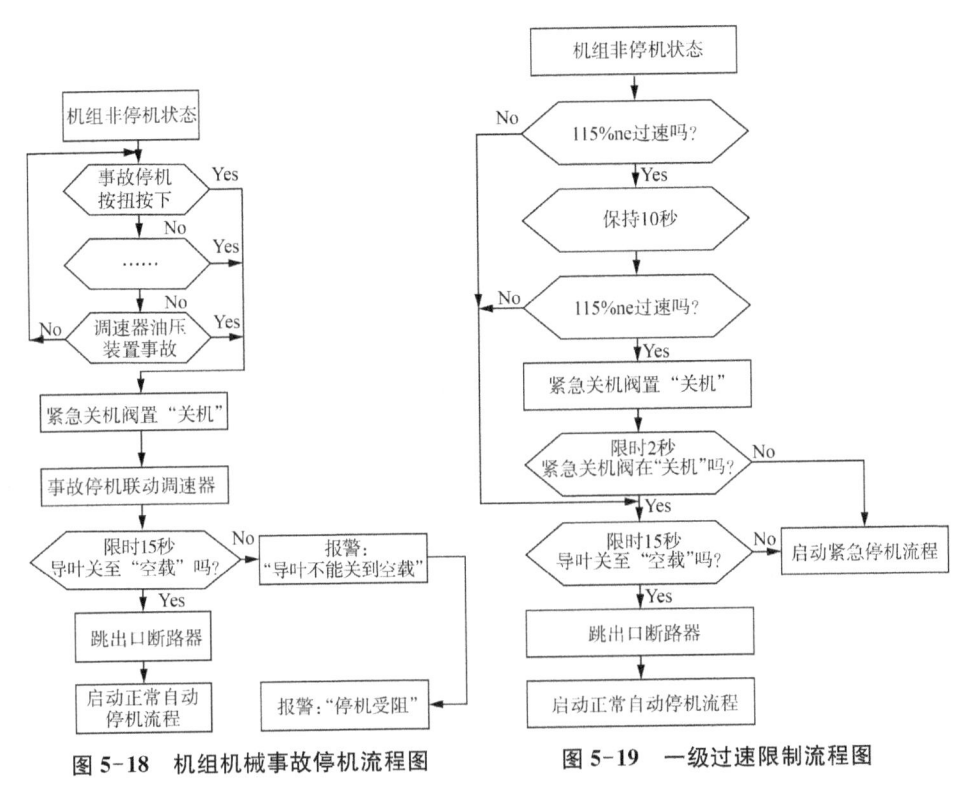

同一操作项不允许在中控室的两个操作员工作站上同时操作。

控制、操作应严格履行操作票制度。机组运行时,运行值班人员应通过计算机监控系统监视机组的运行情况,机组不得超过额定参数运行。出现报警及信号时,运行值班人员应及时进行调整及处理。

AGC 投入运行时,某台机组有异常时,经汇报调度同意后可退出 AGC。

计算机监控系统所采集的数据正常应在被扫查与报警使能状态。需要将该点扫查与报警退出,退出前应征得当值值长许可。对机组安全运行有重要影响的扫查点退出,值长应及时报告主管生产的领导,并联系计算机维护人员及时处理。

值班人员当发现机组 LCU 与上位机连接状态为离线时,应立即报告值长,并切到现地 LCU 控制,联系检修处理。

特殊情况下,如系统失电等,运行人员应按《计算机监控系统操作手册》规定的操作步骤投运,并通知计算机系统维护人员。

启动顺控时,在顺控未做完之前,不得按顺控窗口上的退出键。

运行值班人员应及时确认报警信息,严禁无故将报警画面及语音报警装置关掉或将报警音量调得过小。

1. 我厂 AGC 运行参数

（1）AGC 功能对机组水头要求为：75～112 m。

（2）故障频率上限：50.3 Hz（当电厂频率超过该设定值时，认为频率异常，AGC 退出控制）；

（3）故障频率下限：49.7 Hz（当电厂频率低于该设定值时，认为频率异常，AGC 退出控制）；

（4）在水头满足负荷要求的条件下，机组 AGC 调节的最大出力为：135 MW；

（5）机组 AGC 调节的最小出力为：20 MW；

（6）AGC 远方设值的上限为：540 MW；

（7）AGC 远方设值的下限为：20 MW；

（8）AGC 调节功能避开机组的振动区域为：50～70 MW；

（9）AGC 远方设定值与实发值差限：60 MW；

（10）AGC 现地设定值与实发值差限：60 MW；

（11）AGC 全厂有功调整死区：<5 MW；

（12）AGC 有功设置死区：<10 MW。

2. 我厂 AVC 运行参数

（1）母线正常调压系数：25 MVar/kV。

（2）母线紧急调压系数：25 MVar/kV。

（3）母线紧急调压上限：238 kV。

（4）母线紧急调压下限：224 kV。

（5）母线故障调压上限：240 kV。

（6）母线故障调压下限：220 kV。

（7）母线电压设值高限：240 kV。

（8）母线电压设值低限：220 kV。

（9）电压调整死区：|母线电压－目标电压|<0.5 kV。

（10）无功调整死区：|机端无功－目标无功|<2～10 MVar。

（11）远方电压增量设值上/下限：1 kV。

（12）现地电压增量设值上/下限：1 kV。

（13）远方电压设定与实发差限：6 kV。

（14）现地电压设定与实发差限：6 kV。

（15）当地无功上限：340 Mvar。

(16) 当地无功下限：—80 Mvar。

(17) 当地无功设定与实发差限：40 Mvar。

(18) 机组无功功率最大出力限值：85 Mvar。

(19) 机组无功功率最小出力限值：—30 Mvar。

5.1.5 运行操作

5.1.5.1 AGC 投入操作

(1) 在"画面索引"中点击进入"AGC 控制图"。

(2) 检查确认"全厂控制参数"中的"负荷给定方式"为"定值"。

(3) 在"机组控制参数"的"AGC 投入"栏中将要投入 AGC 运行的机组设置为"投入"。

(4) 将"全厂控制参数"中的"全厂 AGC 功能"设置为"投入"。

(5) 将"全厂控制参数"中的"负荷远方给定"设置为"调度"。

(6) 将"全厂控制参数"中的"AGC 调节方式"设置为"闭环"。

(7) 检查确认"全厂控制参数"中的"机组闭环控制"为"开环"。

(8) 检查机组接带负荷正常。

5.1.5.2 AGC 退出操作

(1) 在"画面索引"中点击进入"AGC 控制图"画面。

(2) 如果只要退出部分运行机组的 AGC，在"机组控制参数"中的"AGC 投入"将要退出 AGC 运行的机组设置为"退出"。

(3) 如果要退出全厂的所有机组的 AGC，首先在"机组控制参数"的"AGC 投入"栏中将各台机组的 AGC 退出，然后将"全厂控制参数"中的"全厂 AGC 功能"设置为"退出"，将"负荷远方给定"切换为"电厂"，最后将"全厂控制参数"中的"AGC 调节方式"设置为"开环"。

5.1.5.3 AVC 投入操作

(1) 在"画面索引"中点击进入"AVC 控制图"。

(2) 检查确认"全厂控制参数"中的"AVC 控制目标"为"电压"。

(3) 在"机组控制参数"的"AVC 投入"栏中将要投入 AVC 运行的机组设置为"投入"。

(4) 将"全厂控制参数"中的"全厂 AVC 功能"设置为"投入"。

(5) 将"全厂控制参数"中的"AVC 远方给定"设置为"调度"。

(6) 将"全厂控制参数"中的"AVC 调节方式"设置为"闭环"。

5.1.5.4 AVC 退出操作

（1）在"画面索引"中点击进入"AVC 控制图"画面。

（2）如果只要退出部分运行机组的 AVC,在"机组控制参数"中的"AVC 投入"将要退出 AVC 运行的机组设置为"退出"。

（3）如果要退出全厂的所有机组的 AVC,首先在"机组控制参数"的"AVC 投入"栏中将各台机组的 AVC 退出,然后将"全厂控制参数"中的"全厂 AVC 功能"设置为"退出",将"AVC 远方给定"切换为"电厂",最后将"全厂控制参数"中的"AVC 调节方式"设置为"开环"。

5.1.5.5 双 UPS 由正常运行转维修旁路运行,再关机操作

（1）在 UPS1 概览屏幕中按回车键。

（2）使用向上/向下导航键选择 Control,并按回车键。

（3）使用向上/向下导航键选择 UPSintoBypass,并按回车键。

（4）使用向上/向下导航键选择 YES,UPSintoBypass,并按回车键。

（5）在另一个 UPS(UPS2)中:在显示屏上确认 UPS 设备均处于静态旁路模式,UPS 设备的黄色旁路 LED 指示灯均亮起。

（6）在并机柜上:确认旁路开关 Q3 处的旁路指示灯(H3)亮起。

（7）在并机柜中:将旁路开关 Q3 拨到"｜"(ON)位置。

（8）在并机柜中:确认 Q4 处的开关指示灯(H4)亮起。

（9）在并机柜中:将断路器 Q4 拨到"O"(OFF)位置。UPS 系统现在处于外部维护旁路运行模式,并且电池仍处于充电状态。

（10）在 UPS1 中:在显示屏中依次选择 Control＞TurnLoadOff＞Yes,TurnLoadOff 以断开 UPS1 设备。断开 UPS1 交流进线开关 K3,断开 UPS1 蓄电池开关 S1。

（11）断开 UPS1 输出开关 Qa1。

（12）在 UPS2 中:在显示屏中依次选择 Control＞TurnLoadOff＞Yes,TurnLoadOff 以断开 UPS2 设备。断开 UPS2 交流进线开关 K4,断开 UPS2 蓄电池开关 S2。

（13）断开 UPS2 输出开关 Qa2。

（14）双 UPS 关闭,计算机运行正常,应保证厂用电稳定。

5.1.5.6 双 UPS 开机,再由维修旁路转正常运行操作

（1）检查 Q3 在合闸位,检查 Q4 在分闸位,负载由厂用电提供。

（2）合上 UPS1 输出开关 Qa1,UPS2 输出开关 Qa2。

（3）合上 UPS1 交流进线开关 K3、UPS1 蓄电池开关 S1,UPS1 启动。

(4) 合上 UPS2 交流进线开关 K4、UPS2 蓄电池开关 S2，UPS2 启动。

(5) 以旁路模式开机，观察双 UPS 运行正常，双 UPS 此时处于静态旁路运行。

(6) 合上并机柜 Q4 开关，确认运行正常。

(7) 断开并机柜 Q3 开关，确认运行正常。

(8) 将 UPS1(或 UPS2)由静态旁路转正常运行模式。

(9) 观察 UPS2(或 UPS1)自动转入正常运行模式。

(10) 观察双 UPS 负载分配大致相同。

5.1.5.7 隔离单 UPS 操作(以 UPS1 为例)

(1) 观察负载情况，确认 UPS2 能带动全部负载。

(2) 在 UPS1 中：在显示屏中依次选择 Control＞TurnLoadOff＞Yes，TurnLoadOff 以断开负载。

(3) 在并机柜中：确认 UPS1 的输出开关 Qa1 处的输出指示灯(H2a)亮起。

(4) 在并机柜中：将 UPS1 的输出开关(Qa1)拨到"O"(OFF)位置。

(5) 在配电柜中：断开 UPS1 交流进线开关 K3。

(6) 在配电柜中：断开 UPS1 蓄电池开关 S1。

(7) UPS1 被隔离。

5.1.5.8 将已隔离的 UPS 切换为正常运行模式操作(以 UPS1 为例)

(1) 在配电柜中：合上 UPS1 交流进线开关 K3。

(2) 在配电柜中：合上 UPS1 蓄电池开关 S1。

(3) 在并机柜中：确认 UPS1 的输出开关 Qa1 处的输出指示灯(H2a)亮起。

(4) 在并机柜中：将 UPS1 的输出开关(Qa1)拨到"I"(ON)位置。

(5) 在 UPS1 中：在显示屏中依次选择 Control＞TurnLoadon＞Yes，turnLoadon 以接通负载。

(6) 在 UPS 中：按 ESC 两次，返回到"概览屏幕"。

(7) 在 UPS 中：通过各个"概览屏幕"确认 UPS 设备的负载百分比大致相等。

5.1.5.9 机组在停机状态下时，发电机自动开机流程

(1) 检测核实机组满足开机条件。

(2) 监控系统发出自动开机令。

(3) 打开机组技术供水总阀。

(4) 开机联动水轮机调速器,打开导叶到空载开度位置。

(5) 当机组转速达到95%额定转速时,机组至空转态,"起励"令至励磁调节器。

(6) 当机组机端电压达到80%额定电压时,机组至空载态,投入自动准同期装置。

(7) 自动合上机组出口断路器,切除自动准同期装置,机组至发电态,点亮机组运行指示灯。

(8) 手动投入机组有功、无功调节功能,根据需要,调整有功、无功。

5.1.5.10　发电机组正常自动停机流程

(1) 检测机组在并网运行状态。

(2) 监控系统发出自动停机命令。

(3) 检测机组有功、无功卸至 4 MW、4 MVar 机组出口断路器跳闸。

(4) 机组至空载态,启动"逆变灭磁"令至励磁控制系统。

(5) 机组机端电压降至 5%额定电压以下时,机组至空转态,停机联动水轮机调速器,全关机组活动导叶。

(6) 机组转速降至 20%额定转速时,投入机组机械制动。

(7) 机械制动投入且在规定时间内机组转速达到 0.5%额定转速时,延时 60 s(此时间为原设计时间,现每台机组时间已修改,都不一样)退出机械制动。

(8) 关闭机组技术供水电动阀、熄灭机组运行指示灯。

5.1.5.11　运行值班人员的监控范围包括

计算机监控系统中的相关画面、计算机监控系统的外围设备(包括打印机、语音报警系统等)、电源系统、现地控制单元等。

5.1.6　异常运行及故障处理

5.1.6.1　中控室两个操作员工作站都死机

1. 现象

中控室两个操作员站的显示器光标均不可移动,或者显示器画面消失无任何显示。

2. 处理

(1) 重启操作员工作站。

(2) 如果重启操作员工作站不成功,则把各台机组的控制权切到现地 LCU 控制,并在现地监视机组的运行状态。

(3) 通知检修自动化人员进厂房进行检查处理。

5.1.6.2　中控室一个操作员工作站死机

1. 现象

一个工作站光标不可移动,另一个运行正常。

2. 处理

重启发生故障的操作员工作站,如果重启不成功,通知检修自动化人员进厂房检查处理。

5.1.6.3　机组 LCU 与上位机出现网络中断现象

当 LCU 一组 PLC 发生故障时,应检查另一组备用 PLC 是否正常投入运行,并及时通知自动化人员处理。若 PLC 未切换成功,则手动切换,方法为:将正在主用(冗余同步模块 RMXlocal 运行状态显示 ACTIVE)的 PLC 控制器的 PSD 电源模块开关打向"OFF",检查另一个 PLC 控制器冗余同步模块 RMXlocal 运行状态显示 ACTIVE,其他无异常报警,切换成功。或重启 PLC:重启方法为,将"debug"按钮按下,断开 I/O 电源,PLC 电源。再重新启动,先合上 PLC 电源,再合 I/O 电源。

5.1.6.4　监控系统失电

若上位机失电,应立即到现地 LCU 监视、控制机组;若 LCU 失电,应在机旁仪表盘监视机组状态,在励磁和调速器盘柜上控制机组,确认失电原因后尽快恢复 LCU 的供电。

5.1.6.5　监控系统上位机、下位机机组不可控

现地检查监控系统主机及机组 LCU 的运行情况及故障报警,初步确认引起故障的原因,将故障情况汇报给 ON-CALL 值长,向中调申请换机运行。在中调同意换机后,由 ON-CALL 值长组织人员在故障机组 LCUA3 柜执行"事故停机"。如果在机组 LCUA3 柜不能执行"事故停机",则采用机组调速器纯手动停机。在机组调速器电调柜执行机组"停机"流程,待机组负荷卸至空载后,现地手动断开机组出口断路器。待机组转速降至 20% 额定转速时,投入机组机械制动。当机组转速降为"0"延时一段时间后,退出机组机械制动,关闭机组技术供水电动阀,合上灭磁开关 Q02。通知检修 ON-CALL 进厂房处理。

5.1.6.6　监控系统的通信管理机与温度巡检装置发生故障需要重启

首先将故障情况汇报给 ON-CALL 值长,然后在 ON-CALL 值长及检修专责的指导下对故障通信管理机与温度巡检装置进行重启(断开发生故障的通信管理机与温度巡检装置的电源后,重新送电),如果重启不成功,则通知检修 ON-CALL 进厂房处理。

5.1.6.7 AGC功能异常退出

（1）若由于AGC运算时调度总有功与实发值异常导致AGC功能退出，则重新投入AGC功能即可，必要时向中调说明情况。

（2）单机投入AGC运行时，若机组有功调节退出，全厂AGC功能也会退出，重新投入机组有功调节，再投入全厂AGC功能即可，必要时向中调说明情况。

（3）监控系统故障导致AGC功能退出且无法重新投入，应及时向中调汇报，并申请机组带固定负荷，若监控系统失控，需及时启动监控系统失控应急预案，按照预案内容消除故障。

5.1.6.8 AVC功能异常退出

（1）若由于AVC运算时调度总有功与实发值异常导致AVC功能退出，则重新投入AVC功能即可，必要时向中调说明情况。

（2）单机投入AVC运行时，若机组无功调节退出，全厂AVC功能也会退出，重新投入机组有功调节，再投入全厂AVC功能即可，必要时向中调说明情况。

（3）监控系统故障导致AVC功能退出且无法重新投入，应及时向中调汇报，并申请机组带固定负荷，若监控系统失控，需及时启动监控系统失控应急预案，按照预案内容消除故障。

（4）加强AVC运行管理，正常情况下应确保AVC功能投入无异常。若AVC退出，应加强巡视，根据调度下发的电压曲线，严格控制电压，严禁多台机组同时投入手动无功控制进行调压。

5.2 视频监视系统

5.2.1 设备规范

5.2.1.1 主要设备功能及参数

主控服务器：主要用途是数字视频管理的重要组成部分，可以实现对前端网络视频设备的管理和调度功能如监视、检索、回放、云镜控制等均在主控服务器得到实现，是视频系统的核心设备。

解码服务器：主要用途是数字视频解码服务器，主要接受主控服务器的控制指令，并按照指令进行数字矩阵的输出，已实现在标准的TCP/IP协议的网络纽带上，进行网络互联、互通、互控各监视点的图像，最终以数字矩阵的方式体现于监控中心。

表 5.1

处理器	Intel 四核 2.0G	系统环境	XPlessons 系统
系统硬盘	4GCFAST 卡	显示分辨率	1920×1080
内存	4GB	帧率	预览、回放均为全实时 25 帧/秒(PAL)、30 帧/秒(NTSC)
编解码	H.264 解码	图像分辨率	从 QCIF(176×144)、4CIF(704×576)、720P 可调

NVR 存储主机：用于同时多路实时录像、多路实时回放、多路多人网络操作、USB 备份。

表 5.2

型号	冠泰 GT-9008NVR-B(8 路) 冠泰 GT-9016NVR-B(16 路) 海康威视 DS-8616N-I8(16 路)	音频压缩	G.711A,支持语音对讲
视频标准	PAL/NTSC、H.264、H.265 解码	录像方式	手动/报警/动态检测/定时
监视器	D1、VGA、HDMI、高清	解码能力	4 路 1080P 实时
回放质量	1080P/720P/D1	本地回放	8 路 1080P 模式/16 路 720P 模式

DVR 存储主机：用于同时多路实时录像、多路实时回放、多路多人网络操作、USB 备份。

表 5.3

型号	海康 DS-7208HW-SH(8 路) 海康 DS-7216HW-SH(16 路)	数量	1 台 2 台
视频标准	H.264	音频压缩	G.711u
视频帧率	PAL:1/16—25 帧/秒	录像方式	手动/报警/动态检测/定时
同步回放	16 路		

网络交换机：用于连接前端 IP 高清智能高速球机和高清摄像机。

高清摄像机：如下表所示。

表 5.4

序号	设备名称	设备参数	
1	枪型摄像机	型号	冠泰 GT-E01200PIR-G/海康威视 DS-2CD2T46DMX-ISL
		像素	200 万 1/2.8″CMOS 红外防水 ICR 日夜型筒型 /400 万星光级 1/2.7″CMOSICR 红外阵列筒型
		防护等级	IP66

续表

序号	设备名称	设备参数	
2	枪型摄像机	型号	冠泰 GT-E01200PIR-G3
		像素	200万 1/2.8″CMOS 红外可调焦防水 ICR 日夜型筒型
		防护等级	IP67
3	防爆摄像机	型号	海康 DS-FB4024
		像素	130万
		防护等级	IP68
4	高清球机	型号	冠泰 GT-IE036200-X20R-G/海康威视 DS-2DE7423IW-AMX
		像素	200万红外可调焦防水/400万7寸150米红外球机
		防护等级	IP66

5.2.1.2 设备机柜分布说明

1. 地下厂房区域

（1）交通洞口机柜：位于交通洞入口球机左侧墙壁。此机柜提供♯1号摄像机网络及电源，柜内有交换机、光纤收发器，其中光纤及电源线至交通洞内机柜。

（2）交通洞内机柜：位于交通洞内球机对面（即尾闸室门口）。此机柜供提♯2号摄像机网络及电源，柜内有交换机、光纤收发器，其中光纤及电源线至 GIS 管道电缆层机柜。

（3）通风疏散洞机柜：位于组合式空调机室上游侧。此机柜提供♯3、♯4、♯5号摄像机网络及电源，内有交换机、光纤收发器，其中光纤及电源线至 GIS 管道电缆层机柜。

（4）高压电缆廊道机柜：位于高压电缆厂房段 110 kV 高压电缆侧墙上，邻近♯52摄像机旁，此机柜提供♯52号摄像机电源及网络，柜内有交换机、光纤收发器，其中光纤及电源线至 GIS 管道电缆层机柜。

（5）GIS 管道电缆层机柜：位于 GIS 管道层整层中间处楼梯附近。主要汇聚机柜包含 GIS 层监控设备网络及取电、交通洞监控设备网络及取电、通风疏散洞监控设备网络及取电、高压电缆廊道监控设备网络及取电、GIS 层监控设备网络及取电、主变层监控设备网络及取电，柜内有核心交换机1台及光纤收发器，其中光纤及电源线至计算机室中心机柜。

（6）母线层机柜：位于♯3机与♯4机组段之间下游侧墙上（主要汇取机柜包含：母线层监控设备网络及取电、水轮机层监控设备网络及取电、蜗壳层监控设备网络及取电、副厂房部分监控设备网络及取电），柜内有核心交换机1台、8口千兆交换机1台及光纤收发器，其中光纤及电源线至计算机室中心机柜。

（7）计算机室中心机柜：本柜提供4台解码服务器、4台 NVR 存储服务器、3台DVR存储服务器、供电及网络,1台核心交换机供电,提供母线层、GIS层机柜中监控设备电源及光纤数据,提供发电机层♯16、♯17、♯18、♯19、♯9号摄像机,计算机室1、通信室1、蓄电池室1摄像机供电及网络,同时为中控室电视墙供电。

(8)中控室:操作台中间位置有1台主控服务器及显示器。

2. 主坝及进水塔区域

(1)进水塔配电室:位于配电室内,利用原有机柜,此机柜提供♯55号摄像机供电,本机柜有两条光纤,一条至进水启闭机室机柜,一条至中心机房,有光纤收发器。

(2)进水塔启闭机室:位于进水塔启闭机室内,利用原有机柜,此机柜为♯53、♯54号摄像机供电,本机柜有一条光纤至主坝监控楼配电房机柜,有光纤收发器。

(3)220 kV设备区球机:一条光纤一条网线至坝顶电梯房后面机柜,利用原有光纤回中心机房,有光纤收发器。

3. 百色综合楼十楼集控室

(1)4台电视机VGA显示线缆下静电板到机房最左侧机柜,分别接入解码终端1~4分别对应VGA线缆1~4。

(2)机房最左侧机柜有一黄色网络经由静电地板至大厅操作台中间位置,此网线提供主控服务器网络。

(3)机房最左侧机柜内有一8口千兆交换机提供解码终端1~4网络、主控服务器网络及经由光收发转换的网络。

5.2.2 运行操作

视频监控系统软件常用操作如下:

1. 主控软件操作

(1)点击主控软件"+"号即可展开解码,双击"解码服务器名称"可操作解码。

(2)点击解码中的摄像头可进行"选择"。

(3)点击解码右边空白窗口选择"打开预览"将把此空白窗口显示出图像。

(4)点击解码右边空白窗口选择"全部连接"即可显示本解码下所有摄像头图像。

(5)右下方"云台速度"请选择"6"方可对摄像头进行控制操作。

(6)如想显示更多的画面,请在左下方选择需要的画面窗口,未配置的画面将以空白显示。

2. 主控软件退出操作

点击主控软件画面上方"退出"按钮,现按"确定"即可。

3. 综合平台管理软件登录操作

双击桌面"iVMS监控管理客户端"运行"综合管理平台",用户名：user；密码：user（均为小写字母）,点击"登录"即可进入主预览界面。

（1）在主预览界面,点击上方标题栏（主预览或远程回放）可进行两个界面之间的切换。

（2）主预览界面下：点击左侧上方默认视图下方选项,可选择切换显示多少个画面；点击左侧下方监控点的"＋"号展开,双击可调取本组图像并展开。

（3）启用云台操作：需操作摄像头处点击右键,选择"启用窗口云台控制"。

（4）远程回放操作：①点击"远程回放"切换到远程回放界面；②双击或点击"＋"号展开监控点,选择一个监控点,可滚动竖向滚动条选择更多（可单选或多选）；③选择需要回放的日期（有红色三角号图标为有存储）和时间点击"搜索"调出远程回放；④在搜索结果界面选择需要下载的文件,点击"下载"即可下载文件；下载后的文件存放在"C:\ivms4200\video"文件夹。

5.2.3 常见故障及处理

（1）由于视频监控系统因数据传输量较大,同时还存在新、旧设备兼容问题,目前视频画面偶尔会出现卡顿现象,固在操作时要慢,切勿连续操作。

（2）电视监视器视频出现网络中断或死机的现象,可将其对应的解码服务器重启。

（3）视频监视器或视频监控上位机画面显示不全时,可将解码终端数据刷新（通过点击鼠标右键,选择"全部链接"按钮实现）或退出主控软件重新登录并刷新数据。

（4）远程下载回放的文件存放在"C:\ivms4200\video"文件夹,请及时定期的清理此目录,以免点用磁盘影响磁盘性能。

（5）当某个摄像头无画面时,完成（3）和（4）操作后,还是无法显示时,可进行以下检查：

①可在主控服务器上 ping 该摄像头的 IP 地址是否可以 ping 通。若 ping 通说明网络正常,可能摄像头存在故障,需要维修。同时注意检查摄像头 IP 是否有冲突,如有冲突应及时修改并重新添加。

②若 ping 不通说明网络存在故障。应检查网线、光纤接头是否松动,光纤收发器是否正常工作,交换机是否正常工作,摄像头电源是否正常等。

③通知检修人员进行处理。

第6章
辅机系统

6.1 技术供水系统

6.1.1 系统概述

技术供水系统的组成：

(1)技术供水系统水源一路由各机组蜗壳取水；另一路由进水塔♯4机组进水口的两取水口取水(即塔前取水)；技术供水系统图见附件D1.1。

(2)技术供水机组蜗壳取水向发电机上/下导轴承冷却器、发电机空气冷却器、推力轴承冷却器、水导轴承冷却器、主轴密封供水及主变洞消防喷淋系统备用供水。系统由机组各轴承冷却器、空气冷却器、主轴密封、过滤器、减压阀及连接系统所需的管路、阀门、表计及监控系统的压差传感器、压力变送器、温度变送器等组成。

(3)技术供水塔前取水经两个进水滤网(一个高程为▽182.25 m，一个为▽183.75 m)、经技术供水干管向以下对象供水：四台主变的冷却器，地下厂房消防用水，空调制冷站冷却水，副厂房生活用水，检修及渗漏排水泵润滑水，施工支洞排水泵润滑水，保护室空调机冷却水(停止使用)等。系统由主变冷却器、过滤器、减压阀及连接系统所需的管路、阀门、表计及监控系统的压差传感器、压力变送器、温度变送器等组成。

6.1.2 设备规范及运行参数

6.1.2.1 技术供水设备规范

表 6.1

蜗壳技术供水滤水器			
型号	ZLSG-350GⅡ	耐压强度	2.5 MPa	过滤精度	1.5~6 mm

6.1.2.2 机组、主变技术供水用水量及压力定额

表 6.2

供水对象		个数	设计流量(m^3/h)	备注
发电机	上导冷却器	12(共4组)	12	
	空气冷却器	8	420	
	下导冷却器	12(共4组)	12	
水轮机	推力冷却器	12(共4组)	300	
	水导冷却器	1	6	
	主轴密封		4.8-9	
主变	#1、#3主变冷却器	3	2×28	
	#2、#4主变冷却器	4	3×28	

6.1.2.3 主变冷却器规范

表 6.3

额定冷却容量	250 kW	设计水压	1.0 MPa
额定油流量	80 m^3/h	入口油温	70℃
额定水流量	28 m^3/h	入口水温	30℃
油容量	241 L	单台重量	1 175 kg

6.1.3 运行方式

6.1.3.1 机组技术供水运行方式

(1) 机组技术供水以蜗壳取水为主用,塔前取水为备用。

(2) 当机组技术供水系统检修维护(以#4机组为例),技术供水需要从塔前取水时,可打开04SG09V,打开00SG08V、04SG10V,关闭04SG03V,关闭04SG08V,向机组供水。此时,应检查备用取水进水水压和主轴密封进水

水压正常，机组开机后，密切监视各轴承、发电机、主变冷却器冷却水流量及主变温度。

（3）机组开机时，各冷却器出水阀在打开位置，通过计算机监控系统开机流程打开技术供水电动阀 0*SG05V；停机时，通过计算机监控系统停机流程，当机组转速<0.5%额定转速，延迟一定时间，复位风闸后自动关闭技术供水电动阀 0*SG05V。

（4）每台发电机组（♯3机组除外）技术供水通过各自排水总管排至尾水主洞；因♯3机组排水总管堵塞，经过改造后，通过检修排水总管排至尾水主洞（全厂只有♯3机组特殊）。机组检修时，应手动关闭排水手动阀，防止尾水倒灌。

（5）当机组技术供水过滤器前后压差大于 0.02~0.1MPa 时或运行 5 小时后，过滤器自动排污。

（6）当塔前取水进水过滤器 00SG01FI 前后压差大于 0.02~0.1MPa 时或运行 5 小时后，过滤器自动排污。

（7）♯1机组蜗壳取水为机组供水同时，还为主变洞水喷雾灭火系统提供备用水源。主变洞水喷雾灭火系统备用取水阀 00SX23V，位于♯1机组水车室门口下游侧，此阀处于常闭状态。

6.1.3.2 主变技术供水运行方式

（1）主变冷却器以塔前取水为主用，蜗壳取水为备用。

（2）当技术供水塔前取水进水口滤网、过滤器等检修维护，主变冷却需要从蜗壳取水时，可打开 01SG09V、02SG09V、03SG09V、04SG09V，关闭 00SG04V、00SG05V、00SG06V、00SG07V，通过各机组蜗壳取水向对应主变供水。此时，应检查各主变进水压力表和主轴密封进水压力表压力是否正常，机组开机后，密切监视各轴承、发电机、主变冷却器冷却水流量及主变温度。

（3）若主变技术供水流量不足或中断，则打开相应机组备用供水阀 0*SG09V，以保持技术供水压力正常，并密切监视主变温度，机组开机后，还应密切监视各轴承、发电机、主变冷却器冷却水流量及机组、主变温度。

（4）主变空载运行时，长时间水流中断，主变温度无较大变化，但须密切监视。

（5）♯1、♯3、♯4主变冷却水排水排至尾水主洞；♯2主变冷却水排水经厂房渗漏泵排水总管至尾水主洞。

（6）在使用备用供水前，应对原静水管路（对应机组蜗壳取水至塔前取水管路）进行冲洗干净后，再切换备用供水，防止管路污泥堵塞主变冷却器。

6.1.3.3 主轴密封技术供水运行方式

（1）主轴密封技术供水以蜗壳取水为主用，以塔前进水口取水为备用。

（2）检修排空尾水时或空气围带投入后，可停止主轴密封技术供水。

（3）主轴密封主、备用过滤器同时工作，检修时对两个过滤器进行清洗。

（4）主轴密封技术供水一部分排至渗漏集水井，另一部分经主轴密封前腔排至各自机组的尾水管。

（5）机组停机时，主轴密封水不切断，仍然保持正常供水。

6.1.4 运行操作

6.1.4.1 机组第一次开机前或技术供水系统检修后要进行充水步骤（♯4机为例）

（1）各项检修工作已完成，蜗壳进人门，尾水管进人门，蜗壳排水盘型阀，尾水排水盘型阀已关闭。

（2）压力钢管已充水平压，进水口快速闸门已提至全开。

（3）检查机组各冷却器进、排水阀门在打开位置，04SG41V、04SG42V、04SG61V、04SG62V04SG43V、04SG44V、04SG45V、04SG46V、04SG47V、04SG48V、发电机8个空冷器的进排水阀、相关管路仪表进水阀等在打开位置且仪表已安装；检查技术供水减压阀、安全阀上的相关小阀门在正确位置。

（4）确认♯4机技术供水过滤器排污阀04SG13V在打开位置，打开♯4机技术供水过滤器排污电动阀04SG12V。

（5）缓慢打开04SG01V向机组技术供水管路充水，并在技术供水过滤器及减压阀进行管路排气。

（6）检查各管路进水压力正常且无漏水迹象。

（7）将主轴密封管路及主轴密封管路冲洗干净。

（8）缓慢打开04SG08V向主轴密封充水。

（9）检查主轴密封进水压力正常，主轴密封供水相关管路无漏水迹象。

（10）关闭♯4机技术供水过滤器排污电动阀04SG12V。

6.1.4.2 主变第一次投运前或主变技术供水系统检修后充水步骤

（1）检查主变各冷却器进、出水阀在打开位置，主变冷却器排水总阀0＊SB14V（♯2、♯4号主变）、0＊SB11V（♯1、♯3号主变）在打开位置；相关管路上的仪表已安装，仪表进水阀在打开位置。

（2）打开各冷却器进水电动阀。

（3）缓慢打开0＊SB01V向主变冷却器充水。

(4) 充水完成后,关闭各冷却器进水电动阀。

6.1.4.3 第一次开机前或机组技术供水系统检修后应做以下检查

(1) 检查机组技术供水进水水压正常。
(2) 检查主轴密封进水水压正常。
(3) 检查各手动阀位置正确。
(4) 检查各电动阀控制电源投入,位置正确。
(5) 检查机组技术供水蜗壳进水过滤器正常投入。
(6) 检查主轴密封旋流器正常投入。
(7) 检查各排污手动阀,泄压阀,表计前测量阀等在打开位置。
(8) 检查各阀门及管路无漏水现象。
(9) 计算机监控系统无机组技术供水系统异常报警信号,压力、流量值在正常运行范围内。

6.1.4.4 主变第一次投运前或主变技术供水系统检修后应做以下检查

(1) 检查主变技术供水进水水压正常。
(2) 检查各手动阀位置正确。
(3) 检查各电动阀控制柜电源空开投入且供电正常。
(4) 检查冷却器控制柜内电源空开投入且供电正常。
(5) 检查各排污阀,泄压阀,表计前测量阀等在打开位置。
(6) 检查各阀门及管路无漏水现象。
(7) 计算机监控系统无主变技术供水系统异常报警信号,压力、流量值在正常运行范围内。

6.1.4.5 机组技术供水系统在检修中一般操作事项

(1) 关闭机组技术供水进水手动阀并悬挂"禁止操作"标示牌。
(2) 检查备用供水进水阀在关闭位置并悬挂"禁止操作"标示牌。
(3) 关闭相应设备的排水手动阀并悬挂"禁止操作"标示牌。
(4) 对技术供水管路泄压。

6.1.5 常见故障及处理

6.1.5.1 机组技术供水压力不足

1. 现象

在计算机监控系统出现技术供水压力不足报警信息;发电机绕组、机组各轴承油温、瓦温上升。

2. 原因

过滤器堵塞；管路漏水或堵塞；减压阀故障；机组技术供水进水总阀开度过小；传感器故障或中间继电器辅助接点故障。

3. 处理

严密监视各轴承温度；检查机组技术供水水源压力，技术供水进水总阀开度；检查减压阀前后压力是否正常；检查滤水器是否堵塞，机组技术供水滤水器排污电动阀是否不能关闭，管路是否漏水堵塞、漏水；检查传感器或继电器是否正常；打开机组技术供水备用供水阀。

6.1.5.2 机组技术供水中断报警动作

1. 现象

在上位机出现♯4机组技术供水中断报警信息；♯4机组各轴承油温、瓦温缓慢上升。

2. 原因

♯4机组技术供水电动阀误动，导致♯4机组技术供水电动阀关闭。

3. 处理

检查水源是否正常，检查技术供水电动阀是否误动，能否再次打开，将技术供水旁通阀手动打开至最大，监视各轴承温度；通知检修人员对技术供水电动阀维修。

6.1.5.3 ♯4主变♯1冷却器流量低

1. 现象

巡检发现♯4主变♯1冷却器流量偏低，辅助冷却器投入。

2. 原因

♯1冷却器开度过小；管路堵塞、漏水；水流信号器故障、水流传感器故障等。

3. 处理

检查管路是否堵塞、漏水；检查电动阀控制柜内的水流信号器是否正常工作；检查电动阀开度是否已开至最大；将手动阀打开，如流量还是较低，手动切换冷却器。

6.1.5.4 ♯4机组水导冷却水中断报警

1. 现象

上位机报♯4机组水导冷却水中断报警动作，现地检查水导冷却水流量在额定值上下徘徊。

2. 原因

水导冷却器内有大量贝壳所致；流量计受潮引起内部元器件工作异常。

3. 处理

观察水导瓦温上升情况，如果瓦温上升较快，流量一直不足，则申请停机后，将水导冷却器拆开，清理贝壳即可；若因流量计受潮引起流量数值异常，则临时用加热灯进行干燥处理，择机对流量计进行更换。

6.1.5.5 ♯4机组技术供水减压阀减压功能调节失效

1. 现象

上位机报♯4机组供水干管压力高报警动作，现地检查♯4机组减压阀开度（顶部一伸缩杆）至全开位置，各轴承技术供水压力表压力达到0.6 MPa以上（运行正常值在0.4 MPa）。

2. 原因

减压阀内部压力隔膜受损；压力隔膜上腔有大量淤泥；减压阀控制电源未送电；技术供水减压阀上腔有大量气体。

3. 处理

（1）通过减压阀上的手动阀，控制减压阀全开、全关试验，判断其故障原因。若确定是因减压阀内部压力隔膜受损或淤泥堆积影响，则排空♯4机组上、下游流到水，关闭蜗壳取水总阀04SG01V和备用取水阀04SG09V，打开减压阀顶盖检查处理。

（2）检查减压阀控制电源是否正常。

（3）通过对技术供水过滤器和减压阀进行排气。

6.2 排水系统

6.2.1 系统概述

百色水利枢纽工程的排水系统分为水电站工程技术排水系统和主坝工程排水系统。水电站工程技术排水系统分为机组检修排水系统和厂房渗漏排水系统以及厂房生活污水排水系统。检修渗漏排水系统图见附件D1.2。

机组检修排水系统主要用于当检查、检修机组水下部分时排空水轮机蜗壳尾水管和压力引水管道内的积水。压力钢管和蜗壳的积水通过蜗壳排水阀排入尾水管,再打开尾水管盘形阀、通过检修排水廊道将积水排至检修集水井,然后由检修排水泵排至尾水主洞。3台检修排水泵布置在母线层(▽123.45 m高程)的♯4、♯3机组段之间。检修集水井布置在尾水管层,池底高程为▽93.15 m。检修排水泵轴承润滑用水在运行期间应长期供水,润滑水取自技术供水干管,经进水总阀00SP01V供给排水泵;检修集水井的液位变送器和水位信号器布置在母线层。

厂房渗漏排水系统主要用于排除厂房围岩渗水、蜗壳外层漏水、水轮机顶盖漏排水、主轴密封漏排水、补气装置密封漏水、厂房各层排水沟排水(包括贮气罐排污水、气水分离器排水、操作廊道层排水沟排水等),汇集到渗漏集水井,由渗漏排水泵排至尾水主洞。渗漏集水井有效容积约233 m³,选用2台深井泵。起动一次水泵的工作时间约25 min。另外,渗漏排水系统预留1台同样规格的排水泵位置,作为备用。渗漏排水泵布置在母线层♯2、♯1机组段之间。渗漏集水井布置在尾水管层,池底高程为▽100 m。渗漏排水泵轴承润滑用水在运行期间长期供水,润滑水取自技术供水干管,经进水总阀00SP02V供给排水泵。渗漏集水井的液位变送器和水位信号器均布置在母线层。

副厂房生活用水及卫生间排水系统主要用于排除地下厂房内的卫生和生活污水。副厂房各层生活用水及卫生间排水先排至化粪池,然后由一台污水泵排至尾水主洞。污水泵及液位信号器均布置在副厂房▽119.45 m高程。

6.2.2 排水系统运行定额及设备规范

6.2.2.1 检修集水井水位浮子传感器动作的设定及作用(核实)

表6.4

集水井水位传感器动作的设定	动作后果
水位升至▽98.150	工作泵启动
水位升至▽101.150	第一备用泵启动
水位升至▽103.150	第二备用泵启动
水位升至▽103.650	检修集水井水位过高报警
水位降至▽96.150	停泵

6.2.2.2 渗漏集水井水位浮子传感器动作的设定及作用(核实)

表 6.5

集水井水位传感器动作的设定	动作后果
水位升至▽107.300	工作泵启动
水位升至▽107.800	备用泵启动
水位升至▽108.000	渗漏集水井水位过高报警
水位降至▽103.000	停泵

6.2.2.3 厂房生活污水排水系统水位浮子传感器动作的设定及作用

表 6.6

集水井水位传感器动作的设定	动作后果
水位升至▽122.230	污水泵启动
水位升至▽122.730	污水池水位过高报警
水位降至▽120.230	停污水泵

6.2.2.4 深井泵供电

表 6.7

额定电压	AC 380 V	电压波动范围	−15%~+15%
频率	50 Hz	频率波动范围	−3~+2 Hz

6.2.2.5 机组检修排水泵和厂房渗漏排水泵型式及主要参数

表 6.8

项　目	机组检修排水泵	厂房渗漏排水泵
型式	长轴深井泵	长轴深井泵
数量	3 台	2 台
流量(最小/额定/最大)	600/900/1 100 m³/h	600/900/1 100 m³/h
扬程(最高/额定/最低)	35/30/26 m	35/30/26 m
效率(额定点)	≥82%	≥82%
配套电机功率	约 110 kW	约 110 kW
电机转速	约 1 475 r/min	约 1 475 r/min

续表

项 目	机组检修排水泵	厂房渗漏排水泵
排水管口径	DN400 mm	DN400 mm
扬水管长度	约 28.41 m	约 21.5 m
轴承润滑方式	润滑水引自技术供水干管	润滑水引自技术供水干管

6.2.2.6 生活污水泵型式及主要参数

表 6.9

水泵型号	WL2260-437-80	额定流量	50 m³/h
频率	50 Hz	额定扬程	34 m
绝缘等级	F	水泵台数	1 台
额定电压	380 V	额定转速	1 460 r/min

6.2.2.7 施工支洞排水泵参数

表 6.10

水泵型号	YLB180-2-4	标准编号	JB1T7126
频率	50 Hz	防护等级 IP	23
绝缘等级	F	水泵台数	2

6.2.3 运行方式

6.2.3.1 #3机组冷却水排水系统运行方式

我厂#3机组投产时,由于机组排水总管堵塞,无法正常排水,因此将#3机组排水管与检修排水管连接,正常运行时#3机组各轴承冷却水通过检修排水管排至尾水主洞。需注意的是:当#3机组运行,其他三台机组中任意一台机组尾水管检修排水时,为防止检修排水对#3机组技术供水排水造成一定影响,减小#3机组技术供水冷却水流量,因此应密切监视#3机组各轴承瓦温、油温及机组各轴承冷却水流量;而当#3机组检修时,应及时关闭各轴承排水阀,以防止检修泵启动排水时,通过各轴承排水阀倒灌回冷却器,水压力过高,不便于冷却器管路拆除检修。

6.2.3.2 机组检修排水系统运行方式

机组检修排水系统设3台长轴深井泵,1台主用,2台备用,主备关系定期轮换。排水泵由检修集水井的液位变送器控制,排水泵控制方式为"自动"和"手动",排干流道前,排水泵采用手动控制方式运行,并密切关注检修集水井水位,待检修集水井水位到停泵位置时,应即时手动将检修排水泵停止。

6.2.3.3 渗漏排水系统运行方式

渗漏排水系统设置2台深井泵,正常时1台工作,1台备用,主备关系定期轮换。排水泵由渗漏集水井的液位变送器控制,排水泵的控制方式为"自动"和"手动"。预留1台渗漏排水泵位置,作为备用。

在异常情况下,厂房渗漏排水水位过高(已至108.300 m高程),通过渗漏、检修集水井联络阀00SP24V可将渗漏集水井过多水排至检修排水廊道,流入检修集水井后排出。

6.2.3.4 厂房生活污水排水系统运行方式

厂房生活污水排水系统安装1台污水泵。污水泵启动和停止由装在化粪池的液位信号器控制,能自动投入和停止,也可由运行人员定期根据化粪池的液位现地手动控制。化粪池每年应清淤排渣一次。当污水泵故障时,可临时接1台潜水泵。

6.2.3.5 施工支洞排水系统运行方式

施工支洞排水系统设有2台深井泵,采用"一主一备"方式运行,电源取自安装间检修#2动力配电箱,其润滑水取自主变层消火栓#1箱00SX34FH,排水泵由装在施工支洞集水井的液位变送器控制,也可以手动控制,两台泵的"主用"和"备用"运行方式可手动进行切换。施工支洞积水由泵排至#1机尾水闸门下游。

6.2.3.6 检修、渗漏排水泵控制电源双电源运行方式

为保证在400 V全厂公用电分段停电期间时,检修、渗漏排水泵至少分别有1台排水泵能正常工作,结合现场排水泵控制柜内设备配置情况,拟保留原有控制电源回路设备,分别从#2检修排水泵、#2渗漏排水泵动力电源U相取控制电源作为排水泵的Ⅱ段控制电源,经圣马开关电源NFS110-7624输出24V DC接入X24V端子排,两段控制电源回路中的开关电源24V DC输出虽接有二极管保护并联能解决环路问题,但通过二极管来实现的最大值均流法是否安全可靠受设备现场情况影响无法试验确认,在技改完成后必须规定两段控制电源不得同时投入,柜后的两个二次空开K1、K2严禁同时投入,在Ⅰ段控制电源故障时,手动投入Ⅱ段控制电源。在厂用电源倒换或厂用电源消失后,应注意各排水泵的电源电压及各排水

泵的运行是否正常。

6.2.4 运行操作及注意事项

6.2.4.1 各排水系统在初次投入运行注意事项

各排水系统在初次投入运行时均应将本系统进行彻底的清淤清扫工作，将集水井、排水廊道内的淤积杂物一并清除，地面无积水等。清除淤污物由泥浆泵、潜水排污泵完成，清除淤物后应用清洁水冲洗设备。

6.2.4.2 深井泵及电动机检修隔离措施(♯3检修排水泵)

（1）确认水位正常。

（2）确认其他排水泵运行正常。

（3）检查♯3检修排水泵00SP03PU在停止状态。

（4）将♯3检修排水泵00SP03PU控制方式切至"切除"位置。

（5）断开♯3检修排水泵供电开关41GY403QF。

（6）检查♯3检修排水泵供电开关41GY403QF在"分闸"位置。

（7）将♯3检修排水泵供电开关41GY403QF拉至"检修"位置。

（8）在♯3检修排水泵供电开关41GY403QF上悬挂"禁止合闸,有人工作"标示牌。

（9）断开检修排水泵柜后♯3检修排水泵供电空开KK3。

（10）关闭♯3检修排水泵出口阀00SP11V。

（11）检查♯3检修排水泵出口阀00SP11V在"关闭"位置。

（12）在♯3检修排水泵出口阀00SP11V上悬挂"禁止操作"标志牌。

（13）关闭♯3检修排水泵润滑进水阀00SP09V。

（14）检查♯3检修排水泵润滑进水阀00SP09V"关闭"位置。

（15）在♯3检修排水泵润滑进水阀00SP09V上悬挂"禁止操作"标志牌。

（16）注意监视集水井水位。

（17）测量电机绝缘。

6.2.4.3 深井泵及电动机检修隔离措施恢复(♯3检修排水泵)

（1）收回工作票,现场检查是否清扫干净。

（2）测量电动机绝缘合格。

（3）拆除♯3检修排水泵供电开关41GY403QF"禁止合闸,有人工作"标志牌。

（4）检查♯3检修排水泵供电开关41GY403QF在"分闸"位置。

（5）将♯3检修排水泵供电开关41GY403QF推入"工作"位置。

(6) 合上♯3检修排水泵供电开关41GY403QF。

(7) 检查♯3检修排水泵供电开关41GY403QF在"合闸"位置。

(8) 拆除♯3检修排水泵出口阀00SP11V"禁止操作"标志牌。

(9) 打开♯3检修排水泵出口阀00SP11V。

(10) 拆除♯3检修排水泵润滑进水阀00SP09V"禁止操作"标志牌。

(11) 打开♯3检修排水泵润滑进水阀00SP09V。

(12) 合上检修排水泵柜后♯3检修排水泵供电空开KK3。

(13) 手动启动水泵运行正常。

(14) 将♯3检修排水泵控制方式放自动。

6.2.4.4 机组检修排水时注意事项

机组检修排水时先打开蜗壳排水盘形阀,再打开尾水管排水盘形阀,通过检修排水廊道将积水排至检修集水井,然后由排水泵排至尾水主洞。

具体主要操作步骤如下(以♯1机组为例):

(1) 检查♯1机组是否在停机状态。

(2) 落下♯1机组快速闸门。

(3) 落下♯1机组检修闸门。

(4) 打开♯1机组蜗壳排水盘形阀。

(5) 待蜗壳水位与尾水平压后,落下♯1机组尾水闸门。

(6) 打开♯1机组尾水管♯1排水盘形阀。

(7) 检查检修排水泵启动正常检修集水井水位正常。

(8) 关闭♯1机组各轴承排水阀、技术供水备用取水阀、主轴密封供水手动阀及主轴密封备用供水阀。

注:在水车室工作进行机组导水机构检修时,还应对调速器液压系统进行隔离,如断开调速器油泵电源、对调速器压力油罐泄压等,以保证检修人员在水车室的工作安全。

6.2.4.5 污水泵隔离措施

(1) 将排至污水池的山体渗水引至渗漏集水井。

(2) 手动启动00SP06PU抽干生活污水池的污水。

(3) 手动停污水泵00SP06PU。

(4) 断开400V公用电Ⅰ段污水泵供电开关。

(5) 对污水泵00SP06PU测绝缘。

(6) 密切注意生活污水池的水位情况。

(7) 置1台潜水泵以备急用。

6.2.5 常见事故及处理

6.2.5.1 渗漏集水井水位高报警

（1）当收到渗漏集水井水位高报警时，立即现场检查确认报警，通过视频监控系统确认，如发现水位高是因为排水管爆裂并且此时来水量大的话，应立即投入临时备用排水泵，打开渗漏、检修集水井联络阀00SP24V，手动启动3台检修排水泵，待ON-CALL组进厂处理。

（2）如果发现水位高是因为渗漏排水泵没有自动启动，此时应将2台泵控制方式切至手动并确认2台泵正常启动即可。

（3）如果发现水位高是因为2台泵不能启动，首先检查控制电源是否正常，如果是控制电源故障，将退出故障控制电源，投入另一段控制电源，确认泵能正常启动即可，如果是排水泵故障，立即投入临时备用排水泵，若来水量增大，可打开渗漏、检修集水井联络阀00SP24V，待检修人员对故障泵进行处理。

6.2.5.2 检修集水井水位高报警

（1）机组检修需要排流道水时，当收到检修集水井水位高报警时，立即现场检查确认报警，通过视频监控系统确认实际水位情况。

（2）如果发现水位高是因为检修排水泵没有自动启动，并立即通知ON-CALL组，将3台泵控制方式切至手动并确认3台泵正常启动即可，并进一步查明检修排水泵不能自动启动的原因。

（3）如果发现水位高是因为3台泵不能启动，首先检查控制电源是否正常，如果是控制电源故障，将退出故障控制电源，投入另一段控制电源，确认泵能正常启动即可，如果是排水泵故障，立即投入临时备用排水泵，立即通知检修对故障泵进行处理。

（4）如果水位高是因为检修集水井水位浮子故障引起，则通知ON-CALL组检查处理水位传感器故障问题。

（5）如3台泵均无法启动，则关闭机组尾水管排水盘形阀，必要时关闭尾水进人门和蜗壳进人门，并注意尾水闸门的运行情况。

6.2.5.3 生活污水井水位高报警

（1）当收到污水井水位高报警时，现场检查确认报警时，如发现事故原因是污水排放管路爆裂，应及时关闭爆裂管路两端手动隔离阀，防止事故进一步扩大。

（2）检查山体渗水来水有无异常，采取有效阻断措施保证山体渗水来水改道,通过其他排水管路排至渗漏集水井。

(3) 将备用潜水泵投入运行,将污水池污水通过潜水泵及钢丝管排入渗漏集水井。确认渗漏排水泵运行正常,如渗漏排水泵运行异常或损坏,则可排入检修集水井。

(4) 在隔离故障设备后,检修 ON-CALL 组对事故进行全面检查处理,如污水泵电机或水泵损坏,则更换备品,如水管爆裂,则更换或者补焊水管。

(5) 现场清理,恢复正常生产。

6.2.5.4 检修、渗漏排水泵启动时,因机械阻力大,启动电流过大导致供电开关跳闸

(1) 检查故障排水泵变频器是否正常。

(2) 隔离故障排水泵,测量电机绕组绝缘是否正常。

(3) 检查跳闸的供电开关电流整定值是否符合规范要求。若检查开关本体无异常,可恢复供电开关,进行试送电,启动排水泵检查电机、泵体连接部分、水下部分是否有异响。

(4) 检查排水泵泵体进水口是否有异物或淤泥过多,做好安全措施进行清理。

6.3 压缩空气系统

6.3.1 系统概述

系统组成:压缩空气系统由 7.8 MPa 高压空气系统和 0.78 MPa,低压空气系统组成。压缩空气系统图见附件 D1.3。

1. 7.8 MPa 高压空气系统

由两台高压气机,一个 $2 m^3$ 高压储气罐,空气过滤器,自动化控制装置,阀门及相关管路等组成;用于调速器压油罐的充气补气;

2. 0.78 MPa 低压空气系统

由两台低压气机,两个 $3 m^3$ 组成低压储气罐,空气过滤器,气水分离器,自动化控制装置,阀门及相关管路等组成;其主要作用为机组的机械制动,围带供气,检修用气。

6.3.2 设备规范及运行参数

6.3.2.1 空气压缩机

表 6.11

	种类	高压空气压缩机	低压空气压缩机
空压机	生产厂家	德国 Becker	英格索兰公司
	台数	2	2
	型号	SV1001/80	RS37i-A8.5
	型式	扇型活塞单作用式	固定螺杆式
	排气量	1.1 m³/min	6.3 m³/min
	冷却方式	风冷	风冷
	排气压力	8 MPa	0.8 MPa
	传动方式	直连	直连
	压缩级数	3	1
	环境最高温度	45℃	46℃
	环境最低温度	−5℃	−2℃
	排气温度	≤60℃	<环境温度+20℃
电动机	型号	DPG180M4	F200L1-4;0011
	额定功率	18.5 kW	37 kW
	额定电压	380 V	380 V
	额定转速	1 450 r/min	1 480 r/min
	绝缘等级	F	F

6.3.2.2 压力气罐

表 6.12

项目	高压气罐	低压气罐
生产厂家	无锡雪浪	云南化工机械厂
数量	1	2
额定压力	7.8 MPa	0.78 MPa
设计压力	8.7 MPa	0.93 MPa
最高工作压力	8.0 MPa	0.88 MPa
耐压实验压力	10.88 MPa	1.17 MPa
容积	2 m³	3 m³

续表

设计温度	50℃	50℃
容器类别	I	II
压力气罐安全阀动作	8.4 MPa	0.90 MPa

6.3.3 运行方式

6.3.3.1 高压空气系统

(1) 高压空气系统用于调速器压油罐的充气、补气。

(2) 高压空气系统空压机、贮气罐额定工作压力为 7.8 MPa,减压到 6.0 MPa 后给压力油罐充气或补气(目前高压空气系统的减压阀损坏,无法起到减压的作用,暂时是通过打开其旁通阀进行供气)。

(3) 正常运行时,若压力油罐油位过高,通过自动补气电磁阀 0 * QG01EV、0 * QG02EV 向压力油罐自动补气(目前无法实现自动补气);需要时可以通过打开手动补气阀 0 * QG11 V、0 * QG04 V 向油罐补气,打开手动补气阀 0 * QG11 V 前,必须先检查压力油罐补气电磁阀后隔离阀 0 * QG03 V 关闭位置。

(4) 正常时,两台高压空压机放在"自动"控制方式,一台主用,一台备用,通过 PLC 控制定期自动轮换空压机优先级。

(5) 高压空压机空载启动(启动前先自动卸载 10 s 后启动空压机,空压机正常运行 20 s 后复归卸载阀),并且运行时每隔 2 h 自动卸载 20 s。停机前先自动卸载 10 s 后停机,停止运行后 2 min 后复归卸载阀。

(6) 当高压气罐压力达到 7.3 MPa 时,主用高压空压机启动,当高压气罐压力降至 7.2 MPa 时,备用高压空压机启动;当高压气罐压力达到 7.8 MPa 时,两台高压空压机停止运行。

(7) 复归高压空压机的故障信号,可在其控制面板上按下"复归"按钮,确认故障指示灯灭。

6.3.3.2 低压空气系统

(1) 低压空气系统用于机组机械制动、空气围带(检修密封)及检修用气。

(2) 检修用气包括检修工具用气、吹扫设备用气。

(3) 低压空气系统额定工作压力为 0.78 MPa。

(4) 若检修或其他人员需要用气时,必须经过当班 ON - CALL 组长同意并说明用气所需时间。

(5) 机械制动自动投入时,电磁阀 0 * QD02EV 励磁,制动闸管路接通气源,投入机械制动;机械制动自动退出时,电磁阀 0＊QD02EV 失磁,制动闸管路接通排气,风闸受弹簧压力落下;在机组检修隔离需要长时间投入机械制动或机械制动不能自动投入时,为防止机械制动电磁阀因长时间励磁而损坏,影响电磁阀的使用寿命,在投入机械制动时间较长时,可手动投/退机械制动。

(6) 空气围带自动投入时,电磁阀 0＊QD01EV 励磁,空气围带投入;空气围带自动退出时,电磁阀 0＊QD01EV 失磁,空气围带退出;空气围带不能自动投入或检修隔离需要时,可手动投、退入空气围带(目前♯1、♯2、♯4 机组空气围带未使用,♯3 机组空气围带已拆除)。

(7) 正常情况下,两台低压空压机放在"自动"控制方式,PLC 控制两台空压机交替运行。

(8) 低压空压机空载启动,停机时自动卸载 15 分钟。

(9) 空压机控制箱电源取自副厂房 121.95 m 高程全厂公用电室动力配电箱。

(10) 正常情况下,两台低压空压机接到供气干管上,通过干管向两个低压气罐供气。

(11) 正常情况下,两个气罐分开运行,联络阀 00QD21V 阀在打开位置,由于逆止阀 00QD22V 的存在,两个气罐不能互相导通,检修气罐只能作为制动气罐的备用气罐,当制动气罐压力不足时,检修气罐可通过逆止阀 00QD22V 阀、联络阀 00QD21V 阀向制动及围带气罐供气。

(12) 空压机本体控制器 Xe-70M 运行中显示的几个状态:

①Ready to Start(启动准备就绪)——压缩机当前不存在故障停机或启动禁止状况。按下启动按钮可随时启动设备。

②Starting(正在启动)——已向压缩机发出启动命令并且正在执行启动顺序。此状态的持续时间可能随设备的起动机类型而不同。

③Load Delay(载荷延迟)——压缩机在启动后、允许设备载荷前要等待一小段时间。这可以确保设备在载荷前处于运行状态。

④Running Loaded(载荷运行)——压缩机正在运行并产生空气。进口阀打开,放气阀关闭。

⑤Running Unloaded(卸荷运行)——压缩机正在运行,但不产生空气。进口阀关闭,放气阀打开。

⑥Reload Delay(重载延迟)——压缩机卸荷之后及再次载荷之前的短暂时间;这会让进口与旁通阀有时间到达正确位置。

⑦Auto-Restart(自动重启)——压缩机因压力上升到超过脱机压力或自

动停机设定点、自动重启功能被启用而停机。当压力回落到联机压力或目标压力设定点时,压缩机将自动重启。

⑧Stopping(正在停机)——压缩机已收到停机命令并且正在执行停机顺序。

⑨Blow Down(放气)——压缩机在停止电机后、允许再次启动前必须等待一小段时间。如果在放气期间收到启动命令,压缩机将在放气结束时重新启动。

⑩Not Ready(未就绪)——压缩机已检测到不允许压缩机启动的状况。该状况必须清除才允许启动,但不必进行确认。

⑪Tripped(故障停机)——压缩机已检测到使设备停机的异常运行状况;必须通过点击复位按钮确认故障停机,压缩机才能启动。

⑫Processor Unit(处理器初始化)——控制器正在初始化。

(13) 低压空压机远方自动运行方式:此时两台低压空压机将根据♯1低压气罐的压力自动启动,即当♯1低压气罐压力达到 0.7 MPa 时,一台低压空压机启动;当♯1低压气罐压力达到 0.6 MPa 时,另一台低压空压机启动;当♯1低压气罐压力达到 0.78MPa 时,两台低压空压机停止运行,两台空压机交替运行。

(14) 低压空压机控制箱面板:由触摸屏、♯1空压机启动按钮、♯1空压机停止按钮、♯2空压机启动按钮、♯2空压机停止按钮、♯1空压机状态切换把手、♯2空压机状态切换把手组成,其中,切换把手的状态分为手动/切除/自动三种状态。

(15). 远方自动控制:控制箱切换把手的状态处于"自动"位置,且空压机本体上远程空载使能把手投入时,对应的低压空压机处于自动状态。以♯1低压空压机为例,当压力<7.0 bar 时,控制箱向低压空压机本体发出启动命令(5 s 脉冲),柜内继电器 J01 动作,空压机转为"卸载运行"。延时 15 s 后,控制箱向低压空压机本体发出加载/卸载命令(高电平保持信号),柜内继电器 J05 保持动作,空压机转为"加载运行",直至低压气罐压力传感器的压力≥7.8 bar,控制箱向空压机发出加载/卸载命令(低电平保持信号),柜内继电器 J05 复归,空压机转为"卸载运行"。如果此时气罐压力再次下降至 7.0 bar 以下,且另一台空压机处于切除或手动状态,则延时 15 s 后,再次下达加载令,如此循环。直至卸载 15 分钟后,控制箱向低压空压机本体发出停止命令(5 s 脉冲),柜内继电器 J02 动作。空压机转为"准备启动"。

(16) 远方手动控制:控制箱切换把手的状态处于"手动"位置,且空压机本体上远程空载使能把手退出时,对应的低压空压机处于远方手动状态,此时两台低压空压机将根据其出口压力自动启动。按住手动启动按钮,继电器 J01 动作 3 s 后,空压机启动并加载,空压机本体排放压力升至脱机压力(设定值 8.1 bar)时,空压机转为"卸载运行",17 分钟后,空压机转为"准备启动"。

（17）现地自动:控制箱切换把手的状态处于"切除"位置,且空压机本体上远程空载使能把手退出时,对应的低压空压机处于现地自动状态,两台低压空压机将根据其出口压力自动启动。通过空压机本体手动启动按钮启动,空压机启动并加载,空压机本体排放压力升至脱机压力(设定值 8.1 bar)时,空压机转为"卸载运行",17 分钟后,空压机转为"准备启动"。

（18）报警信号:控制箱 PLC 开入点 I0.2,I0.7 分别接至♯1、♯2 低压空压机故障报警点,当空压机本体有故障时,控制箱触摸屏有报警信息,同时箱内继电器 J07 或 J09 动作。

当低压气罐压力传感器压力低于过低报警值(6.2 bar)时,柜内继电器 J11 动作,当低压气罐压力传感器压力高于过高报警值(8.0 bar)时,柜内继电器 J12 动作。

6.3.4 运行操作

6.3.4.1 高压空压机手动启停操作

（1）按下高压空压机控制柜面板上对应的"卸载"按钮。

（2）卸载阀动作 20 s 后,将高压空压机控制方式切换开关切至"手动"位置。

（3）高压空压机正常运行 30 s 后,将"卸载"按钮按起。

（4）观察高压空压机启动正常。

（5）监视高压气罐压力达到 7.8 MPa。

（6）将高压空压机控制方式切换开关切至"自动"位置。

（7）观察高压空压机已停止运行。

6.3.4.2 低压空压机本体操作面板上启动的操作

（1）按下低压空压机本体控制器上的"I"键。

（2）监视低压气罐压力达到 0.78 MPa。

（3）观察低压空压机已停止运行。

6.3.4.3 低压空压机由远方自动转为现地自动启动操作

（1）将低压空压机控制箱把手切至"切除"位置。

（2）观察低压空压机启动正常(两台低压空压根据其出口压力自动启动)。

(3) 监视低压气罐压力达到 0.78 MPa。

(4) 检查低压空压机已停止运行。

6.3.4.4 低压、高压气罐检修后充气建压

1. 低压气罐检修后充气建压

(1) 低压气罐建压必须要有运行人员在现场。

(2) 确认低压空压机出口阀打开,低压气罐排污阀关闭。

(3) 把低压空压机控制方式放在"手动",手动启动一台低压空压机,当低压空压机温度达 95℃时,停止空压机运行,再启动另一台空压机。

(4) 当低压气罐压力达到 0.2 MPa 时,停止空压机运行。

(5) 检查低压气罐及各管路气密性,正常后启动一台空压机继续建压。

(6) 当低压气罐压力达到 0.4 MPa 时,停止空压机运行。

(7) 检查低压气罐及各管路气密性,正常后启动一台空压机继续建压。

(8) 当低压气罐压力达到 0.6 MPa 时,停止空压机运行。

(9) 检查低压气罐及各管路气密性,正常后启动一台空压机继续建压。

(10) 当低压气罐到达额定工作压力 0.78 MPa 时,停止空压机运行。

(11) 检查压力气罐及各管路气密性。

(12) 将空压机运行方式切至"自动"。

2. 高压气罐检修后充气建压

(1) 高压气罐建压必须要有运行人员在现场。

(2) 确认高压空压机出口阀打开,高压气罐排污阀关闭。

(3) 采用高压空压机"手动"控制方式建压,手动启动一台高压空压机,当高压空压机温度达 60℃时,停止高压空压机运行,再启动另一台高压空压机。

(4) 当高压气罐压力达到 2 MPa 时,停止高压空压机运行。

(5) 检查高压气罐及各管路气密性,正常后启动一台高压空压机继续建压。

(6) 当高压气罐压力达到 4 MPa 时,停止高压空压机运行。

(7) 检查高压气罐及各管路气密性,正常后启动一台高压空压机继续建压。

(8) 当高压气罐压力达到 6 MPa 时,停止高压空压机运行。

(9) 检查高压气罐及各管路气密性,正常后启动一台高压空压机继续建压。

(10) 当高压气罐到达额定工作压力 7.8 MPa 时,停止高压空压机运行。

(11) 检查高压气罐及各管路气密性。

(12) 把高压空压机运行方式放回"自动"。

6.3.4.5 机械制动手动投退操作

1. 机械制动手动投入

(1) 将机械制动控制方式放"切除"。

(2) 检查机械制动手动进气阀 0*QD13V、排气阀 0*QD14V 在关闭位置。

(3) 关闭机械制动电磁阀前、后手动阀 0*QD11V、0*QD12V。

(4) 打开机械制动手动进气阀 0*QD13V。

(5) 确认机械制动已投入。

2. 机械制动手动投入后退出

(1) 将机械制动控制方式放"切除"。

(2) 关闭机械制动手动进气阀 0*QD13V。

(3) 打开机械制动手动排气阀 0*QD14V。

(4) 确认机械制动已退出。

(5) 关闭机械制动排气阀 0*QD014V。

(6) 打开机械制动电磁阀前、后手动阀 0*QD11V、0*QD12V。

6.3.4.6 空气围带手动投退操作(目前未投入使用)

1. 空气围带手动投入

(1) 检查空气围带手动投入阀 0*QD04V、排气阀 0*QD09V 在关闭位置。

(2) 关闭空气围带投入电磁阀前、后手动阀 0*QD02V、0*QD03V。

(3) 打开空气围带手动投入阀 0*QD04V。

(4) 确认空气围带投入。

2. 空气围带手动投入后退出

(1) 关闭空气围带手动投入阀 0*QD04 V。

(2) 打开空气围带排气阀 0*QD09V。

(3) 确认空气围带已退出。

6.3.5 常见故障及处理

6.3.5.1 空压机发生下列情况,应立即手动停止运行

(1) 运行中的空压机从观油镜中看不到油位。

(2) 空压机本体润滑油油温或电动机温度、电流超过允许值。

(3) 空压机或电动机冒烟,有一股强烈的焦臭味。

(4) 空压机内部有碰撞声,摩擦声或其他异常声音。

(5) 空压机或管路有漏气。

(6) 电源电压降低不能维持正常运转。

(7) 空压机各级出口压力不能稳定上升或超过整定值。
(8) 电动机缺相运行。

6.3.5.2　压力气罐压力降低处理

(1) 检查压力气罐压力确实下降。
(2) 检查主用、备用空压机是否都启动,如果未启动,则手动启动,若已经启动,而气压继续下降,应立即检查空压机是否正常打气,全面检查空气系统,发现漏气、跑气现象则立即隔离系统。
(3) 若属检修用气量过大,则通知用气人员,减小或停止用气。

6.3.5.3　压力气罐压力过高处理

(1) 检查压力气罐压力确实升高。
(2) 若空压机继续运行,则手动停止运行,分析检查空压机不停的原因。
(3) 复归信号,使空压机恢复正常。
(4) 在故障空压机故障未查清前,不能运行。

6.3.5.4　空压机温度过高处理

(1) 检查自动启动空压机是否停止,若未停止则手动停止运行。
(2) 检查油质,油位是否正常。
(3) 空压机运转声音是否正常。
(4) 运行时间是否过长。
(5) 排除故障后,把空压机恢复正常状态。

6.3.5.5　低压空压机频繁启动处理

(1) 检查低压空压机是否处于"现地"控制。
(2) 检查低压空压机运行声音是否正常。
(3) 检查检修气罐用气量是否过大,若属检修用气量过大,则通知用气人员,减小或停止用气,且空压机运行时间是否过长,应适当进行轮换运行。
(4) 检查空压机、管路是否有漏气,气罐压力有无上升。
(5) 排除上述故障,则通知检修专责进一步检查。

6.4　通风空调系统

6.4.1　系统概述

地下厂房共设 4 个空调系统,分别是主厂房空调系统(设 2 台 TBC2834CHW 型组合式空调机组)、中控室层空调系统(设 2 台 TAD050EH1LR4N32TWO 型卧式柜式风机盘管机组)、主变层空调系统(设 4 台 TAD270EV1LR4N42FWO 型立柜式风机盘管空调机组)及保护室分散式空调系统(设 2 台 L10D 水冷吊挂式空柜,目前该系统故障)。除主变洞控制保护室分散式空调系统为自带制冷机的整装式机组外,其余空调系统采用集中机械冷源,为中央空调系统,空调冷冻水由制冷站供给。制冷站设置 2 台螺杆水冷式冷水机组及 3 台冷冻水循环水泵,冷冻水系统采用闭式系统,制冷设备的冷却水源引自技术供水干管,冷却水温为 14.6~25℃。通风空调系统图见附件 D1.4。

通风空调系统采用以人工机械冷源的中央空调方式为主、局部机械全排风方式为辅的通风空调方式。地下厂房通风空调系统设计热负荷为 1 020 kW,地下厂房通风量为 22.329 万 m^3/h,平均每小时有效换气次数 2.7 次,共安装通风空调设备 80 余台套,设备装机总功率约 755 kW。根据厂房的布置情况,利用拱顶空间作送回风风道,采用垂直气流组织即"拱顶平壁矩形送风口下送、多级串联"的新型通风方式。

在发电机层设置了 4 台 CF50 SD 型智能控湿除湿机作为空调系统事故备用及临时除湿设备。

6.4.2 设备规范及运行定额

6.4.2.1 制冷设备规范

1. 冷水机组

表 6.13

螺杆式水冷冷水机组			
型 号	LHE832EE3EE3/Nb	压缩机形式	半封闭单螺杆压缩机
生产厂家	珠海格力电器股份有限公司	能量控制形式	无级或多级能量控制
制冷量	670 kW	最大运行电流	230 A
总输入功率	110.5 kW	电 源	AC380V 50Hz 3PH
冷媒种类	R134a	制冷剂充入量	190×2 kg
冷凝器冷却水量	144 m^3/h	冷水机组数量	2 台
冷冻水			
冷冻水流量	110 m^3/h	回路数	1
工作压力	0.2 MPa	冷冻进、出水温度	10℃/7℃
冷却水			
流 量	135.6 m^3/h	回路数	2
工作压力	0.1 MPa	冷却进、出水温度	23℃/27℃

2. 冷冻水泵规范

表 6.14

型 号	150KQL173-24-18.5/4	流 量	173 m³/h
生产厂家	上海凯泉泵业有限公司	扬 程	24 m
电 源	AC380V 50Hz 3PH	功 率	18.5 kW
转 速	1 480 r/min	水泵数量	3 台

6.4.2.2 空调机组规范

1. 厂房组合式空调机组

表 6.15

型 号	TBC2834CHW	空调机形式	组合式 TBC2834CHW 型
生产厂家	南京天加环境科技有限公司	数 量	2 台
风 量	80 000 m³/h	电 源	AC380V 50Hz 3PH
输出功率(功率)	30 kW	配用电动机型号	
机外静压(余压)	400 Pa	配用电动机功率	45 kW

2. 主变层风机盘管空调机组

表 6.16

型 号	TAD270EV1LR4N42FWO	空调机形式	立式柜式 TAD 型
生产厂家	南京天加环境科技有限公司	数 量	4 台
风 量	27 000 m³/h	电 源	AC380V 50Hz 3PH
功 率	11 kW	配用电动机功率	2.2×3 kW
机外静压(余压)	420 Pa		

3. 中控室层风机盘管空调机组

表 6.17

型 号	TAD050EH1LR4N32TWO	空调机形式	卧式柜式 TAD 型
生产厂家	南京天加环境科技有限公司	数 量	2 台
风 量	5000 m³/h	电 源	AC380V 50Hz 3PH
功 率	1.5 kW	配用电动机功率	1.5 kW
机外静压(余压)	320 Pa		

4. 发电机层自动调温型除湿机组

表 6.18

型 号	CF50SD	电 源	AC380V 50Hz 3PH
生产厂家	广州东奥电气有限公司	数 量	4 台

6.4.2.3 通风机及排风机规范

表 6.19

序号	安装地点	型号	数量(台)	作用	备注
1	水轮机层上游侧	T35－11	5	送风	连续运行
2	♯1机水车室	T35－11	1	排风	连续运行
3	♯2机水车室	T35－11	1	排风	连续运行
4	♯3机水车室	T35－11	1	排风	连续运行
5	♯4机水车室	T35－11	1	排风	连续运行
6	水轮机层油囊室		2	排风	一主一备,定期切换
7	副厂房▽119.45 m层电缆夹层	T35－11	1	送风	连续运行
		T35－11	1	排风	连续运行
8	污水泵室	排气扇	1	排气	连续运行
9	副厂房空压机室	T35－11	1	送风	连续运行
10	副厂房公用电配电室	T35－11	1	排风	连续运行
11	副厂房▽125.8 m层电缆夹层	T35－11	1	排风	连续运行
12	副厂房计算机室	HTF－D	1	事故后排烟机	火灾后启动
13	卫生间	排气扇	1	排气	连续运行
14	副厂房▽134.35 m层电缆夹层	BT35－11	1	排风	连续运行
15	副厂房直流屏室	T35－11	1	送风	连续运行
16	副厂房蓄电池室	BT35－11	1	排风	连续运行
17	副厂房照明配电室	T35－11	1	送风	连续运行
		T35－11	1	排风	连续运行
18	副厂房两端楼梯间作为消防疏散通道	T35－11	2	事故正压送风机	火灾后启动
19	通风疏散洞▽131.5 m高程电缆层	BT35－11	1	排风	连续运行
20	10 kV高压开关柜室	BT35－11	1	排风	连续运行
21	制冷站	DWF－1	2	排风	一主一备,定期切换

续表

序号	安装地点	型号	数量(台)	作用	备注
22	GIS电缆夹层	HTF-D	2	排风	连续运行
23	保护Ⅰ室		1	排风	连续运行
24	保护Ⅱ室		1	排风	连续运行
25	主变洞排风竖井出口		4	排风	每次2台运行,定期切换
26	高压电缆廊道厂房段排风机室	HTF-D	2	排风	一主一备,定期切换
27	高压电缆廊道厂区段排风机室	HTF-D	2	排风	一主一备,定期切换
28	高压电缆廊道出线段排风机室	HTF-D	2	排风	一主一备,定期切换
29	透平油罐室	BT35-11-D	1	排风	连续运行
30	绝缘油罐室	BT35-11-D	1	排风	连续运行
31	公用油处理室	BT35-11-D	1	排风	连续运行
32	进水塔#1机风机平台	T35-11	1	排风	按需运行
33	进水塔#2机风机平台	T35-11	1	排风	按需运行
34	进水塔#3机风机平台	T35-11	1	排风	按需运行
35	进水塔#4机风机平台	T35-11	1	排风	按需运行

6.4.2.4 地下厂房通风空调系统风量

表 6.20

通风区域	进风量($\times 10^4 m^3/h$)	排风量($\times 10^4 m^3/h$)
主厂房、母线廊道、主变洞主变层	主厂房拱顶风道 15.125	水轮机层 1.768+母线层 2.898+发电机层 1.034+母线支洞 9.425=15.125
副厂房、通风疏散洞下副厂房	水轮机层 1.768+母线层 2.898+发电机层 1.034+送风道 0.875=6.575	疏散洞电缆室 0.571+疏散洞电缆室 0.35+副厂房排风道 5.654=6.575
主变洞排风道	GIS层及管道层 6.9+主变层 9.775+副厂房排风道 5.654=22.329	主变洞排风竖井排风机室排风量 22.329

注:事故后排烟量为 $5.654 \times 10^4 m^3/h$。

6.4.3 运行方式

6.4.3.1 通风流程

主机洞、主变洞主变层、通风疏散洞 137.6 m 高程下方、副厂房从通风疏散洞进风,经组合式空调机组降温除湿处理后一小部分风直接送至地下电气副厂房蓄电池室、134.35 m 高程中控室空调机室(新风)、卫生间及 10 kV 高压开关柜室,大部分风送入拱顶送风干管通过 32 个平壁矩形送风口下送至主厂房发电机层;电气副厂房除中控室层设置独立柜式风机盘管机组外,其余各层室从紧邻主厂房发电机层、母线层、水轮机层引风,通过电气副厂房排风竖井排至拱顶排风道,再经过通风疏散洞的排风道排至主变洞排风竖井。

主厂房水轮机层通过设在上、下游侧防潮夹墙风道上的回风口、串联送风机从发电机层引风,余风排至母线层,母线层通过发电机层地板通风格栅从发电机层引风,母线层排风经过母线廊道立柜式风机盘管机组处理后进入主变洞主变层,再排至主变洞排风竖井。

主变洞 GIS 层从进厂交通洞经取风竖井引风,经 GIS 层地板通风格栅进入电缆管道层,电缆管道层小部分风从进厂交通洞经取风竖井取风,排风由主变洞右端电缆管道层的排风机排入主变洞排风竖井。

主变洞排风竖井汇集电气副厂房、通风疏散洞下方 128.1 m 高程的 10 kV 高压开关柜室,主变洞 GIS 层及电缆管道层、主变层的排风,由设置在主变洞排风竖井出口(通风疏散洞▽178 m 高程)的高温排烟风机排出厂外。

6.4.3.2 高压电缆廊道通风系统

高压电缆廊道厂内段(▽142.2 m)经防火风口从进厂交通洞取风,汇集通风疏散洞下层 131.55 m 高程电缆室的排风,由高压电缆廊道厂房段出口 142.2 m 高程风机室的高温排烟风机排出厂外。

高压电缆廊道厂区段(▽214 m 出线平台)经防火风口从电缆廊道下游侧墙取风,由设在▽214 m 出线平台风机室的 2 台高温排烟风机排出厂外。

高压电缆廊道大坝出线平台段(▽214 m 出线平台)经防火风口从出线平台段电缆廊道端部侧墙取风,由设在▽214 m 出线平台风机室的 2 台高温排烟风机排出厂外。

6.4.3.3 油库及油处理室通风系统

(1)透平油罐室及绝缘油罐室通风量均按 3 次/h 换气,公用油处理室按 6 次/h 换气考虑,排风通过安装在风管上的吸风口按上部排 2/3,下部排 1/3。

(2)透平油油库:通过 2 台风机鼓进鲜风,再由 1 台轴流风机排出。

(3)油处理室:通过 1 台风机鼓进鲜风,再由 1 台轴流风机排出。

(4)绝缘油油库:通过 2 台风机鼓进鲜风,再由 1 台轴流风机排出。

6.4.3.4 水轮机层油囊室排风系统

(1)油囊室排风系统:新鲜空气从百叶窗进入油囊室,经上、下游两侧的排风管,通过两台轴流排风机排出,两台风机手动切换运行。

(2) 每台机组进水塔风机平台各装一台风机,供机组检修时转轮室或压力钢管检修使用。机组压力钢管水排空后开启,压力钢管充水前关闭。

(3) 中控室层事故后排烟风机及副厂房楼梯间事故正压送风机仅在发生火灾事故时短时使用,每年应定期启动,定期维护;其他通风设备均为连续运行,运行时应加强巡视,并定期维护。

6.4.3.5 火灾排烟系统

(1) 主厂房拱顶有32个排烟阀,每台机组段有6个,安装间有8个,都是通过火灾系统信号联动关闭的(目前电厂消防系统故障,已取消联动)。

(2) 副厂房▽137.6 m楼梯间安装有2台事故正压送风机,128.1 m中控室层安装有1台事故后排烟机;

6.4.3.6 地下厂房空调制冷系统

(1) 2台冷水机组为主厂房空调系统(设2台TBC2834CHW型组合式空调机组)、中控室层空调系统(设2台TAD050EH1LR4N32TWO型卧式柜式风机盘管机组)、主变层空调系统(设4台TAD270EV1LR4N42FWO型立柜式风机盘管空调机组)提供冷冻水。

(2) 2台冷水机组共用3台冷冻水循环泵。

(3) 2台冷水机组冷却水取水自厂房技术供水干管(取自#4机进水口▽183.75 m、▽182.25 m),冷却水的回水排至下游。

6.4.4 运行操作

6.4.4.1 冷水机组温度设定操作

(1) 在触摸屏选择参数设置。

(2) 输入密码101010,按下ENT确认。

(3) 在当前界面下点击冷冻水出水温度设定值。

(4) 设定冷冻水出水温度,按下ENT确认键。

6.4.4.2 冷水机组启停操作

(1) 冷水机组控制面板主页显示"开",表示机组在运行态;显示"关",表示机组在停机态。按下屏幕主页中的"开"字样,在弹出的窗口中点击确认即可停运冷水机组;按下屏幕主页中的"关"字样,输入密码101010即可开启冷水机组。

(2) 必须确保厂房组合式空调机组至少有一台在运行状态才能启动冷水机组。

6.4.4.3 组合式空调机组(中控室风机盘管、主变风机盘管)控制面板操作

（1）启停操作：直接按下控制面板上"启动按钮"即可启动机组；按下"停止按钮"即可停运机组。

（2）故障查询：按下面板"故障显示/功能设置"键，再按向上键▲或向下键▼查看。

（3）故障复归：同时按下"故障显示/功能设置"键＋"Shift"键。

6.4.5 常见事故及处理

6.4.5.1 冷水机组故障

当冷水机组发生故障时，应到现地控制显示屏点击查看事件记录，根据故障信息和故障诊断列表进行相应的检查，并汇报 ON－CALL 值长，ON－CALL 值长汇报设备专责，经设备专责、ON－CALL 值长同意可复归信号，重新启动冷水机组。如启动不成功，建议不再进行启动操作，立即通知相关人员查明原因。

6.4.5.2 其他设备故障处理

冷冻水循环水泵、空调机组、风机在运行中发生异常情况（如异常声音、异味、冒烟、皮带断裂或脱落等），应立即手动按停止按钮使其停运，将其隔离后做进一步处理，故障排除后才可以投入运行。

当设备故障停运时，应检查过载保护是否动作，动力电源、控制电源是否正常。

第 7 章
金属结构设备

7.1 主坝闸门及附属设备

7.1.1 系统概述

主坝的溢流坝段布置在河床偏左侧，设有 4 个表孔和 3 个中孔，表、中孔错开布置，中孔布置在 4 个表孔的 3 个中墩下部内。

每个表孔设置有液压启闭机操作的扇弧形工作闸门，溢流坝 4 扇表孔工作闸门主要用于汛期排泄水库洪水，为主坝的主要泄水设备，在以 228.00 m 为设计水位，上游库水位与门顶齐平为校核水位的条件下可以动水启闭且可局部开启，闸门动作时，左右偏差不得大于 15 mm。

每个中孔进口各设置有固定卷扬式启闭机操作的平面事故检修闸门，主要用于中孔泄水流道及弧形工作闸门的事故检修，动水闭门，静水启门，开启前，闸门前后水位差不得大于 3 m，门槽内也不许有杂物和淤积泥沙；出口各设置有液压启闭机操作的弧形工作闸门，主要作用是在 220 m 库水位以下参与泄流和非常情况下可能参与泄洪，在 229.66 m 为设计水位，231.49 m 为校核水位的条件下可以动水启闭，局部开启。

为解决下游河道的水环境和通航问题，主坝♯3B 坝块上还设有 1 条航运及环境用水放水管金属结构设备，同时在放水管进水口设置有 1 扇(孔)拦污栅、检修门和快速门。拦污栅设于永久放水管进水口处，用于防止污物进入管道。检修门用于其下游的快速闸门和引水管道的正常检修，应在静水平压条件下启闭，开启前，闸门前后水位差不得大于 2 m，门槽内也不许有杂物和淤积泥沙。快速门用于放水管和消能阀的事故保护，防止事故扩大，动水闭门，静水启门，开启前，闸门前后水位差不得大于 5 m，门槽内也不许有杂物和淤积泥沙。

溢流坝表孔、中孔闸门的控制系统均为 1 扇闸门配置 1 台现地控制装置布置方式，用于闸门、液压启闭机及其液压泵组的现地监控及操作；每套泵站设置两台电动机/泵组。

表孔、中孔闸门控制系统均具有"远方""现地自动""现地检修"三种运行方式；可实现闸门的启闭全过程控制以及油泵组的自动启停控制和下滑回升，并实现故障报警功能。

溢流坝中孔事故检修闸门控制系统均为 1 扇检修门配置 1 台现地控制装置布置方式，有"自动""手动"两种运行方式。

航运及环境用水放水管拦污栅、检修门和快速门各配置一台固定式卷扬启闭机及现地控制装置。

表孔弧门在线监测系统，能准确把握表孔弧门内在情况，提前消除存在缺陷，确保闸门良好的工作状态。

7.1.2 相关设备主要技术参数

7.1.2.1 主坝表孔弧形闸门的结构形式和主要技术参数

表 7.1

序号	名称	特征
1	闸门型式	弧形
2	孔口尺寸	14×19－19
3	堰顶高程	210 m
4	操作要求	动水启闭
5	启闭机型式	QHLY-2×1600-10.5 型液压启闭机
6	启闭机数量	4
7	闸门数量	4
8	孔口数量	4

7.1.2.2 主坝表孔闸门液压启闭机主要技术参数

表7.2

序号	项 目	技术参数	备注
1	型号	QHLY-2×1600-10.5	
2	型式	中部支承单作用露顶弧门液压启闭机	
3	额定启门力	2×1 600 kN	
4	额定闭门力	闸门自重	
5	工作行程	9.5 m	
6	最大行程	10.5 m	
7	液压缸内径	400 mm	
8	活塞杆直径	200 mm	
9	有杆腔计算压力	17.4 MPa	
10	无杆腔计算压力	0.5 MPa	
11	启闭速度	0.6 m/min	
12	活塞及活塞杆密封	V型组合密封圈	
13	液压泵额定流量	116 L/min	
14	电动机功率	45 kW	
15	电动机转速	1 450 r/min	
16	油箱容积	3 000 L	

7.1.2.3 主坝中孔弧形闸门的结构形式和主要技术参数

表7.3

序号	名 称	特 征
1	闸门型式	弧形
2	孔口尺寸	4×6-62.16
3	孔底高程	167.5 m
4	操作要求	动水启闭
5	启闭机型式	QHSY-1600/550-8.2型液压启闭机
6	启闭机数量	3
7	闸门数量	3
8	孔口数量	3

7.1.2.4 主坝中孔闸门液压启闭机主要技术参数

表7.4

序号	项目	技术参数	备注
1	型号	QHLY-1600/550-8.2	
2	型式	双作用深弧门液压启闭机	
3	额定启门力	1 600 kN	
4	额定闭门力	550 kN	
5	工作行程	8.1 m	
6	最大行程	8.2 m	
7	液压缸内径	420 mm	
8	活塞杆直径	240 mm	
9	启门速度	0.8 m/min	
10	闭门速度	0.55 m/min	
11	有杆腔计算压力	17.16 MPa	
12	无杆腔计算压力	4.33 MPa	
13	活塞及活塞杆密封	V型组合密封圈	
14	液压泵额定流量	81 L/min	
15	电动机功率	30 kW	
16	电动机转速	1 450 r/min	
17	油箱容积	2 000 L	

7.1.2.5 主坝中孔事故检修闸门的结构形式和主要技术参数

表7.5

序号	名称	特征
1	闸门型式	平面
2	孔口尺寸	4×7-62.16
4	操作要求	动水关闭,静水开启
5	启闭机型式	QP-2500-55型固定卷扬式启闭机
6	启闭机数量	3
7	闸门数量	3
8	孔口数量	3

7.1.2.6 主坝中孔事故检修闸门固定卷扬式启闭机主要技术参数

表 7.6

序号	项 目	技术参数	备 注
1	型 号	QP-2500-55	
2	型 式	固定式卷扬启闭机	
3	额定启门力	2 500 kN	
4	额定闭门力	闸门自重	
5	工作行程	55 m	
6	启闭速度	1.5～1.65 m/min	
7	电动机	YZR315M-8,S3,FC25%;100 kW、712 r/min	
8	工作级别	Q2-轻	
9	钢丝绳	44ZAB6×36 SW+IWR-1770ZS	
10	滑轮组倍率	6	
11	卷筒直径	1 920 mm	
12	开式齿轮型号	Mn=25i=Z2/Z1=113/19=5.947	
13	制动器型号	YWZ5-400/125	

7.1.2.7 航运及环境用水放水管拦污栅的结构形式和主要技术参数

表 7.7

序号	名 称	特 征
1	孔口尺寸	5×6-4
2	操作要求	静水启闭
3	启闭机型式	QP-2×100-30型固定卷扬式启闭机
4	启闭机数量	1
5	闸门数量	1
6	孔口数量	1

7.1.2.8 航运及环境用水放水管进水口检修闸门的结构形式和主要技术参数

表 7.8

序号	名　称	特　征
1	闸门型式	平面
2	孔口尺寸	2.4×2.8—40
4	操作要求	动水关闭,静水开启
5	启闭机型式	QPJ1×100kN-42m 型固定卷扬式启闭机
6	启闭机数量	1
7	闸门数量	1
8	孔口数量	1

7.1.2.9 航运及环境用水放水管进水口快速闸门的结构形式和主要技术参数

表 7.9

序号	名　称	特　征
1	闸门型式	平面
2	孔口尺寸	2.4×2.4—41.66
4	操作要求	动水启闭
5	启闭机型式	QP-630-42 型固定卷扬式启闭机
6	启闭机数量	1
7	闸门数量	1
8	孔口数量	1

7.1.2.10 航运及环境用水放水管进水口快速闸门固定卷扬式启闭机主要技术参数

表 7.10

序号	项目	技术参数	备注
1	型号	QP-630-42	
2	型式	固定式卷扬启闭机	

续表

序号	项　目	技术参数	备　注
3	额定启门力	630 kN	
4	额定闭门力	闸门自重	
5	工作行程	42 m	
6	启闭速度	1.97 m/min	
7	电动机	YZ250M1-8,S3FC25%：35 kW、681 r/min	
8	工作级别	Q2-轻	
9	钢丝绳	28ZAB6×36 SW+IWR-1670ZS	
10	滑轮组倍率	4	
11	卷筒直径	1 200 mm	
12	开式齿轮型号	Mn=18i=Z2/Z1=97/18=5.389	
13	制动器型号	YWZ5-400/50	

7.1.3　基本要求

泄水闸门运行原则：

（1）水库在供水期、蓄水期一般按水资源调配与发电要求运行，下泄流量小于或等于电站机组额定流量时，水库通过发电向下游放水。

（2）水库在汛期按防洪调度方案运行，当发生大洪水，水位超过汛限水位时可加大出力运行，多余水量需弃水时则通过溢流坝表孔或中孔下泄。

（3）汛期当下游发生洪水时，水库利用汛限水位～防洪高水位之间的防洪库容调蓄洪水，按防洪蓄泄规则下泄流量。当控泄流量≤692 m³/s 时，水库发电向下游放水，当 692 m³/s＜控泄流量≤3 000 m³/s 时，由发电机组、中孔、表孔参与控泄，其中中孔弧门启闭操作仅限于库水位低于 220 m 时，水位超过 220 m 后应关闭中孔；当水库水位达到防洪高水位 228 m 时水库由表孔按来水下泄，控制水位在 228 m 运行；当来水超过防洪水位 228 m 时，表孔全开敞泄。

（4）库水位上升至 220 m 以后，中孔工作门应尽量少操作或不操作。

（5）遇到建筑物异常情况需打开表孔、中孔降低水库水位，应控制水位日降幅不超过 1 m。

7.1.4 运行方式

7.1.4.1 主坝表孔、中孔闸门有三种运行方式

即"远方"、"现地自动"和"现地检修"工作方式,目前正常运行时控制方式放"检修",油泵的控制方式放"切除"位置(即中间位置)。

1. 现地检修

选择"检修"时,按钮控制闸门起落,开度信号只显示不参与控制,油泵手动启停。

(1) 启门:闸门在除全开位的任意位置闸门都可以启门。选择开关打到"检修"状态,"选#1泵"或"选#2泵"后,油泵电机开始运行。油泵电机运行3秒钟后,按"启门"按钮,闸门开启,触摸屏显示实际开度。按"停门"按钮闸门停止运行。

(2) 闭门:闸门在除全关位的任意位置闸门都可以闭门。选择开关打到"检修"状态,"选#1泵"或"选#2泵"后,油泵电机开始运行。油泵电机运行3秒钟后,按"闭门"按钮,闸门关闭,触摸屏显示实际开度。按"停门"按钮闸门停止运行。

2. 现地自动

选择"现地"时,按钮控制闸门起落,开度信号显示且参与控制,油泵自动启停。

(1) 启门:闸门在除全开位的任意位置闸门都可以启门。在控制现场,选择开关打到"自动"状态,"选#1泵"或"选#2泵"后,油泵电机不运行。按"启门"按钮,油泵电机空载启动,并延时3秒钟,闸门开启,触摸屏显示实时开度。按"停门"按钮,停门停泵。

(2) 闭门:闸门在除全关位的任意位置闸门都可以闭门。在控制现场,选择开关打到"自动"状态,"选#1泵"或"选#2泵"后,油泵电机不运行。按"闭门"按钮,油泵电机空载启动,并延时3秒钟,闸门关闭,触摸屏显示实时开度。闸门自动下降,直到全关,自动停门停泵。按"停门"按钮,停门停泵。

3. 远方(此功能不用)

选择"远控"时,接收远方的控制信号进行启闭门运行,开度信号参与控制。

(1) 启门:闸门在除全开位的任意位置闸门都可以启门。在控制现场,选择开关打到"远控"状态,选"#1泵"或"选#2泵"后,油泵电机不运行。中控室发出"启门"信号后,油泵电机启动并延时3秒钟,闸门开启,触摸屏显示实

时开度。中控室发出"停门"信号,停门停泵。

(2)闭门:闸门在除全关位的任意位置闸门都可以闭门。在控制现场,选择开关打到"远控"状态,"选♯1泵"或"选♯2泵"后,油泵电机不运行。中控室发出"停门"信号,停门停泵。

7.1.4.2 中孔事故检修闸门

有"自动"和"手动"两种运行方式。

1. "自动"方式下运行

(1)启门:闸门在除全开位的任意位置闸门都可以启门。在控制现场,选择开关打到"远控"状态,中控室发出"启门"信号后,闸门开启,触摸屏显示实时开度。中控室发出"停门"信号,停门停机。

(2)闭门:闸门在除全关位的任意位置闸门都可以闭门。在控制现场,选择开关打到"远控"状态,按"闭门"按钮,闸门关闭,触摸屏显示实际开度。按"停门"按钮闸门停止运行。

2. "手动"方式下运行

(1)启门:在控制现场,把工况选择开关打到"手动"状态,投工况选择开关投至按"起升"位置,闸门提升,闸门开度仪显示实际开度,闸门提升至预定开度时,投工况选择开关打到"手动"位置停机停门。

(2)闭门:在控制现场,把工况选择开关打到"手动"状态,投工况选择开关投至按"下降"位置,闸门下降,闸门开度仪显示实际开度,闸门提降至预定开度时投工况选择开关打到"手动"位置停机停门。(当闸门关至全关位置时主令控制高度传感器指针指到"0"位置,闸门开度仪显示为"0"。)

7.1.4.3 航运及环境用水放水管拦污栅

有"自动"和"手动"两种运行方式。

1. "自动"方式下运行

在控制现场,把工况选择开关打到"自动"状态,按"上升"按钮,闸门提升至预置开度。按"停机"按钮停门停机。按"下降"按钮,闸门开始下降至预置开度。按"停机"按钮停门停机。

2. "手动"方式下运行

在控制现场,把工况选择开关打到"手动"状态,投工况选择开关至"起升"按钮,闸门提升至预置开度。投工况选择开关至"手动"位置停门停机。

7.1.4.4 航运及环境用水放水管检修闸门操作

闭门:当快速闸门关闭后,流道内为静水状态,采用卷扬启闭机操作,闸门靠自重闭门,当闸门关闭完孔口后,自动切断下降的动力电源即停机。

启门:当检修工作完毕需要开启闸门时,启闭机投入运行,先提起闸门充水阀 250～300 mm 后停机,此时闸门充水阀开启并向门后空腔进行充水。待闸门前后水位齐平后,再次启动起升机构将闸门继续提升至设定的位置后锁定。

7.1.4.5 航运及环境用水放水管快速闸门操作

闭门:通过操作其上方的卷扬启闭机,使闸门下降,同时,其下降速度在接近底槛时,不宜大于 5 m/min,自动切断下降的动力电源即停机。

启门:启闭机投入运行,首先提起闸门充水阀 250～300 mm 后自动切断动力电源,此时闸门充水阀开启并向引水管进行充水。待闸门前后水位齐平后,再次启动起升机构将闸门继续提升至设定的位置后锁定。

油泵根据实际工况投入运行,在自动或远控工况下,当表孔或中孔闸门长期置于全开状态,闸门可能会有渗油现象(正常现象),导致闸门下滑。当达到设定的下滑值时,闸门会自动提升闸门,闸门下滑 150 mm 时,行程控制装置指令 1 台液压泵电动机组启动,自动将闸门提升至全开位置。若该液压泵组故障使闸门继续下滑至 160 mm 时,行程控制装置指令另 1 台液压泵电动机组启动,提升闸门至全开位置,同时发出报警信号;若闸门继续下滑至 170 mm 时,两台泵继续运行,同时在现地控制柜和远方控制室均应有声光报警信号。

7.1.5 运行操作

7.1.5.1 主坝表孔(中孔)现地自动启门操作(＊代表 1～4)

(1) 打开♯＊表孔(中孔)闸门润滑水阀门润滑 10 min。

(2) 检查闸门上、下游的水位、流量、流态以及人员、畜口、船只、漂浮物等无影响闸门安全运行操作的情况。

(3) 在♯＊表孔(中孔)闸门启闭机控制柜上长按"停工作门"按钮并双击触摸屏"mm"将闸门开度归零。

(4) 在触摸屏设置闸门启门开度 100 mm。

(5) 将♯＊表孔(中孔)闸门启闭机控制柜工况选择开关 SA1 切至"现地"位置。

(6) 将♯＊表孔(中孔)闸门启闭机控制柜选泵开关 SA2 切至"♯1 泵"或"♯2 泵"位置。

(7) 按下♯＊表孔(中孔)闸门启闭机控制柜"启工作门"按钮。

(8) 检查启门过程中闸门运动姿态、启闭机电机、油泵、各仪表正常。

(9) 检查闸门启至设置开度时,自动停门、停泵。

(10) 将♯*表孔(中孔)闸门启闭机控制柜选泵开关 SA2 切至"切除"位置。

(11) 将♯*表孔(中孔)闸门启闭机控制柜工况选择开关 SA1 切至"检修"位置。

7.1.5.2 主坝表孔(中孔)现地自动闭门操作(*代表 1~4)

(1) 打开♯*表孔(中孔)闸门润滑水阀门润滑 10 min。

(2) 检查闸门上、下游的水位、流量、流态以及人员、畜口、船只、漂浮物等无影响闸门安全运行操作的情况。

(3) 在触摸屏设置闸门闭门开度 2 mm。

(4) 将♯*表孔(中孔)闸门启闭机控制柜工况选择开关 SA1 切至"现地"位置。

(5) 将♯*表孔(中孔)闸门启闭机控制柜选泵开关 SA2 切至"♯1 泵"或"♯2 泵"位置。

(6) 按下♯*表孔(中孔)闸门启闭机控制柜"闭工作门"按钮。

(7) 检查启门过程中闸门运动姿态、启闭机电机、油泵、各仪表正常。

(8) 检查闸门闭至设置开度时,自动停门、停泵。

(9) 将♯*表孔(中孔)闸门启闭机控制柜选泵开关 SA2 切至"切除"位置。

(10) 将♯*表孔(中孔)闸门启闭机控制柜工况选择开关 SA1 切至"检修"位置。

7.1.5.3 主坝表孔(中孔)现地手动启门操作(*代表 1~4)

(1) 打开♯*表孔(中孔)闸门润滑水阀门润滑 10 min。

(2) 检查闸门上、下游的水位、流量、流态以及人员、畜口、船只、漂浮物等无影响闸门安全运行操作的情况。

(3) 在♯*表孔(中孔)闸门启闭机控制柜上长按"停工作门"按钮并双击触摸屏"mm"将闸门开度归零。

(4) 检查♯*表孔(中孔)闸门启闭机控制柜工况选择开关 SA1 在"检修"位置。

(5) 将♯*表孔(中孔)闸门启闭机控制柜选泵开关 SA2 切至"♯1 泵"或"♯2 泵"位置。

(6) 按下♯*表孔(中孔)闸门启闭机控制柜"启工作门"按钮。

(7) 检查启门过程中闸门运动姿态、启闭机电机、油泵、各仪表正常。

(8)检查闸门启至预定开度时,将♯*表孔闸门启闭机控制柜选泵开关SA2切至"切除"位置。

7.1.5.4　主坝表孔(中孔)现地手动闭门操作(*代表1～4)

(1)打开♯*表孔(中孔)闸门润滑水阀门润滑10 min。

(2)检查闸门上、下游的水位、流量、流态以及人员、畜口、船只、漂浮物等无影响闸门安全运行操作的情况。

(3)检查♯*表孔(中孔)闸门启闭机控制柜工况选择开关SA1在"检修"位置。

(4)将♯*表孔(中孔)闸门启闭机控制柜选泵开关SA2切至"♯1泵"或"♯2泵"位置。

(5)按下♯*表孔(中孔)闸门启闭机控制柜"闭工作门"按钮。

(6)检查启门过程中闸门运动姿态、启闭机电机、油泵、各仪表正常。

(7)检查闸门闭至预定开度时,将♯*表孔闸门启闭机控制柜选泵开关SA2切至"切除"位置。

7.1.5.5　注意事项

(1)手动启表孔(中孔)闸门过程中,时刻要注意使用"纠偏"旋钮,防止闸门左后液压杆偏差超过15 mm。

(2)表孔(中孔)相关工作完成后,要保证油泵控制把手在"切除"位置,表孔闸门控制方式把手在"检修"位置。

7.1.6　巡检与维护

7.1.6.1　定期工作

(1)正常情况下,应定期对表孔闸门、中孔闸门、中孔检修闸门、放水背管泵房所有的PLC控制柜、液压系统、油缸及电气设备巡检。

(2)汛期或设备异常运行时,应加强对各个泵房的巡检。

(3)每年汛期前应对表孔开展启闭试验,测试启闭机性能。

(4)表孔闸门液压启闭机操作杆应每年开展两次清理,清除表面积灰。

(5)中孔闸门液压启闭机操作杆应每年开展一次清理,清除表面积灰,并涂抹防锈油。

7.1.6.2　巡回检查内容

(1)泵房内室温在规定范围内,设备洁净,照明充足,标示清楚。

(2)闸门控制柜面板各指示灯、触摸屏显示正常,无报警信号;设备控制把手在正确位置。

(3) 柜内各元件工作正常、照明完好。

(4) 卷扬机钢丝绳及开式齿轮润滑良好,各部件无扭结、磨损、锈蚀等异常情况。

(5) 液压系统各压力表指示正确,阀门、管道完好、无泄漏,阀门状态正常。

(6) 油箱的油位、油温在正常范围内。

(7) 泵房内配电柜供电正常,双电源控制方式在正确位置。

(8) 检查快速闸门泵站内无漏水、积水。

(9) 检查表孔弧门在线监测系统服务器、主机工作状态正常,闸门各项数据正常。

7.1.6.3 巡回检查时间

(1) 主坝的机电设备按其重要程度、自动化程度、缺陷发生频度,汛期期间为:每周巡视至少一次,每月巡视两次。非汛期期间为:每周巡视一次,每月巡视一次。

(2) 汛期期间每周巡视至少一次的设备,根据上游水位不同,巡视时间不同,上游水位 210 mm 以下:每周一次;上游水位 210~214 mm:每三日一次;上游水位 214 mm 以上:每日一次。

7.1.7 故障及事故处理

7.1.7.1 液压系统压力异常

(1) 当油泵故障或油泵运行时吸入空气等原因,导致油泵输出油压异常,应立即停止油泵。

(2) 油泵、电机可能已损坏,立即停止油泵。

(3) 若因系统泄漏,立即停止油泵,做隔离措施。

(4) 若系统压力短时间无法恢复正常,安排人员现场监视,做好事故闭门准备。

7.1.7.2 表孔、中孔启/闭门速度异常

(1) 检查系统各阀门位置是否正常。

(2) 检查油泵、电机是否故障。

(3) 检查系统是否泄漏。

(4) 系统压力是否偏低。

(5) 检查开度是否正常。

7.1.7.3 表孔、中孔液压系统油温异常

(1) 检查油温是否在正常范围内。若油温正常,则油温传感器或油温表

故障,通知相关人员处理。

(2) 若因油循环太快引起油温过高,应立即停止油泵,联系相关人员查明原因。

7.1.7.4 表孔、中孔液压系统漏油

(1) 开启闸门过程中,液压系统大量漏油、电控系统故障且无法再进行操作或油缸大量漏油,应立即停止操作,并落门,做好相应的隔离措施,将漏油点隔离。

(2) 若有泄洪任务,首先在水库调度规程许可范围内开启其他泄洪闸门以同流量泄洪代替,尽力保持枢纽的防洪能力。

(3) 联系相关人员处理。

7.1.8 开度与流量关系

7.1.8.1 中孔泄流曲线(3 孔,底坎高程 167.5 m)

表 7.11

水位(m)	167.5	170	175	180	185	190	195	200
流量(m^3/s)	0	72.6	377	809	1 000	1 160	1 300	1 426
水位(m)	205	210	215	220	225	230	233	
流量(m^3/s)	1 542	1 650	1 752	1 848	1 939	2 026	2 076	

7.1.8.2 下放 30.6 m^3/s 时中孔闸门开度与上游库水位的关系(1 孔)

表 7.12

库水位(m)	170.5	171	172	173	174	175	177.5	180	182.5
闸门开度(m)	1.89	1.55	1.23	1.06	0.95	0.87	0.73	0.65	0.58
库水位(m)	185	190	195	200	205	210	214	220	228
闸门开度(m)	0.54	0.47	0.42	0.39	0.36	0.34	0.32	0.30	0.28

7.1.8.3 表孔泄流曲线(4 孔,堰顶高程 210 m)

表 7.13

水位(m)	210	211	212	213	214	215	216	217
流量(m^3/s)	0	92	264	494	774	1 098	1 468	1 880
水位(m)	218	219	220	221	222	223	224	225

续表

流量(m³/s)	2 324	2 823	3 359	3 927	4 504	5 111	5 761	6 431
水位(m)	226	227	228	229	230	231	232	233
流量(m³/s)	7 130	7 874	8 633	9 421	10 259	11 106	12 006	12 989

7.1.8.4　百色水库水位与泄水建筑物泄水能力关系表

表 7.14

H(m)	210	211	212	213	214	215	216	217	218	219	220	221	222
Q 中孔	1 650	1 671	1 691	1 711	1 731	1 751	1 771	1 790	1 809	1 828	1 847	0	0
Q 表孔	0	92.09	264	494	774	1 098	1 467	1 879	2 328	2 823	3 358	3 926	4 503
H(m)	223	224	225	226	227	228	229	230	231	232	233	234	235
Q 中孔	0	0	0	0	0	0	0	0	0	0	0	0	0
Q 表孔	5 111	5 761	6 430	7 129	7 874	8 633	9 421	10 258	11 105	12 005	12 989	14 011	15 073

7.1.8.5　百色水库水位与泄水建筑物泄水能力关系表

表 7.15

H(m)	210	211	212	213	214	215	216	217	218	219	220	221	222
Q 中孔	1 650	1 671	1 691	1 711	1 731	1 751	1 771	1 790	1 809	1 828	1 847	0	0
Q 表孔	0	92.09	264	494	774	1 098	1 467	1 879	2 328	2 823	3 358	3 926	4 503
H(m)	223	224	225	226	227	228	229	230	231	232	233	234	235
Q 中孔	0	0	0	0	0	0	0	0	0	0	0	0	0
Q 表孔	5 111	5 761	6 430	7 129	7 874	8 633	9 421	10 258	11 105	12 005	12 989	14 011	15 073

7.1.8.6　库水位 214 m 时表孔闸门开度与下泄流量的关系(1 孔)

表 7.16

相对开度 e/H	0.1	0.15	0.2	0.25	0.3	0.35	0.4
闸门开度(m)	0.4	0.6	0.8	1.0	1.2	1.4	1.6
流量(m³/s)	33	49	64	79	93	107	121
相对开度 e/H	0.45	0.5	0.55	0.6	0.65	0.7	敞泄
闸门开度(m)	1.8	2.0	2.2	2.4	2.6	2.8	
流量(m³/s)	134	146	158	170	181	192	194

7.1.8.7 库水位 216 m 时表孔闸门开度与下泄流量的关系(1 孔)

表 7.17

相对开度 e/H	0.1	0.15	0.2	0.25	0.3	0.35	0.4
闸门开度(m)	0.6	0.9	1.2	1.5	1.8	2.1	2.4
流量(m³/s)	61	90	118	145	172	197	222
相对开度 e/H	0.45	0.5	0.55	0.6	0.65	0.7	敞泄
闸门开度(m)	2.7	3.0	3.3	3.6	3.9	4.2	
流量(m³/s)	246	269	291	312	332	352	367

7.1.8.8 库水位 218 m 时表孔闸门开度与下泄流量的关系(1 孔)

表 7.18

相对开度 e/H	0.1	0.15	0.2	0.25	0.3	0.35	0.4	0.45
闸门开度(m)	0.8	1.2	1.6	2.0	2.4	2.8	3.2	3.6
流量(m³/s)	93	138	181	224	264	304	342	378
相对开度 e/H	0.5	0.55	0.6	0.65	0.7	0.75	敞泄	
闸门开度(m)	4	4.4	4.8	5.2	5.6	6		
流量(m³/s)	414	448	480	512	542	571	582	

7.1.8.9 库水位 220 m 时表孔闸门开度与下泄流量的关系(1 孔)

表 7.19

相对开度 e/H	0.1	0.15	0.2	0.25	0.3	0.35	0.4	0.45
闸门开度(m)	1.0	1.5	2.0	2.5	3.0	3.5	4.0	4.5
流量(m³/s)	131	193	254	312	369	424	477	529
相对开度 e/H	0.5	0.55	0.6	0.65	0.7	0.75	敞泄	
闸门开度(m)	5.0	5.5	6.0	6.5	7.0	7.5		
流量(m³/s)	578	626	671	715	757	797	840	

7.1.8.10 库水位 222 m 时表孔闸门开度与下泄流量的关系(1 孔)

表 7.20

相对开度 e/H	0.1	0.15	0.2	0.25	0.3	0.35	0.4	0.45
闸门开度(m)	1.2	1.8	2.4	3.0	3.6	4.2	4.8	5.4
流量(m³/s)	172	254	333	411	485	558	628	695

续表

相对开度 e/H	0.5	0.55	0.6	0.65	0.7	0.75	敞泄
闸门开度(m)	6.0	6.6	7.2	7.8	8.4	9.0	
流量(m³/s)	760	823	883	940	996	1 048	1 126

7.1.8.11 库水位224 m时表孔闸门开度与下泄流量的关系(1孔)

表 7.21

相对开度 e/H	0.1	0.15	0.2	0.25	0.3	0.35	0.4	0.45
闸门开度(m)	1.4	2.1	2.8	3.5	4.2	4.9	5.6	6.3
流量(m³/s)	216	320	420	517	612	703	791	876
相对开度 e/H	0.5	0.55	0.6	0.65	0.7	0.75	敞泄	
闸门开度(m)	7	7.7	8.4	9.1	9.8	10.5		
流量(m³/s)	958	1 037	1 112	1 185	1 255	1 321	1 440	

7.1.8.12 库水位226 m时表孔闸门开度与下泄流量的关系(1孔)

表 7.22

相对开度 e/H	0.1	0.15	0.2	0.25	0.3	0.35	0.4	0.45
闸门开度(m)	1.6	2.4	3.0	3.8	4.6	5.4	7.0	7.8
流量(m³/s)	264	391	513	632	747	859	966	1 070
相对开度 e/H	0.5	0.55	0.6	0.65	0.7	0.75	敞泄	
闸门开度(m)	8.6	9.0	9.8	10.6	11.4	12.0		
流量(m³/s)	1 170	1 266	1 359	1 448	1 533	1 614	1 782	

7.1.8.13 库水位228 m时表孔闸门开度与下泄流量的关系(1孔)

表 7.23

相对开度 e/H	0.1	0.15	0.2	0.25	0.3	0.35	0.4	0.45
闸门开度(m)	1.8	2.7	3.6	4.5	5.4	6.3	7.2	8.1
流量(m³/s)	315	466	612	754	892	1 025	1 153	1 277
相对开度 e/H	0.5	0.55	0.6	0.65	0.7	0.75	敞泄	
闸门开度(m)	9	9.9	10.8	11.7	12.6	13.5		
流量(m³/s)	1 396	1 511	1 622	1 728	1 829	1 926	2 158	

7.2 进水塔快速闸门

7.2.1 系统概述

四台机组采用单机单洞引水方式,进水口为岸塔式布置,拦污栅布置在进水口前沿,采用前后双道、直立、通仓式布置(每孔设置2道栅槽:前道为工作栅槽,后为备用栅槽,拦污栅之后的水域是连通的)。每台机组进水口各设置1扇由液压启闭机操作的大小为5.1 m×6.5 m的快速闸门,用于满足水轮发电机组检修及机组事故时挡水;4台机组共设置1扇检修闸门,用于满足快速闸门及其门槽的正常检修要求。在尾闸室内每台机组各设1扇尾水检修闸门。快速门系统原理图见附件E。

快速闸门用于机组检修及机组事故时挡水。动水关闭,静水开启。开启前,闸门前后水位差不得大于5 m。

检修闸门用于快速闸门检修时挡水,静水启闭。开启前,闸门前后水位差不得大于3 m。

四台机组进水口快速闸门控制系统,由2套机组进水口快速闸门配置1台现地控制装置而成,用于2扇闸门、2台液压启闭机及其液压泵组的现地监控。其中♯1、♯2机组共用一套控制系统,♯3、♯4机组共用一套控制系统。每套泵站设置两台电动机/泵组,二者互为备用。电机采用星三角降压起动。正常工作时,运行的♯1泵为主泵,非运行的♯2泵为备用泵(用户也可以通过手动选择主泵和备用泵)。

快速闸门控制系统具有"远方""现地自动""现地分步"三种运行方式;可实现快速闸门的启闭全过程控制以及油泵组的自动启停控制和下滑回升,并实现故障报警、事故报警停机功能。

控制系统在控制过程中能自动识别故障信号和事故信号,当系统检测到故障信号时,可以提醒操作人员进行检查:

(1)系统液位过低:当系统检测到液位过低信号时,系统自动停门停泵,发出声光报警。

(2)系统液位过高:当系统检测到液位过高信号时,系统自动停门停泵,发出声光报警。

(3)系统油温过高:当系统检测到油温过高信号时,系统自动停门停泵,发出声光报警。

（4）系统压力过高：当系统检测到压力过高信号时，系统自动停门停泵，发出声光报警。

（5）系统压力过低：当系统检测到压力过低信号时，系统自动延时15秒后停泵，同时启动备用泵，如果压力仍过低，停门停泵，发出声光报警。

（6）有杆腔超压：当闸门有杆腔超压时，系统自动停门停泵，发出声光报警。

（7）无杆腔超压：当闸门无杆腔超压时，系统自动停门停泵，发出声光报警。

（8）回油过滤器堵塞：当系统检测到回油堵塞信号时，发声光报警，提醒操作人员更换滤芯。

（9）电机保护：当主泵电机过载时，系统发声光报警并换泵，若♯1、♯2泵电机都过载，则停门停泵。

其他功能如下：

（1）紧急停止：在任何工况下，当系统出现不可预知的紧急情况时，现地按紧急停止按钮，落快速闸门且停机。

（2）消音：消音按钮同时兼有消除声音和故障复位的作用，任何工况下，当出现报警时，按下消音按钮可去除报警；当故障排除后，按住消音可故障复位。

（3）声光报警：当出现故障后，发出声光报警，维持5秒钟后声音消除，但显示维持，直到故障排除或手动复位。

当闸门正处于开门过程中，该闸门的闭门操作无效；当闸门处于闭门过程中，该闸门的开门操作无效。

闸门开度检测装置为恒力自卷式，闸门开度传感器的不锈钢钢圈定位装置采用专用弹簧制成的恒力钢带，并采用双盘卷簧方式，保证在整个过程中恒定的收紧张力。开度传感器采用绝对型编码器，信号直接输入PLC，经PLC采集和处理转换成闸门开度信号，控制闸门的动作，并输入触摸屏显示。

7.2.2 相关设备主要技术参数

7.2.2.1 进水口快速闸门的结构形式和主要技术参数

表 7.24

序号	名　称	特　征
1	闸门型式	弧形

续表

序号	名 称	特 征
2	孔口尺寸	26×82×60
3	底槛高程	179 m
4	操作要求	动水关闭,静水开启
5	启闭机型式	液压启闭机
6	启闭机数量	4
7	闸门数量	4
8	孔口数量	4

7.2.2.2 快速闸门液压启闭机液压缸主要技术参数

表 7.25

序号	项 目	技术参数	备 注
1	最大启门力	1 250 kN	
2	最大持住力	2 500 kN	
3	工作行程	7 300 mm	
4	最大行程	7 500 mm	
5	油缸缸径	ϕ420 mm	
6	活塞杆杆径	ϕ180 mm	
7	杆腔启门计算油压	22.1 MPa	
8	无杆腔计算油压	1.5 MPa	
9	启门速度	0.5 m/min	
10	闭门时间	2 min	

7.2.2.3 快速闸门液压系统主要技术参数

表 7.26

序号	项 目	技术参数	备 注
1	液压泵出口压力	31.5 MPa	
2	液压泵选型	A2F0045/61R	
3	电机计算功率	22 kW	
4	电机选型	QA180L4A	

7.2.2.4　快速闸门开度检测装置技术参数

表 7.27

序号	项　目	技术参数
1	型式	恒力自卷式
2	测量行程	0～8 500 mm
3	测量精度	<1 mm
4	显示精度	mm 级
5	最快速度	V=10 m/min
6	弹簧疲劳次数	>30 000 次
7	整绳破断拉力	>2 000 N
8	工作方式	长期连续工作
9	工作环境	−20～+60 ℃
10	相对湿度	10%～90%RH
11	防护等级	IP65

7.2.2.5　绝对型编码器技术参数

表 7.28

序号	项　目	技术参数
1	测量原理	光电
2	单转分辨率	1 024
3	工作电压	5～32 V DC
4	输出编码类型	二进制
5	计数方向	可选
6	防护等级	IP54
7	工作温度	−20～80 ℃

7.2.3　基本要求

进水口快速闸门及其液压启闭机投入运行前应具备的条件：
(1) 快速闸门及其液压启闭机系统无任何检修工作。
(2) 快速闸门电气控制系统工作正常,无报警。

(3) 快速闸门启闭机液压系统压力表指示正确,阀门及管道完好、无泄漏,阀门状态正常。

(4) 机组具备充水条件并做好防转动措施。

(5) 检修闸门已提起至"全开"位置,并悬挂于工字钢横梁上。

7.2.4 运行方式

7.2.4.1 闸门的运行方式

闸门有三种运行方式,即"远方"、"现地"(即现地自动)和"分步"(即现地分步)工作方式。因目前我厂未能实现远方操作启闭快速闸门,故运行方式正常情况下应选择"现地自动"。

(1) 分步:选择"分步"时,按钮控制闸门起落,开度信号只显示不参与控制,油泵手动启停。

(2) 现地:选择"现地"时,按钮控制闸门起落,开度信号显示且参与控制,油泵自动启停。

(3) 远方:接收远方的控制信号进行启闭门运行,开度信号参与控制。

7.2.4.2 油泵的运行方式

油泵根据实际工况投入运行,在自动或远控工况下,当闸门长期置于全开状态,闸门可能会有渗油现象(正常现象),导致闸门下滑,当达到设定的下滑值时,闸门会自动提升闸门。当闸门下滑至 150 mm 时,行程控制装置指令一台液压泵启动,自动将闸门提至全开位置;当闸门下滑至 200 mm 时,行程控制装置指令另一台液压泵启动,提升闸门至全开位置,同时发出报警信号;若闸门继续下滑 250 mm 时,两台液压泵继续运行,在现地控制柜及中控室上位机有报警信号;若闸门继续下滑 300 mm,则系统发令至机组停机。

目前正常运行时控制方式放"现地",油泵的控制方式放"选♯1 泵"或"♯2 泵"。

7.2.4.3 "分步"工作方式下的运行控制

(1) 启门:闸门在除全开位的任意位置闸门都可以启门。选择开关打到"分步"状态,"选♯1 泵"或"选♯2 泵"后,油泵电机开始运行。油泵电机运行 3 秒钟后,按"启门"按钮,闸门开启,触摸屏显示实时开度。闸门自动提升,直到小开度位,发出充水信号,充水指示灯亮,请按"停门",也可停泵,等待充水;当系统接受到平压信号时,平压信号灯亮,方可重新启门(启泵),继续开启闸门,触摸屏显示实时开度,直至全开,自动停门。按"停门"按钮闸门停止运行。

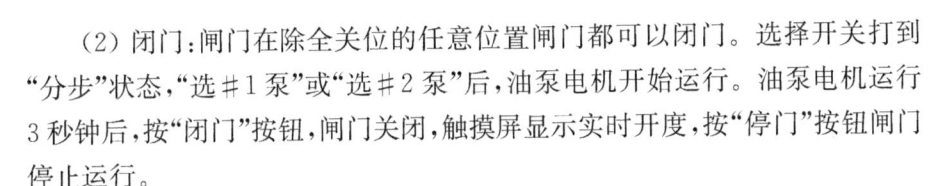

(2)闭门:闸门在除全关位的任意位置闸门都可以闭门。选择开关打到"分步"状态,"选#1泵"或"选#2泵"后,油泵电机开始运行。油泵电机运行3秒钟后,按"闭门"按钮,闸门关闭,触摸屏显示实时开度,按"停门"按钮闸门停止运行。

7.2.4.4 "现地自动"工作方式下的运行控制

(1)启门:闸门在除全开位的任意位置闸门都可以启门。选择开关打到"自动"状态,"选#1泵"或"选#2泵"后,油泵电机不运行。按"启门"按钮,油泵电机空载启动,并延时3秒钟,闸门开启,触摸屏显示实时开度。闸门自动提升,直到小开度位,自动停门停泵,发出充水信号,当系统接收到平压信号时,油泵电机空载启动,并延时3秒钟,闸门继续开启,触摸屏显示实时开度,直至全开,自动停门停泵。按"停门"按钮,停门停泵。

(2)闭门:闸门在除全关位的任意位置闸门都可以闭门。选择开关打到"自动"状态,"选#1泵"或"选#2泵",电机油泵不运行。按"闭门"按钮,油泵空载启动,并延时3秒钟,闸门关闭,触摸屏显示实时开度。闸门自动下降,直到全关,自动停门停泵。按"停门"按钮,停门停泵。

7.2.4.5 "远控"工作方式下的运行控制(此功能不用)

(1)启门:闸门在除全开位的任意位置闸门都可以启门。在控制现场,选择开关打到"远控"状态,"选#1泵"或"选#2泵"后,油泵电机不运行。中控室发出"启门"信号后,油泵电机启动并延时3秒钟,闸门开启,触摸屏显示实时开度。闸门自动提升,直到小开度位,自动停门停泵,发出充水信号,当系统接收到平压信号时,油泵电机空载启动,并延时3秒钟,闸门继续开启,触摸屏显示实时开度,直至全开,自动停门停泵。中控室发出"停门"信号,停门停泵。

(2)闭门:闸门在除全关位的任意位置闸门都可以闭门。在控制现场,选择开关打到"远控"状态,"选#1泵"或"选#2泵"后,油泵电机不运行。中控室发出"闭门"信号后,油泵电机启动并延时3秒钟,闸门关闭,触摸屏显示实时开度。闸门自动下降,直到全关,自动停门停泵。中控室发出"停门"信号,停门停泵。

(3)快速闭门:当按"快速闭门"时,闸门依靠自重闭门,直至全关。

7.2.5 运行操作

7.2.5.1 现地分步启门操作(*代表1~4)

(1)确认要提快速闸门的机组已具备提门条件,并做好相关防转动措施。

(2)确认控制柜无报警,如有,故障消除后按"消音"键复归。

(3) 确认泵控制把手在"♯1泵"或"♯2泵"。

(4) 将快速闸门控制方式把手切到"分步",油泵启动。

(5) 油泵运行指示灯后,按"启♯*门"按钮。

(6) 当闸门开度至 270 mm 到 290 mm 之间时,按"停♯*门"。

(7) 将泵控制把手切到"切除"。

(8) 当充水平压灯亮后,将泵控制把手切到"♯1泵"或"♯2泵"。

(9) 油泵运行指示灯后,按"启♯*门"按钮。

(10) 待快速闸门全开后,将快速闸门控制方式把手切到"现地"。

7.2.5.2 现地自动启门操作(*代表1~4)(增加)

1. 快速关闭快速闸门的方法(常用)

(1) 按下快速闸门对应机组 LCUA3 柜"紧急停机"按钮;

(2) 按下快速闸门对应机组的 HPU 柜面板上的"紧急停机"按钮;

(3) 按下进水口快速闸门控制柜上的"快闭♯*门";

(4) 手动打开进水口快速闸门控制室 0*YQ11V 阀门。

2. 泵控关闭闸门的方法(此方法一般在闸门安装调试时使用)

(1) 确认泵控制把手在"♯1泵"或"♯2泵"。

(2) 将快速闸门控制方式把手切到"分步",油泵启动。

(3) 油泵运行指示灯后,按"闭♯*门"按钮。

(4) 下达到规定的高度后,按"停♯*门"按钮。

(5) 将泵控制把手切到"切除"。

7.2.5.3 注意事项

(1) 提门时,若油泵不能加载,应确认机组"事故复归"按钮已按下。

(2) 相关工作完成后,要保证油泵控制把手在"♯1泵"或"♯2泵",快速闸门控制方式把手在"现地"。

7.2.6 巡检与维护

7.2.6.1 定期工作

(1) 正常情况下,应定期对快速闸门泵房所有的 PLC 控制柜、液压系统、油缸及电气设备巡检。

(2) 汛期或设备异常运行时,应加强对快速闸门泵房的巡检。

7.2.6.2 巡回检查内容

(1) 泵房内室温在规定范围内,设备洁净,照明充足,标示清楚。

(2) 闸门控制柜面板各指示灯、触摸屏显示正常,无报警信号;设备控把手在正确位置。

(3) 柜内各元件工作正常、照明完好。

(4) 液压系统各压力表指示正确,阀门、管道完好、无泄漏,阀门状态正常。

(5) 油箱的油位、油温在正常范围内。

(6) 泵房内配电柜供电正常,双电源控制方式在正确位置。

(7) 检查快速闸门泵站内无漏水、积水。

7.2.7 故障及事故处理

7.2.7.1 系统压力异常

(1) 当油泵故障或油泵运行时吸入空气等原因,导致油泵输出油压异常,应立即停止油泵。

(2) 油泵、电机可能已损坏,立即停止油泵。

(3) 若因系统泄漏,立即停止油泵,做隔离措施。

(4) 若系统压力短时间无法恢复正常,安排人员现场监视,做好事故闭门准备。

7.2.7.2 启、闭门速度异常

(1) 检查系统各阀门位置是否正常。

(2) 检查油泵、电机是否故障。

(3) 检查系统是否泄漏。

(4) 系统压力是否偏低。

(5) 检查开度是否正常。

7.2.7.3 油温异常

(1) 检查油温是否在正常范围内。若油温正常,则油温传感器或油温表故障,通知相关人员处理。

(2) 若因油循环太快引起油温过高,应立即停止油泵,联系相关人员查明原因。

7.2.7.4 液压系统漏油

(1) 若机组运行时,则停机,做好相应的隔离措施,将漏油点隔离。

(2) 开启快速闸门过程中,液压系统大量漏油、电控系统故障且无法再进行操作或油缸大量漏油,应立即停止操作,并落门,做好相应的隔离措施,将漏油点隔离。

(3) 联系相关人员处理。

第8章

消防系统

8.1 系统概述

百色水利枢纽区消防范围包括主坝区、进水塔区、地下厂房区、电站油库区,共分为9个防火分区:①地下厂房主机间防火分区;②地下电气副厂房防火分区;③主变层防火分区;④♯1~♯4母线廊道防火分区;⑤GIS管道电缆层和GIS层防火分区;⑥高压电缆廊道防火分区;⑦主坝和进水塔防火分区;⑧电站油库防火分区;⑨厂前区防火分区。在各主要设备之间设置防火墙、防火门等隔离设施,穿过防火墙的通风孔设有发生火灾时可以自动关闭的防火风口(风阀),防止火灾蔓延。各消防区设有疏散通道出口、楼梯,且各安全通道、楼梯及其他安全出口设有疏散指示标志,各消防区按要求配置足够的消火栓(含帆布带(水管)、水枪)、推车式干粉灭火器、砂箱及手提式灭火器(干粉、CO_2)等灭火器材。此外,还设有火灾自动报警系统。发电机及主变采用水喷雾灭火。此外在♯2高压厂变室下方设有事故集油池,当遇到紧急事故需要排油时,通过排油阀,将主变油排入事故集油池中;厂外油库底部也设置一公共事故集油池。

地下厂房通向屋外地面的安全出口有2个:交通运输洞、通风疏散洞▽137.6m安全疏散通道。另外,主变洞与疏散洞间的联系洞、高压电缆廊道在紧急情况下也可作为通至屋外地面的安全出口。

火灾自动报警系统(含主坝火灾自动报警系统)采用微机智能二总线系统。系统采用"控制中心报警"型式,由1台消防计算机(安装在中控室)、1台集中火灾报警控制器(含联动控制功能,安装在计算机室)、2台区域报警控制器(GIS层、主坝监控楼)以及智能烟温复合探测器、红外对射探测器、红外火焰探测器、金属屏蔽型缆式模拟量线型感温探测器、手动报警按钮、声光报警器、智能联动监控模块、监视模块、联动控制箱等组成。当探测器、手动报警器、防火阀等设备动作后,相应的声光报警器、区域报警控制器、集中报警控制器均发出声光报警,显示火灾部位,并由联动监控模块自动联动水灭火系统、防烟系统、通风空调系统设备;重要设备可从手动控制盘上直接人工手动操作,确保设备的正确动作。当火灾处理完毕,火情消失后,要人工将防火排烟阀复位,经排烟道,将烟雾排至室外。

枢纽消防电话系统采用总线式程控电话设计,由总线式程控火警电话总机与若干总线式火警电话分机及消防电话插孔组成。当发生紧急情况时,拿起电话手柄呼叫火警电话总机。枢纽消防广播系统采用总线制设计,由总线制广播区域控制盘、广播录放盘、广播音箱(扬声器)等设备组成。当发生火灾时,能在发生火灾相关区域进行火灾事故广播,指挥人员疏散。

8.2 设备规范运行定额

8.2.1 消防控制柜

表 8.1

制造厂	首安公司	电压	交流 220±10%V
产品目录/型号	JB-TG-SL-M500	频率范围	50 Hz±1%
屏柜尺寸	800 mm×600 mm×2 260 mm	功率消耗	300 W
对外电磁场的屏蔽措施	采用电源滤波器、浪涌保护器	重量	200 kg
安装地点	计算机室		

8.2.2 消防广播系统

表 8.2

制造厂	首安公司
型号	SL-B721
结构型式	组合式

续表

尺寸	480 mm×90 mm×155 mm
容量	300 W
功能描述	适用于公共广播及火灾应急广播
安装地点	计算机室

8.2.3 消防电话系统

表 8.3

制造厂	首安公司
型号	SL-5711A
结构型式	组合式
尺寸	480 mm×270 mm×155 mm
容量	80 门
功能描述	可迅速实现对火灾的人工确认,及时掌握火灾现场情况及进行其他必要的紧急通信联络,便于指挥灭火及恢复工作;消防电话采用二总线电话系统,智能编码,主机可呼叫任一分机,能同时与三个分机通话;任一分机可呼叫主机。
总机安装地点	计算机室

8.2.4 集中火灾报警控制器

表 8.4

型号	JB-TG-SL-M500
安装地点	计算机室

8.2.5 区域火灾报警控制器

表 8.5

型号	JB-TG-SL-M500
安装地点	主变洞 GIS 层中部楼梯口、坝顶监测楼集控室内

8.2.6 消火栓箱

表8.6

室 内				
型号	SG21/65型 DN65 mm			
发电机层	7套	水轮机层	5套	
地下副厂房	12套	母线洞	4套	
母线层	5套	主变层	5套	
空气处理室、制冷站	4套	GIS电缆管道层	5套	
通风疏散洞电缆层、10 kV开关柜	4套	GIS层	6套	
表孔液压启闭机房	6套			

室 外	
型号	SS100-10型 DN100mm
数量	6套

8.3 运行方式

8.3.1 防火分区及防火措施

表8.7

区号	分区	安装的消防设施	消防系统动作后果
1	发电机风洞	水喷雾灭火系统	报警、跳机(已解线)、开启水喷雾灭火系统(已解线,需手动操作)。
2	主机间	灭火器、消火栓	停止全厂通风系统:停组合式空调机组、全厂送风系统、主变洞排风机、母线廊道进风口、副厂房侧防火阀。主机间排烟系统为事故后排烟,当排烟时由144.00 m层的主厂房事故后排烟电动调节阀完成,该阀可远方手动控制。

续表

区号	分区	安装的消防设施	消防系统动作后果
3	地下电气副厂房	消火栓、灭火器、砂箱	报警停止相应着火层通风系统;关闭防火阀,启动137.6 m层2台事故正压送风机。128.1 m中控室层设事故后排烟系统,事故后手动开启风机和排烟阀,2台事故正压送风机可远方手动控制。137.6 m层蓄电池室通风系统属独立通风系统,火灾时单独动作进风口和排风口。
4	母线廊道	消火栓、灭火器	报警、停止相应母线廊道所有进出风口和空调机组。
5	主变	水喷雾灭火系统	报警、跳主变(已解线)、停止相应通风空调系统、开启水喷雾灭火系统(已解线,需手动操作)。
4	主变层	水喷雾灭火系统、灭火器、消火栓	主变室:报警、跳主变(跳机线已解除)动作喷水(已解线,需人手操作)、停止相应通风系统;主变层:通过联动控制器停止相应主变间通风系统。主变洞运输通道火灾时,停止主排风机、空调机组及所有进风口和出风口防火阀。
5	GIS电缆层、GIS层	消火栓、灭火器	报警并停止133.5 m层排风机和防火阀。
6	高压电缆廊道	消火栓、灭火器、砂箱	报警并停止相应着火段的风机。
7	主坝和进水塔	消火栓、灭火器	报警。
8	电厂油库	消火栓、灭火器	报警、停止相应的风机和防火阀。
9	通风疏散洞各层	消火栓、灭火器	停止相应着火层通风系统。

8.3.2 消防供水

地下厂房消防给水采用上游取水经消防专用滤水器和减压阀后的自流减压供水方式,取水口(布置在#4机组进水口前▽183.75 m、▽182.25 m)与厂内技术供水干管共用,主备用取水口共有2个,在任何情况下保证消防给水。消防供水总管在地下厂房内形成环管,消防供水总管上设有检查和试验用的放水阀。

主坝区、进水塔区、油库、厂前区消防给水#4机组进水塔前(▽156.50 m、▽154.50 m)。因位置高,主坝区和进水塔区建筑物的消防给水采用消防水泵和消防水池的混合供水方式。消防水泵布置在主坝廊道内155 m高程。一台工作,一台备用,定期手动切换。消防水池布置在坝顶左侧观测楼对面的山上,总容积为60 m³,消防水有效容积为40 m³,池底高程为250 m。

厂前区消防给水采用水库取水直接供给,当水库水位太低不能满足厂前区消防水压要求时,可通过切换阀门由主坝消防水池供给。

8.3.3 水喷雾灭火系统

(1) 水喷雾灭火系统主要保护对象为♯1～♯4主变压器、♯1～♯4发电机和110 kV厂用变压器。

(2) 雨淋系统正常处于备用状态,各阀门位置正确,水压正常。

(3) 当发生火警时,手动方式启动雨淋装置。

8.3.4 消防水泵正常运行方式

消防水泵取水口为坝前取水,一个取水口▽154.50 m水位,另一个取水口▽156.50 m水位。消防供水取水总阀00SX51V保持常开位置。

消防水泵采用两台立式离心水泵,水泵的起停由装在消防水池的水位传感器自动控制,根据泵的优先权依次起动。以下是消防水池设定水位。

表8.8

水位(m)	说　明
▽253.00	水位过高报警水位
▽252.70	停泵水位
▽252.30	工作泵启动水位
▽252.00	备用泵启动并发信号

发电机层与中控室之间无法采用防火墙等设施进行分隔,设置点式玻璃幕墙分隔物。在玻璃幕墙靠主厂房侧设有防火分隔水幕系统(由水幕喷头、管网和手动控制闸阀组成),配合玻璃幕墙作为地下厂房主机间防火分区和电气副厂房防火分区的防火分隔手段。当发电机层或中控室的火灾探测器或人发现火灾报警,手动开启闸阀(该阀布置在发电机层♯4机组段上游侧靠近中控室的夹墙内),水幕喷头形成的水幕带具有阻挡热烟气流扩散、火势蔓延和热辐射的作用。

灭火沙箱:共布置消防灭火沙箱8个,分别布置在尾闸室门口(1个)、副厂房119.45 m电缆夹层(1个)、高压电缆廊道(4个)、厂外油库(2个)。每个灭火沙箱配置2把消防铁铲、2个消防沙桶、1立方消防沙。

8.4 运行操作

8.4.1 水喷雾灭火系统

8.4.1.1 发电机水喷雾灭火操作(♯4机为例)

(1) 确认♯4发电机灭火进水阀04SX01V在全开位置。
(2) 确认♯4发电机灭火柜排水电动阀04SX07V在全关位置。
(3) 打开♯4发电机灭火柜进水阀04SX04V。
(4) 打开♯4发电机灭火柜进水手动阀04SX05V。
(5) 确认水压正常。
(6) 打开♯4发电机灭火柜进水电动阀04SX06V。

8.4.1.2 主变水喷雾灭火操作(♯4主变为例)

(1) 确认厂房消防水进水阀00SX04V在全开位置。
(2) 确认变压器水喷雾灭火♯1进水阀00SX09V在全开位置。
(3) 现地手动启动♯4主变消防水控式雨淋阀04SX03V或现地打开♯4主变消防水旁通阀04SX02V。

8.4.2 集中报警控制器操作

1. 集中、区域报警控制器的操作复位

不论系统显示处于何级菜单(密码菜单、系统设置菜单除外),按"复位"键后需键入密码(7185),正确输入密码后可操作复位。

2. 集中报警控制器控制方式

(1) 待机:在此状态时只有显示面板上的8个直接输出控制键有效,手动盘的手动输出和联动编程输出均无效。

(2) 手动:在此状态时直接输出控制和手动盘的手动输出均有效,联动编程输出无效。

(3) 自动:在此状态时直接输出控制、手动盘输出和联动编程输出均有效,但手动插入有限。

(4) 因集中报警控制器控制方式切换钥匙安装有问题,故目前钥匙在"待机"位置时,实际为"手动"方式;钥匙在"手动"时,实际为"自动"方式;钥匙在"自动"时,实际为"待机"方式。集中报警控制器控制方式以面板上的指示灯为准。

8.4.3 消防广播操作方法

（1）按下总线式火警电话盘的"紧急广播和话筒"按钮。
（2）按下总线式广播区域控制盘的"通播"按钮。
（3）按下广播功率放大器盘的"电源开关"，调节广播音量。
（4）取下"广播"话筒，通话时，需按住话筒侧边的按钮并保持不放，即可开始广播。

8.4.4 手提式干粉灭火器操作方法

灭火时，可手提或肩扛灭火器快速奔赴火场，在距燃烧处 5 m 左右，放下灭火器。如在室外，应选择在上风方向喷射。使用的干粉灭火器若是外挂式储压式的，操作者应一手紧握喷枪、另一手提起储气瓶上的开启提环。如果储气瓶的开启是手轮式的，则向逆时针方向旋开，并旋到最高位置，随即提起灭火器。当干粉喷出后，迅速对准火焰的根部扫射。使用的干粉灭火器若是内置式储气瓶的或者是储压式的，操作者应先将开启把上的保险销拔下，然后握住喷射软管前端喷嘴部，另一只手将开启压把压下，打开灭火器进行灭火。有喷射软管的灭火器或储压式灭火器在使用时，一手应始终压下压把，不能放开，否则会中断喷射。

8.4.5 手提式 CO_2 灭火器的操作方法

灭火时只要将灭火器提到或扛到火场，在距燃烧物 5 m 左右，放下灭火器拔出保险销，一手握住喇叭筒根部的手柄，另一只手紧握启闭阀的压把。对没有喷射软管的二氧化碳灭火器，应把喇叭筒往上扳 70~90°。使用时，不能直接用手抓住喇叭筒外壁或金属连线管，防止手被冻伤。灭火时，当可燃液体呈流淌状燃烧时，使用者将二氧化碳灭火剂的喷流由近而远向火焰喷射。如果可燃液体在容器内燃烧时，使用者应将喇叭筒提起。从容器的一侧上部向燃烧的容器中喷射。但不能将二氧化碳射流直接冲击可燃液面，以防止将可燃液体冲出容器而扩大火势，造成灭火困难。使用二氧化碳灭火器时，在室外使用的，应选择在上风方向喷射。在室外内窄小空间使用的，灭火后操作者应迅速离开，以防窒息。

8.4.6 室内消火栓操作方法（至少两人操作）

（1）打开室内消火栓箱门。

（2）取出消防水带向着火点展开。

（3）消防水带近着火端接水枪，另一端接消火栓箱内接口。

（4）手持水枪和消防水带，打开阀门，对准火源根部喷射。

（5）火警结束后，关闭消火栓阀门，水龙带冲洗干净脱水晒干卷成实战圆盘垂直放在托盘上，擦干箱体内外的水迹，以保持整洁和延长箱体使用寿命。

8.5 常见事故及处理

计算机室火灾报警控制器（联动型）显示屏正常情况下为黑屏，如面板上出现红外线对射报警时，在确认不是火灾报警的情况下，需断开消防主机柜下方的主备用电源开关才可以复归信号。

8.5.1 紧急疏散步骤

（1）所有人员听到紧急疏散警号——警报声或闪灯，应立即停止工作。

（2）保持冷静，有秩序地沿绿色箭头指示方向步行前往安装间。

（3）乘车或步行由交通洞撤离厂房。

（4）离开厂房后，在交通洞口外空地集合。

（5）各部门主管人员清点本部人数。

（6）部门主管人员向运行值班员报告所有人员已撤离或走失人员资料。

（7）如有需要，电厂发电部组织搜索小组。

（8）未接到单位主管人员通知，不得再回厂房工作。

8.5.2 注意事项

（1）不可集结在任何通道，以免阻塞抢救人员及车辆的通道。

（2）疏散时不得使用主坝电梯。

附件 A 励磁系统原理图

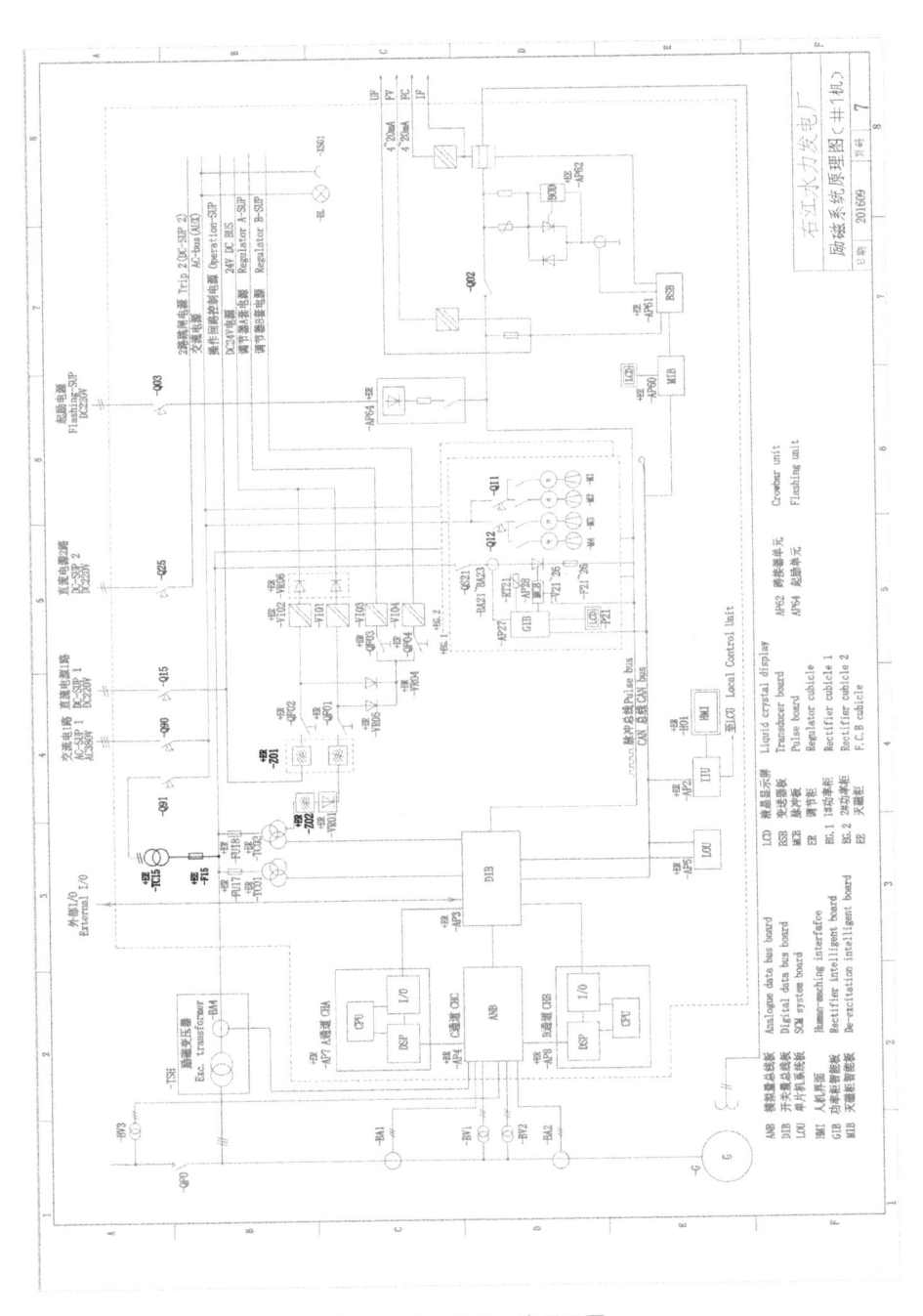

A1.1 #1 励磁系统原理图

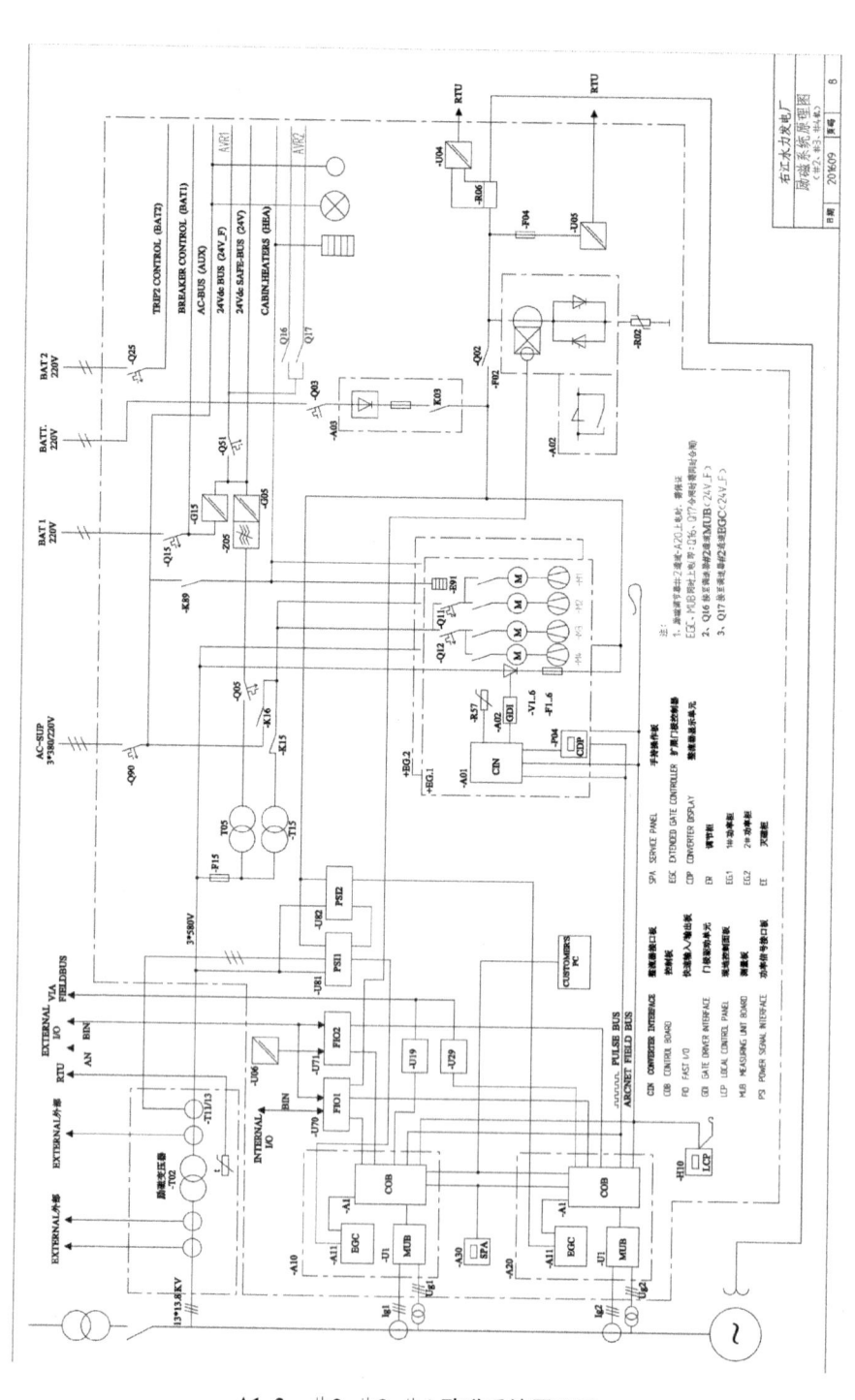

A1.2　#2、#3、#4励磁系统原理图

附件 B 调速器液压系统图

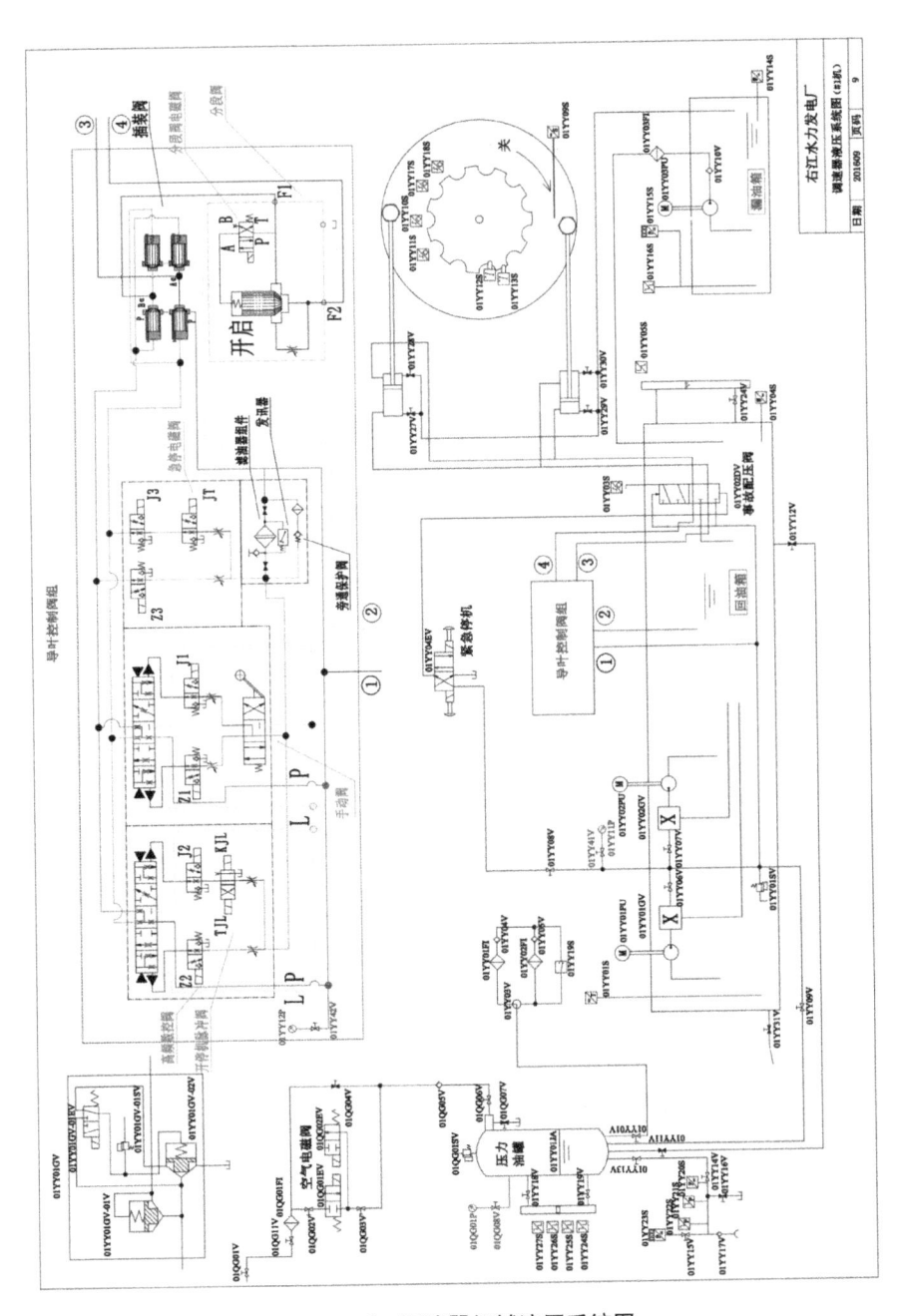

B1.1 ♯1调速器机械液压系统图

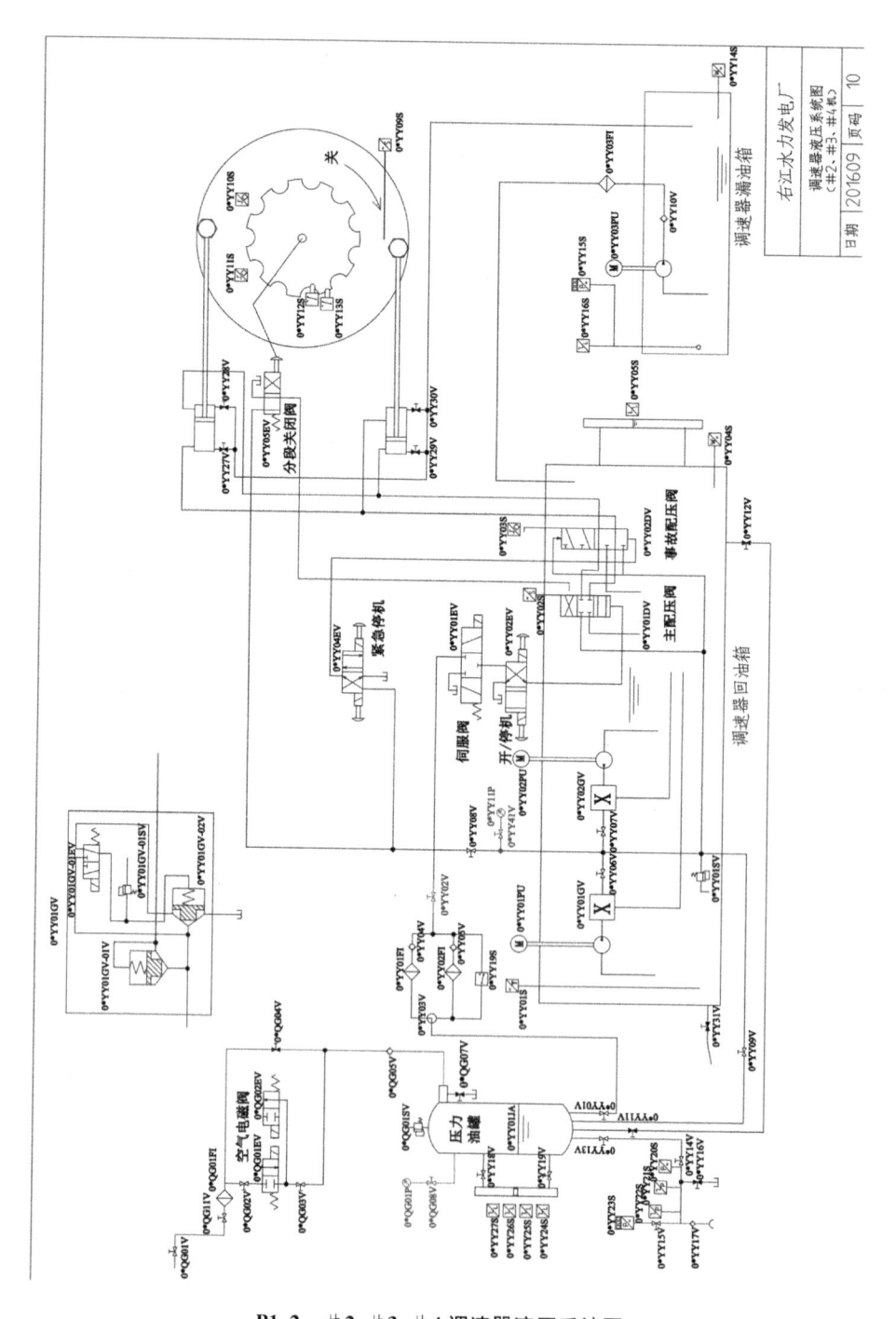

B1.2 ＃2、＃3、＃4调速器液压系统图

附件 C 供配电系统图

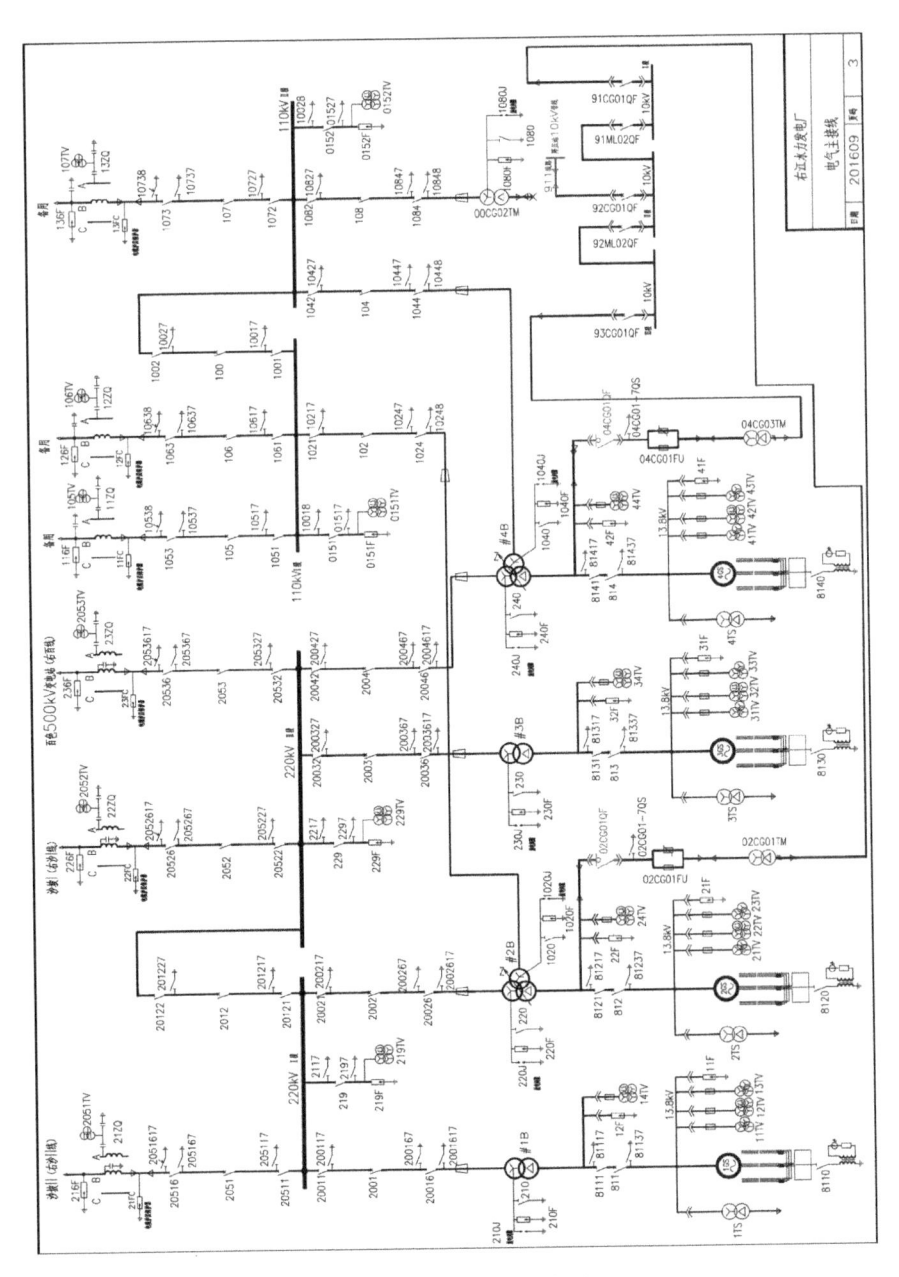

C1.1 右江电厂主接线图

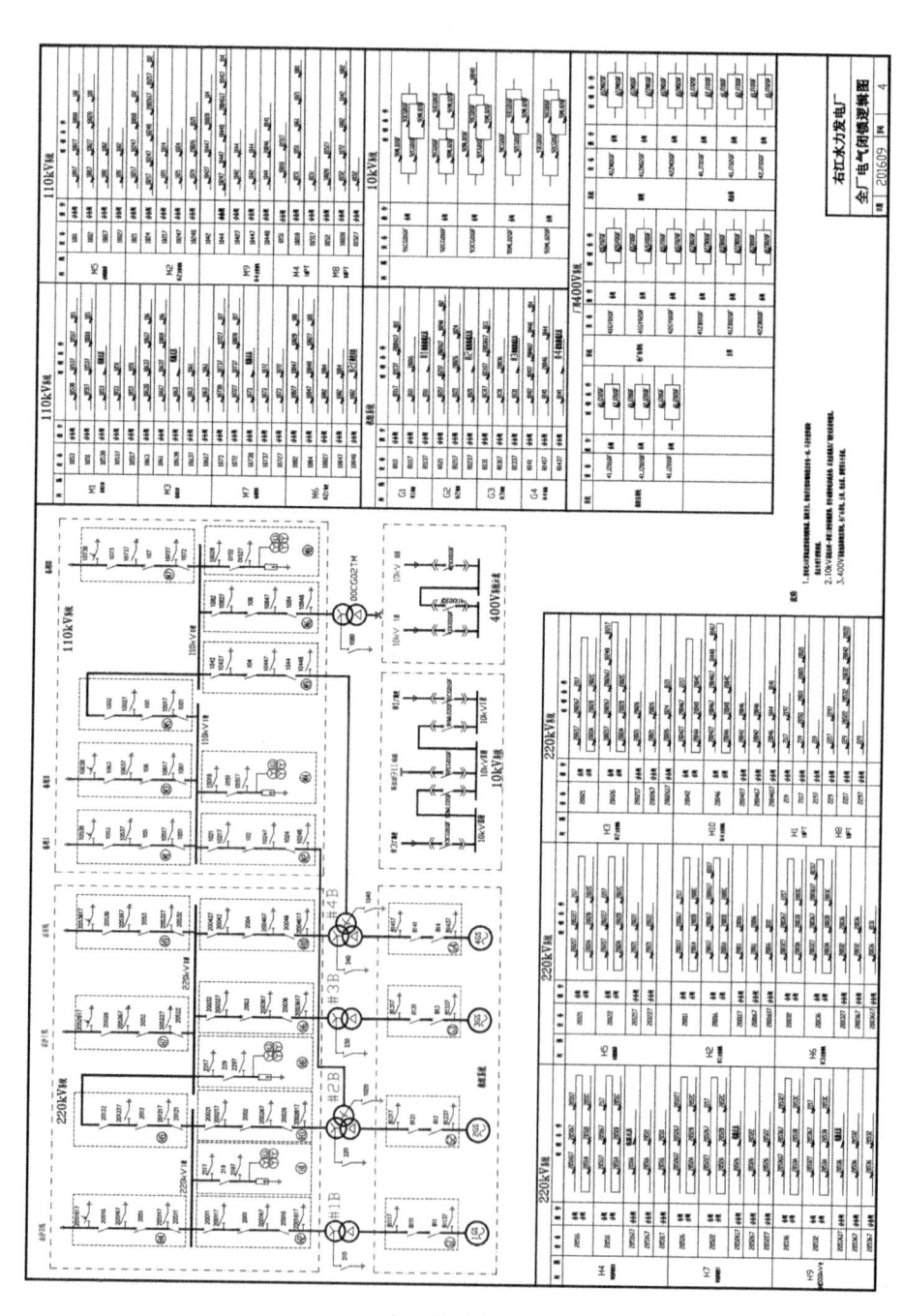

C1.2　电厂电气闭锁逻辑图

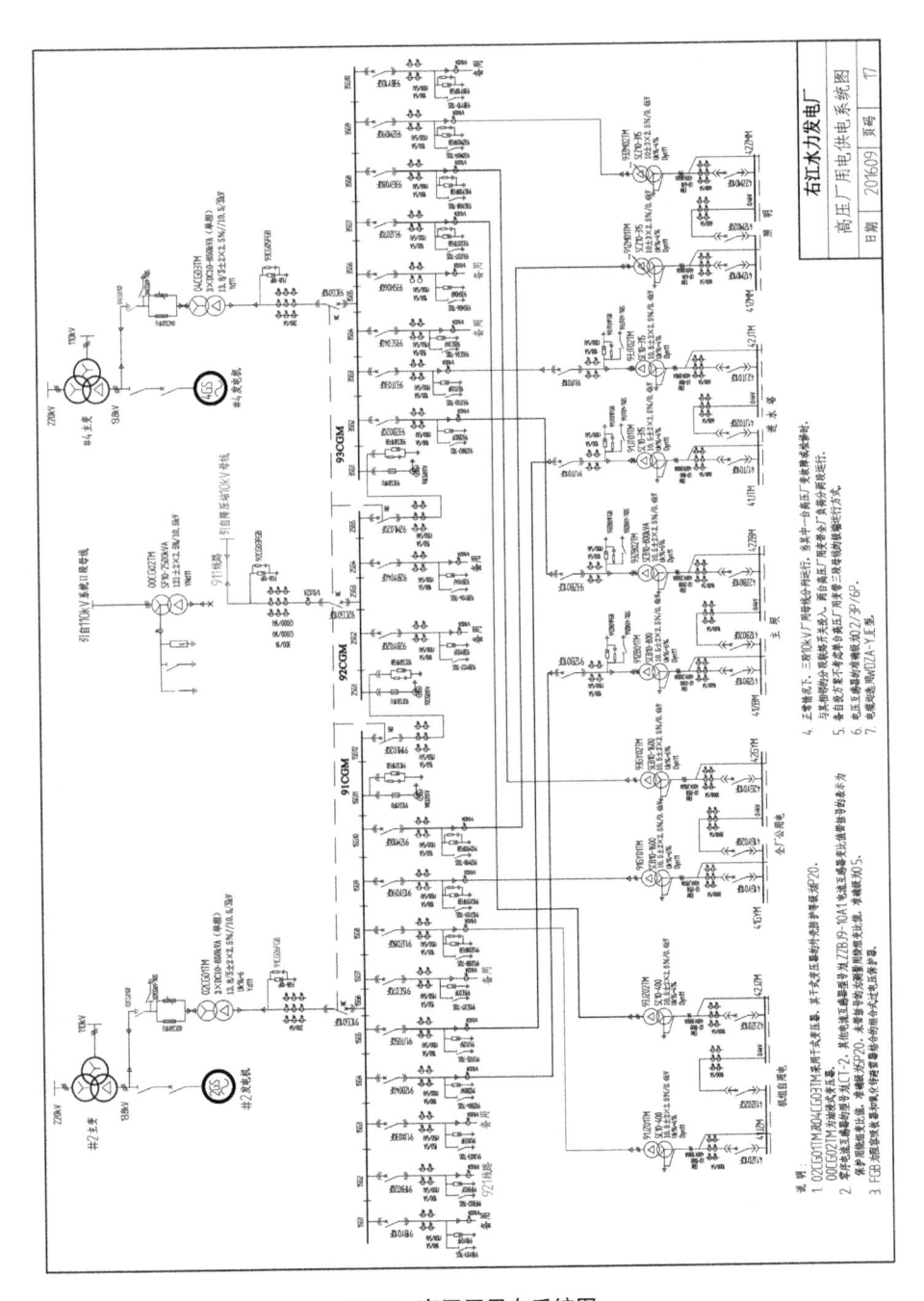

C1.3 高压厂用电系统图

附件D 辅机系统原理图

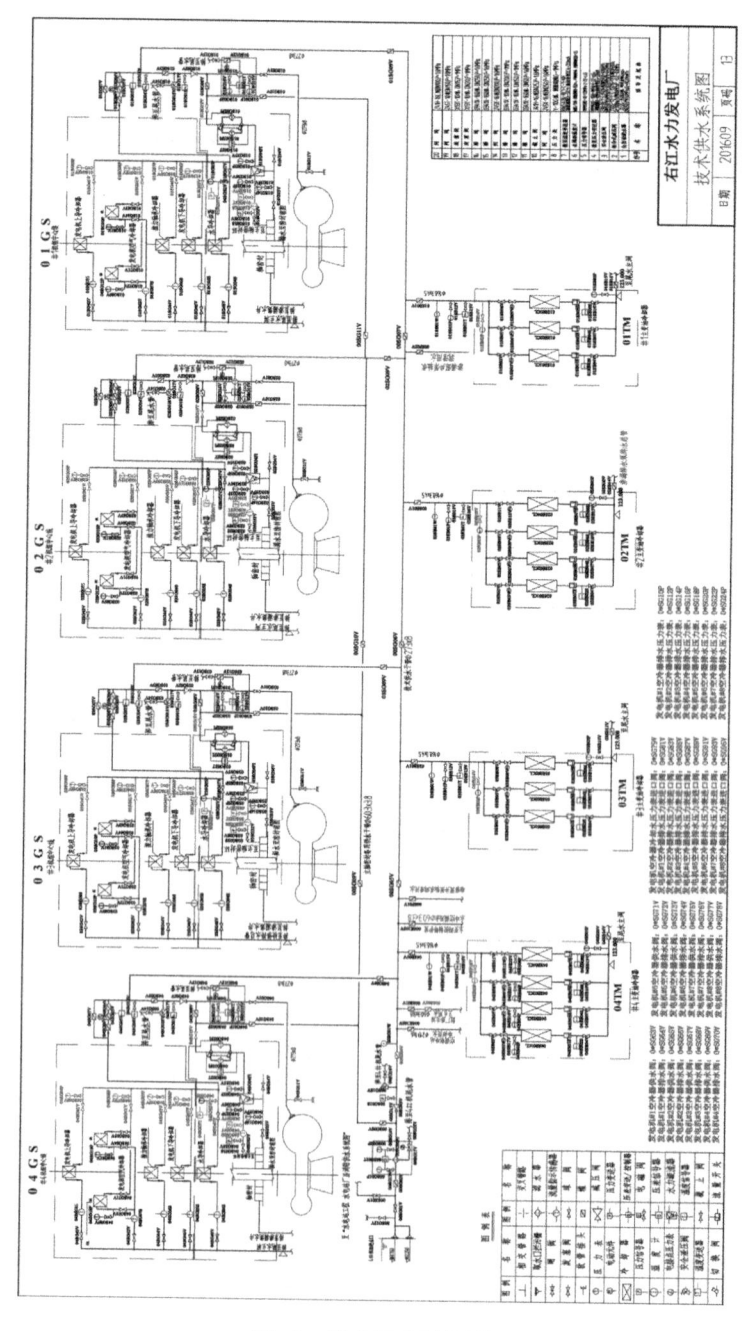

D1.1 技术供水系统图

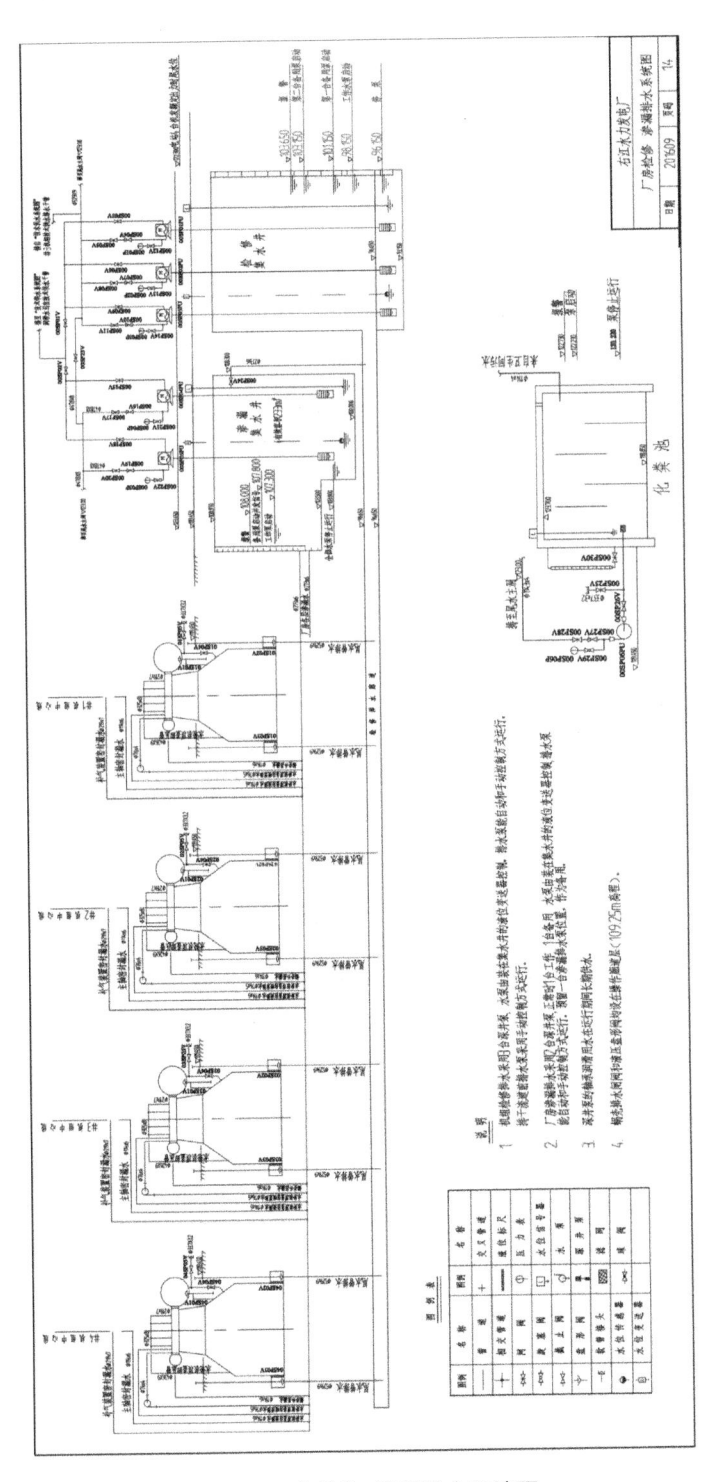

D1.2　厂房检修、渗漏排水系统图

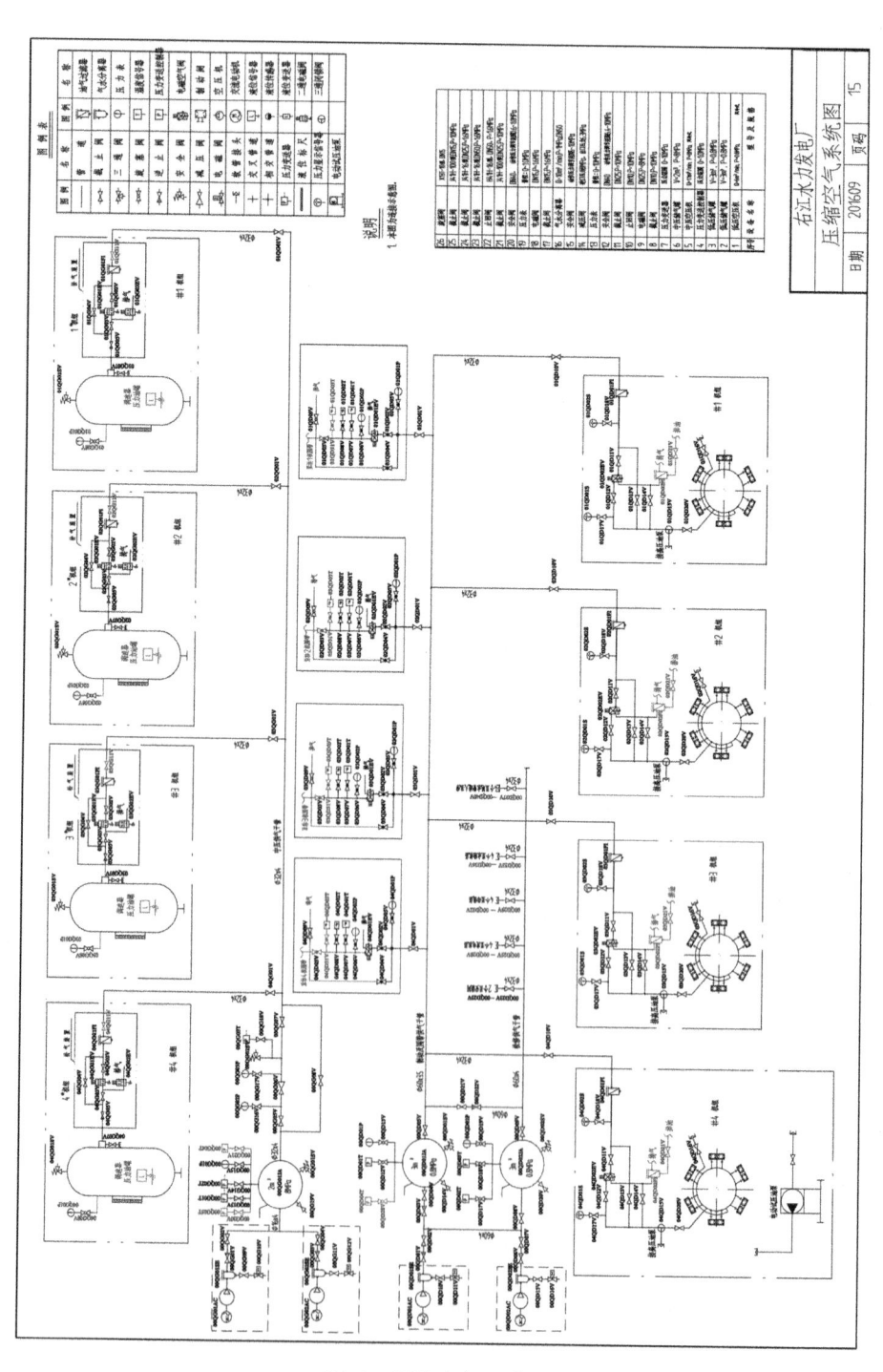

D1.3 压缩空气系统图

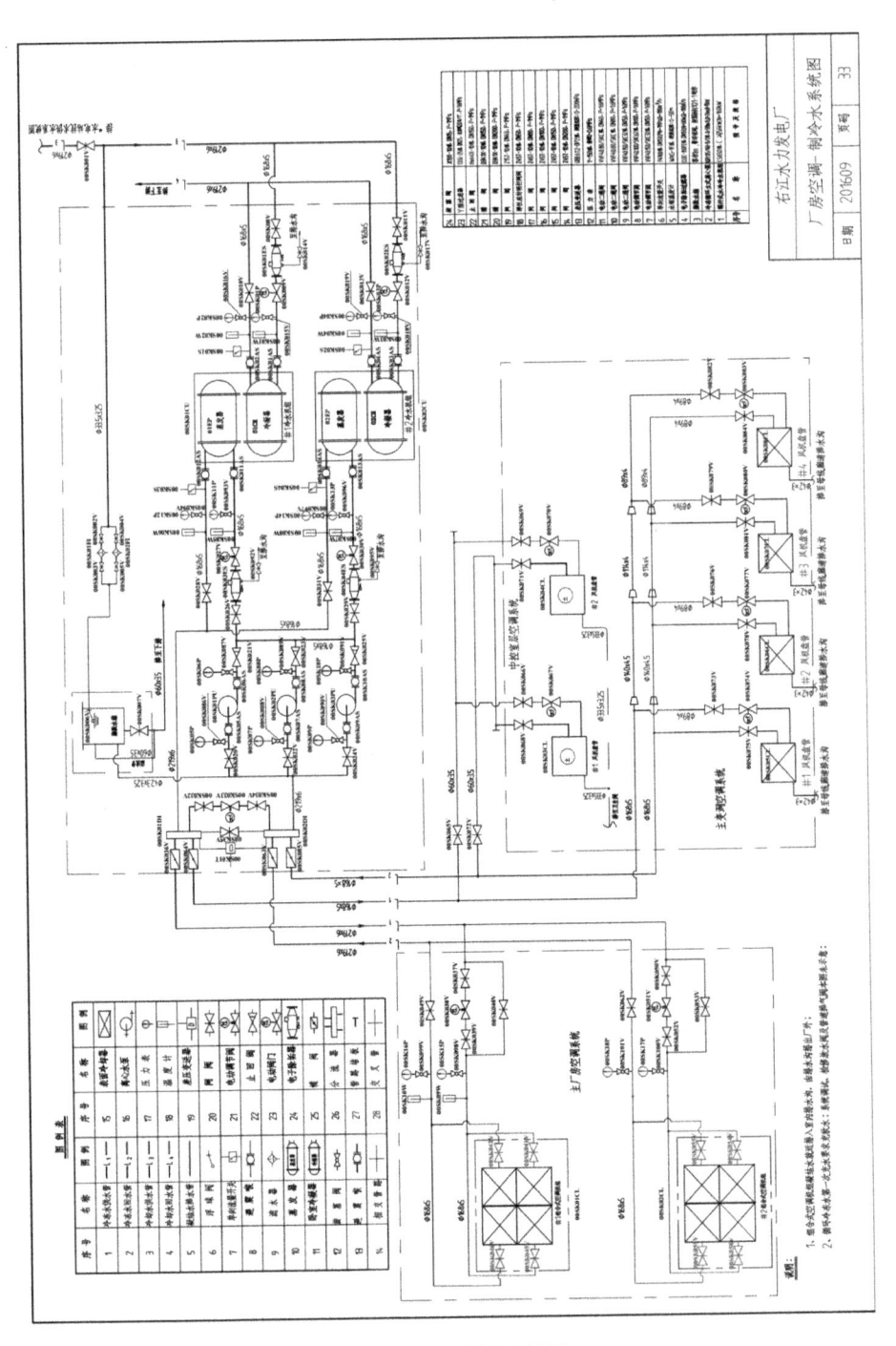

D1.4 通风空调系统图

附件 E　快速门系统原理图

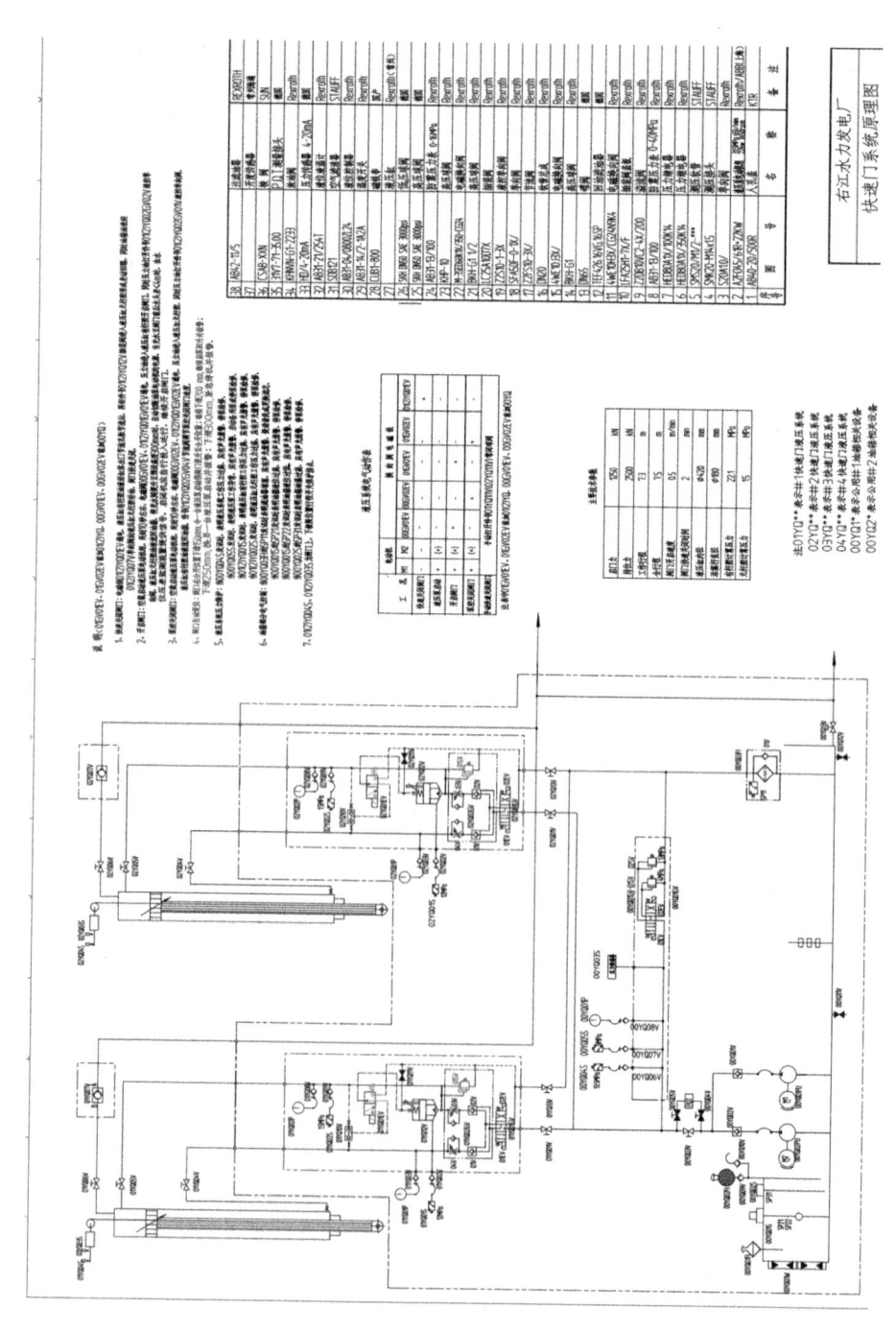